职业技术 · 职业资格培训教材

加工中心操作工

JIAGONG ZHONGXIN CAOZUOGONG

（四级）

主　编　朱　斌
副主编　杜振东
编　者　陆莲花　季　俊
主　审　李蓓华

中国劳动社会保障出版社

图书在版编目(CIP)数据

加工中心操作工：四级/上海市职业技能鉴定中心组织编写. —北京：中国劳动社会保障出版社，2013

1+X职业技术·职业资格培训教材

ISBN 978-7-5167-0673-2

Ⅰ.①加… Ⅱ.①上… Ⅲ.①加工中心-操作-技术培训-教材 Ⅳ.①TG659

中国版本图书馆CIP数据核字(2013)第272428号

中国劳动社会保障出版社出版发行

（北京市惠新东街1号 邮政编码：100029）

*

新华书店经销

北京地质印刷厂印刷 三河市华东印刷装订厂装订

787毫米×1092毫米 16开本 19.75印张 383千字

2013年12月第1版 2013年12月第1次印刷

定价：45.00元

读者服务部电话：（010）64929211/64921644/84643933

发行部电话：（010）64961894

出版社网址：http://www.class.com.cn

内容简介

本教材由人力资源和社会保障部教材办公室、中国就业培训技术指导中心上海分中心、上海市职业技能鉴定中心依据上海1+X加工中心操作工（四级）职业技能鉴定细目组织编写。教材从强化培养操作技能，掌握实用技术的角度出发，较好地体现了当前最新的实用知识与操作技术，对于提高从业人员基本素质，掌握加工中心操作工的核心知识与技能有直接的帮助和指导作用。

本教材在编写中摒弃了传统教材注重系统性、理论性和完整性的编写方法，而是根据本职业的工作特点，从掌握实用操作技能，以能力培养为根本出发点，采用模块化的编写方式。全书内容分为6章，主要包括：认识加工中心、加工中心的加工工艺、加工中心编程、加工中心模拟仿真软件操作、加工中心操作、零件测量与加工中心维护。各章着重介绍相关专业理论知识与专业操作技能，使理论与实践得到有机的结合。

本教材可作为加工中心操作工（四级）职业技能培训与鉴定考核教材，也可供全国中、高等职业技术学校相关专业师生参考使用，以及相关从业人员参加四级加工中心操作工职业培训、岗位培训、就业培训使用。

前　言

职业培训制度的积极推进，尤其是职业资格证书制度的推行，为广大劳动者系统地学习相关职业的知识和技能，提高就业能力、工作能力和职业转换能力提供了可能，同时也为企业选择适应生产需要的合格劳动者提供了依据。

随着我国科学技术的飞速发展和产业结构的不断调整，各种新兴职业应运而生，传统职业中也越来越多、越来越快地融进了各种新知识、新技术和新工艺。因此，加快培养合格的、适应现代化建设要求的高技能人才就显得尤为迫切。近年来，上海市在加快高技能人才建设方面进行了有益的探索，积累了丰富而宝贵的经验。为优化人力资源结构，加快高技能人才队伍建设，上海市人力资源和社会保障局在提升职业标准、完善技能鉴定方面做了积极的探索和尝试，推出了1＋X培训与鉴定模式。1＋X中的1代表国家职业标准，X是为适应上海市经济发展的需要，对职业的部分知识和技能要求进行的扩充和更新。随着经济发展和技术进步，X将不断被赋予新的内涵，不断得到深化和提升。

上海市1＋X培训与鉴定模式，得到了国家人力资源和社会保障部的支持和肯定。为配合上海市开展的1＋X培训与鉴定的需要，人力资源和社会保障部教材办公室、中国就业培训技术指导中心上海分中心、上海市职业技能鉴定中心联合组织有关方面的专家、技术人员共同编写了职业技术·职业资格培训系列教材。

职业技术·职业资格培训教材严格按照1＋X鉴定考核细目进行编写，教材内容充分反映了当前从事职业活动所需要的核心知识与技能，较好地体现了适用性、先进性与前瞻性。聘请编写1＋X鉴定考核细目的专家，以及相关行业的专家参与教材的编审工作，保证了教材内容的科学性及与鉴定考核细目以及题库的紧密衔接。

职业技术·职业资格培训教材突出了适应职业技能培训的特色，使读者通过学习与培训，不仅有助于通过鉴定考核，而且能够有针对性地进行系统学习，真正掌握本职业的核心技术与操作技能，从而实现从懂得了什么到会做什么的飞跃。

职业技术·职业资格培训教材立足于国家职业标准，也可为全国其他省市开展新职业、新技术职业培训和鉴定考核，以及高技能人才培养提供借鉴或参考。

新教材的编写是一项探索性工作，由于时间紧迫，不足之处在所难免，欢迎各使用单位及个人对教材提出宝贵意见和建议，以便教材修订时补充更正。

人力资源和社会保障部教材办公室
中国就业培训技术指导中心上海分中心
上海市职业技能鉴定中心

目　录

第1章　认识加工中心 ……………………………… 1

第1节　数控机床入门 ……………………………… 2

学习单元1　数控机床简介 ……………………… 2

学习单元2　数控机床的分类 ………………… 8

第2节　加工中心基础 ……………………………… 13

学习单元1　加工中心简介 …………………… 13

学习单元2　加工中心的典型结构 ………… 16

第3节　加工中心的机械结构与伺服系统 ……………… 23

学习单元1　加工中心的机械结构 ………… 23

学习单元2　加工中心的伺服系统 ………… 45

学习单元3　加工中心的发展 ……………… 52

第2章　加工中心的加工工艺 ……………………… 57

第1节　数控铣削要点 ……………………………… 58

学习单元1　铣削的基本方式 ……………… 58

学习单元2　切削要素 ……………………… 61

学习单元3　切屑与切削热 ………………… 63

第2节　工件的定位与夹紧 ………………………… 66

学习单元1　定位与夹紧 …………………… 66

学习单元 2　常用夹具的使用 …………………… 70
第 3 节　加工工艺介绍 …………………… 77
学习单元 1　制定加工中心加工工艺 …………………… 77
学习单元 2　加工中心刀具的基本要求 …………………… 88
学习单元 3　平面类铣削加工 …………………… 92
学习单元 4　型腔铣削加工 …………………… 97
学习单元 5　曲面铣削加工 …………………… 102
学习单元 6　孔系加工 …………………… 105
第 3 章　加工中心编程 …………………… 115
第 1 节　加工中心编程准备知识 …………………… 116
学习单元 1　加工中心编程入门 …………………… 116
学习单元 2　认识计算机辅助编程 …………………… 121
学习单元 3　加工中心的坐标系 …………………… 125
学习单元 4　数控编程的准备功能与辅助功能 …… 130
第 2 节　加工中心编程方法 …………………… 136
学习单元 1　工件坐标系设定 …………………… 136
学习单元 2　参考点及自动换刀指令 …………………… 142
学习单元 3　基本移动指令 …………………… 144
学习单元 4　孔加工固定循环 …………………… 151
学习单元 5　子程序使用 …………………… 158
学习单元 6　宏程序 …………………… 162
学习单元 7　其他功能指令 …………………… 165

第 3 节　加工中心刀具补偿 …………………………… 175
学习单元 1　刀具长度补偿 ……………………… 175
学习单元 2　刀具半径补偿 ……………………… 178
第 4 节　加工中心的综合编程 ………………………… 191
学习单元 1　编写板类零件的程序 ……………… 191
学习单元 2　编写盘类零件的程序 ……………… 195

第 4 章　加工中心模拟仿真软件操作 ……………… 201
第 1 节　FANUC－0i 仿真系统面板操作 ………………… 202
第 2 节　零件的仿真操作加工 ………………………… 213
学习单元 1　盘类零件的仿真操作加工 ………… 213
学习单元 2　板类零件的仿真操作加工 ………… 220

第 5 章　加工中心操作 ………………………………… 229
第 1 节　EMCO－MILL 300 加工中心操作 ……………… 230
学习单元 1　认识 EMCO－MILL 300 加工中心 …… 230
学习单元 2　盘类零件的操作加工 ……………… 235
第 2 节　HAAS VF－1 加工中心操作 ………………… 246
学习单元 1　认识 HAAS VF－1 加工中心 ………… 246
学习单元 2　板类零件的操作加工 ……………… 254

第 6 章　零件测量与加工中心维护 ………………… 267
第 1 节　零件测量 …………………………………… 268
学习单元 1　技术测量基础知识 ………………… 268

学习单元 2　零件形位误差的测量 …………………… 271
第 2 节　常用量具使用 ………………………………… 281
学习单元 1　游标卡尺 …………………………………… 281
学习单元 2　千分尺 ……………………………………… 287
学习单元 3　百分表 ……………………………………… 290
学习单元 4　其他量具与量具保养 ……………………… 294
第 3 节　加工中心的日常维护与设备管理 ……………… 298
学习单元 1　数控加工中心的日常维护 ………………… 298
学习单元 2　加工中心水平精度的调整 ………………… 302
学习单元 3　加工中心设备管理 ………………………… 304

第 1 章

认识加工中心

第 1 节　数控机床入门　/2

第 2 节　加工中心基础　/13

第 3 节　加工中心的机械结构与伺服系统　/23

第1节　数控机床入门

学习单元1　数控机床简介

学习目标

- ➢ 熟悉数控机床的定义
- ➢ 了解数控机床的特点、产生及发展、工作过程
- ➢ 掌握数控机床组成及各个组成部分的功用

知识要求

随着科学技术的飞速发展，机械制造技术发生了巨大的变化。机械制造技术经过操作机械、动力机械、电动机与自动控制三个阶段的发展，已经开始进入智能化阶段。传统的普通加工设备已难以适应市场对产品多样化的要求和市场竞争中高效率、高质量的要求。而以数控技术为核心、以微电子技术为基础的现代制造技术，将传统的机械制造技术与现代控制技术、传感检测技术、信息处理技术以及网络通讯技术有机地结合在一起，构成高度信息化、高柔性、高度自动化的制造系统。

一、数控机床

1．数控机床的定义

数控机床是数字控制机床（Computer Numerical Control Machine Tools）的简称，是一种装有程序控制系统的自动化机床。

数字控制（Numerical Control，简称NC或数控）是近代发展起来的一种自动控制技术，用数字化的信息对某一对象进行控制。控制对象可以是位移、角度、速度、温度、压力、流量、颜色等。这些量的大小不仅可以测得，而且可以通过A/D或D/A转换，用数字信号来表示。

带有自动换刀装置ATC（Automatic Tool Changer）的数控机床（带有回转刀架的数控

车床除外）称为加工中心（Machine Center - MC）。它备有刀库，具有自动换刀功能，通过在刀库上安装不同用途的刀具，可对工件一次装夹后进行多工序加工，实现了工序集中和工艺的复合，大大减少了工件装夹时间、测量和机床调整等辅助工序时间，提高了加工精度。数控加工中心是目前世界上产量最高、应用最广泛的数控机床之一。

2. 数控机床的特点

数控机床的操作和监控全部在数控系统中完成，它是数控机床的大脑。与普通机床相比，数控机床具有如下特点。

（1）加工精度高。数控机床是由精密机械和自动化控制系统组成，其传动系统与机床的结构都有很高的刚度和热稳定性。在设计传动结构时采取了可减少误差的措施，并由数控装置进行误差测量和补偿，所以数控机床具有较高的加工精度。由于数控机床是按所编程序自动进行加工的，消除了操作者的人为影响，提高了同批零件加工尺寸的一致性，使加工质量稳定，产品合格率高。

（2）生产效率高。加工零件所需时间包括机动时间和辅助时间两部分。由于数控机床进给量和主轴转速范围都较大，可以选择最合理的切削用量，而且空行程可以采用快速进给，缩短了机动时间。数控机床具有较高的重复定位精度，节省了测量和检测时间，缩短了辅助时间。在数控加工中心上加工时，一台机床能实现多道工序的连续加工，生产效率的提高更加明显。

（3）减轻劳动强度，改善劳动条件和劳动环境。利用数控机床进行加工，首先，按图样要求编制加工程序，然后输入程序、调试程序，安装零件进行加工，观察监视加工过程并装卸零件。除此之外，不需要进行繁重的重复性手工操作，劳动强度与紧张程度均大为减轻，劳动条件也因此得到相应的改善。

（4）良好的经济效益。在数控机床上改变加工对象时，只需重新编写加工程序，不需要制造、更换许多工具、夹具和模具，更不需要更新机床。节省了大量的工艺装备费用，又由于加工精度高、质量稳定，减少了废品率，使生产成本下降，生产效率又较高，所以能够获得良好的经济效益。

（5）有利于生产管理的现代化。利用数控机床加工，能准确地计算零件的加工工时，并有效地简化检验、工夹具和半成品的管理工作，易于构成柔性制造系统（FMS）和计算机集成制造系统（CIMS）。

3. 数控机床的产生和发展

数控机床是在机械制造技术和控制技术的基础上产生并发展起来的，其发展经历了五个阶段，过程大致如下。

（1）第一阶段。1948 年，美国帕森斯公司接受美国空军委托，研制直升飞机螺旋桨叶片轮廓检验用样板的加工设备，首次提出了采用数字脉冲控制机床的设想。1952 年，该公司与美国麻省理工学院（MIT）成功研制出世界上第一台数控机床——一台试验性三坐标数控铣床，当时的数控系统采用的是电子管元件。

（2）第二阶段。1959 年，数控系统采用了晶体管元件和印刷电路板，出现带自动换刀装置的数控机床，称为加工中心（MC），使数控系统发展进入了第二代。

（3）第三阶段。1965 年，出现了第三代数控系统，它采用了小规模集成电路，不仅体积小、功耗少，而且可靠性进一步提高。

以上三代数控系统都采用专用控制计算机的硬接线数控装置，统称为普通数控系统（NC）。

（4）第四阶段。第四代是 1970 年以后采用小型计算机，许多功能可以通过软件实现，称为计算机数控系统（简称 CNC）。

（5）第五阶段。第五代是采用微处理机技术的微型计算机数控系统（简称 MNC）。

第一台数控加工中心是 1958 年由美国卡尼 - 特雷克公司首先研制成功的。它在数控卧式镗铣床的基础上增加了自动换刀装置，从而实现了工件一次装夹后即可进行铣削、钻削、镗削、铰削和攻螺纹等多种工序的集中加工。

二、数控机床的基本工作过程

如图 1—1 所示数控机床加工工件的基本过程是从零件图到加工好零件的整个过程，如图 1—2 所示数控加工工艺系统的组成及工作流程，数控机床的加工过程是在数控系统控制下完成的，而数控系统的工作是在硬件的支持下执行软件的全过程。其主要内容包括以下几部分。

1. 输入

输入 CNC 控制器的通常有零件加工程序、机床参数和刀具补偿数据。机床参数一般在机床出厂时或在用户安装调试时已经设定好，所以输入 CNC 系统的主要是零件加工程序和刀具补偿数据。输入方式有纸带输入、键盘输入、磁盘输入，上级计算机 DNC 通讯输入等。CNC 输入工作方式有存储方式和 NC 方式。存储方式是将整个零件程序一次全部输入到 CNC 内部存储器中，加工时再从存储器中把一个个程序调出，该方式应用较多。NC 方式是 CNC 一边输入一边加工的方式，即在前一程序段加工时，输入后一个程序段的内容。

2. 译码

译码是以零件程序的一个程序段为单位进行处理，把其中零件的轮廓信息（起点、终点、直线或圆弧等），F、S、T、M 等信息按一定的语法规则解释（编译）成计算机能够

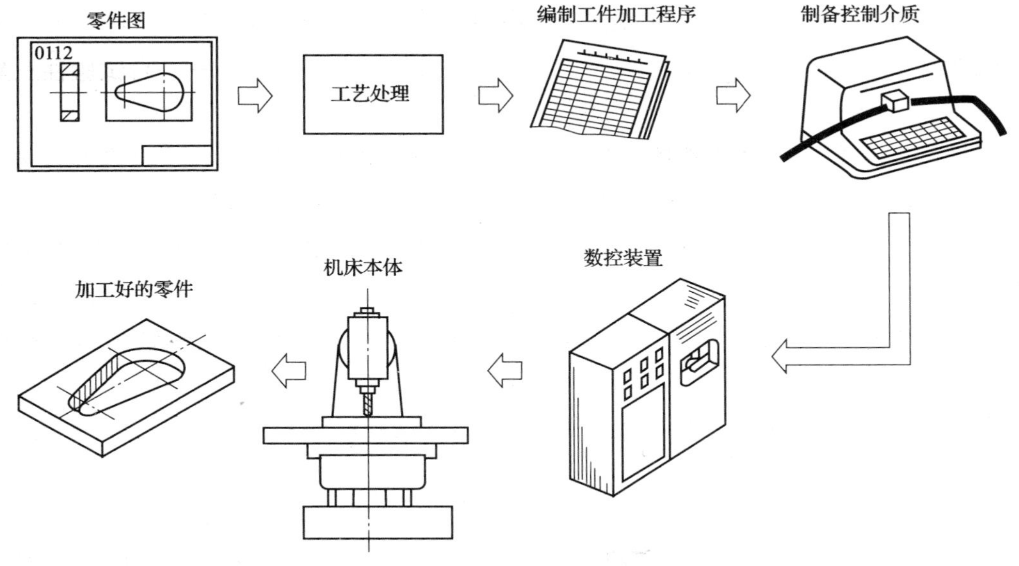

图 1—1　数控机床加工工件的基本过程

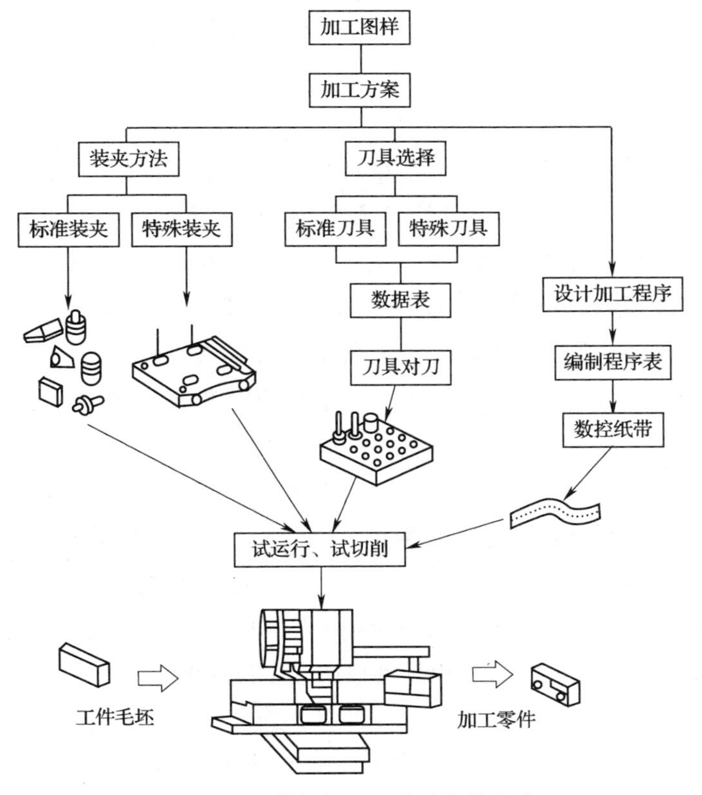

图 1—2　数控加工工艺系统的组成

识别的数据形式，并以一定的数据格式存放在指定的内存专用区域。编译过程中还要进行语法检查，发现错误立即报警。

3. 刀具补偿

刀具补偿包括刀具半径补偿和刀具长度补偿。为了方便编程人员编制零件加工程序，编程时零件程序是以零件轮廓轨迹来编程的，与刀具尺寸无关。程序输入和刀具补偿数据输入是分别进行的，刀具半径补偿的作用是把零件轮廓轨迹按系统存储的刀具尺寸数据自动转换成刀具中心（刀位点）相对于工件的移动轨迹。刀具长度补偿的功能一般用于刀具轴向（Z 向）的补偿，它可以使刀具在 Z 方向上的实际位移量比程序给定值增加或减少一个偏置量，这样当刀具在长度方向的尺寸发生变化时（如刀具重磨、更换等），可以在不改变程序的情况下，通过改变偏置量，加工出所要求的零件尺寸。

4. 进给速度处理

数控加工程序给定的刀具相对于工件的移动速度是在各个坐标合成运动方向上的速度。速度处理首先要进行的工作是将加工程序中指定的进给速度分解成各进给运动坐标方向的分速度，为插补时计算各进给坐标的行程量做准备；另外，对于机床允许的最低和最高速度限制也在这里处理。有的数控机床的 CNC 软件的自动加速和减速也放在这里。

5. 插补

零件加工程序程序段中的指令行程信息是有限的。如对于加工直线的程序段仅给定起点、终点坐标；对于加工圆弧的程序段除了给定其起点、终点坐标外，还给定其圆心坐标或圆弧半径。要进行轨迹加工，CNC 必须从一条已知起点和终点的曲线上自动进行“数据点密化”的工作，这就是插补。插补在每个规定的周期（插补周期）内进行一次，即在每个周期内，按指令进给速度计算出一个微小的直线数据段，通常经过若干个插补周期后，插补完一个程序段的加工，也就完成了从程序段起点到终点的“数据密化”工作。

6. 位置控制

位置控制装置位于伺服系统的位置环上。它的主要工作是在每个采样周期内，将插补计算出的理论位置与实际反馈位置进行比较，用其差值控制进给电动机。位置控制可由软件完成，也可由硬件完成。在位置控制中通常还要完成位置回路的增益调整、各坐标方向的螺距误差补偿和反向间隙补偿等，以提高机床的定位精度。

7. I/O 处理

CNC 的 I/O 处理是 CNC 与机床之间的信息传递和变换的通道。其作用一方面是将机床运动过程中的有关参数输入到 CNC 中；另一方面是将 CNC 的输出命令（如换刀、主轴变速换挡、加冷却液等）变为执行机构的控制信号，实现对机床的控制。

8. 显示

CNC 系统的显示主要是为操作者提供方便，显示装置有 CRT 显示器或 LCD 数码显示器，一般位于机床的控制面板上。通常有零件程序显示、参数显示、刀具位置显示、机床状态显示、报警信息显示等。有的 CNC 装置中还有刀具加工轨迹的静态和动态模拟加工图形显示。

9. 自诊断

现代数控机床的 CNC 装置，都具有联机和脱机诊断能力。联机诊断是指 CNC 装置在自诊断程序的支持下，随时监控机床各部分的运行情况，及时发现异常的事件。脱机诊断是在机床停止加工和停机情况下检查。一般 CNC 装置装备有各种脱机诊断程序，诊断时将诊断程序内容读入 CNC 的 RAM 中，根据计算机的输出数据进行分析，以判定是否有故障并确定故障的位置。脱机诊断还可以采用远程通信方式进行，由诊断中心计算机对 CNC 装置进行诊断，确定故障位置和维修方法。

三、数控机床的组成

数控机床可以按照零件加工的技术要求和工艺要求编写零件的加工程序，然后将加工程序输入到数控装置，通过数控装置控制机床的主轴运动、进给运动、更换刀具，以及工件的夹紧与松开，冷却、润滑泵的开与关，使刀具、工件和其他辅助装置严格按照加工程序规定的顺序、轨迹和参数进行工作，从而加工出符合图纸要求的零件。

数控机床主要由控制介质、数控装置、伺服系统、机床本体和辅助装置五个部分组成，如图 1—3 所示。

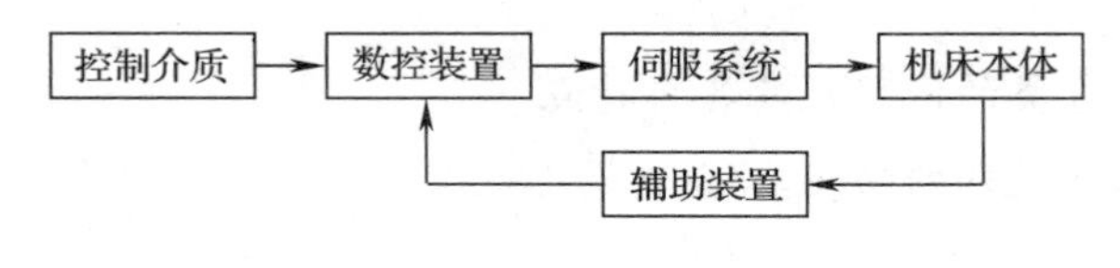

图 1—3　数控机床的组成

1. 控制介质

控制介质以指令的形式记载各种加工信息，如零件加工的工艺过程、工艺参数和刀具运动等，将这些信息输入到数控装置，以控制数控机床完成零件切削加工。

2. 数控装置

数控装置是数控机床的核心，其功能是接受输入的加工信息，经过数控装置的系统软件和逻辑电路进行译码、运算和逻辑处理，向伺服系统发出相应的脉冲，并通过伺服系统控制机床运动部件按加工程序指令运动。

3. 伺服系统

伺服系统由伺服电动机和伺服驱动装置组成，通常所说数控系统是指数控装置与伺服系统的集成，因此说伺服系统是数控系统的执行系统。数控装置发出的速度和位移指令控制执行部件按进给速度和进给方向位移。每个进给运动的执行部件都配备一套伺服系统，有的伺服系统还有位置测量装置，直接或间接测量执行部件的实际位移量，反馈给数控装置，并对加工的误差进行补偿。

4. 机床本体

数控机床的本体与普通机床基本类似，不同之处是数控机床结构简单、刚性好，传动系统采用滚珠丝杠代替普通机床的丝杠和齿条传动，主轴变速系统简化了齿轮箱，普遍采用变频调速和伺服控制。

5. 辅助装置

辅助装置主要包括加工中心刀库、换刀机构、工件自动交换机构、工件夹紧机构、润滑装置、冷却装置、照明装置、排屑装置、液压及气动系统、过载保护与限位保护装置等。

学习单元2 数控机床的分类

学习目标

- 了解数控机床分类的依据及其各自特点
- 了解数控机床各类别的功用

知识要求

数控机床的品种很多，根据其加工、控制原理、功能和组成，可以从以下几个不同的角度进行分类。

一、按运动轨迹分类

1. 点位控制数控机床

点位控制数控机床的特点是控制刀具或机床工作台等移动部件的终点位置，即控制刀具相对于工件由一点准确地移动到另一点，而点与点之间的运动轨迹没有严格要求，在移动和定位过程中刀具不进行任何切削加工，如图 1—4 所示。此类机床几个坐标轴之间的运动无任何联系，可以几个坐标同时向目标点运动，也可以各个坐标单独依次运动。使用这类控制系统的数控机床有数控坐标镗床、数控钻床、数控冲床、数控点焊机等。

2. 直线控制数控机床

直线控制数控机床的特点是刀具相对于工件的运动既要控制起点与终点之间的准确位置，又要控制刀具在这两点之间运动的速度和轨迹。刀具相对工件移动轨迹是平行于某一机床坐标轴的直线方向，刀具在移动过程中进行切削，如图 1—5 所示。使用这类控制系统的数控机床有数控车床、数控钻床、数控铣床和数控磨床等。

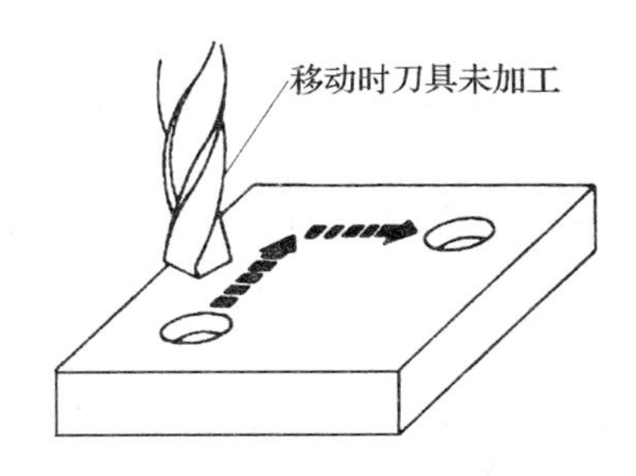

图 1—4　点位控制加工

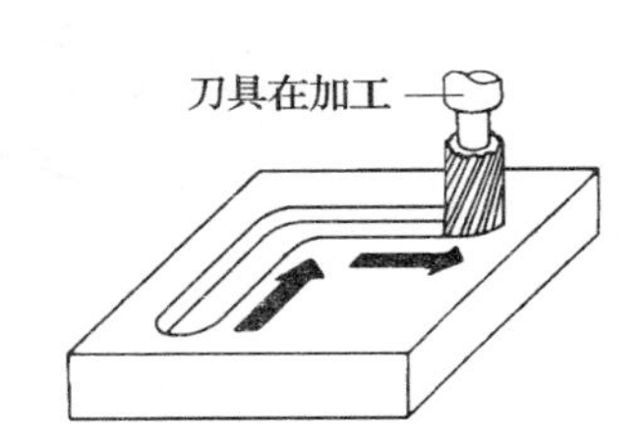

图 1—5　直线控制加工

3. 轮廓控制数控机床

轮廓控制数控机床的特点是能够控制两个或两个以上的坐标轴，坐标方向同时严格地连续控制，不仅要控制每个坐标的行程，还要控制每个坐标的运动速度，这样可以加工出任意的斜线、曲线或曲面组成的复杂工件，如图 1—6 所示。使用这类控制系统的数控机床有数控车床、数控铣床、数控磨床和数控加工中心等。

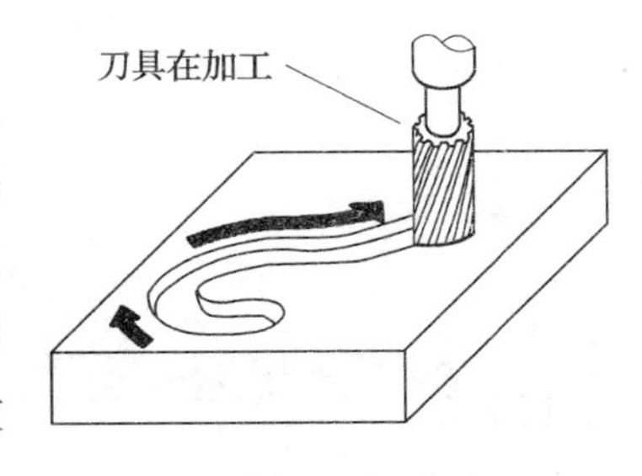

图 1—6　轮廓控制加工

二、按联动轴分类

数控系统控制几个坐标轴按需要的函数关系同时协调运动，称为坐标联动，按照联动轴数可以分为以下几种。

1. 两轴联动数控机床（见图 1—7a）

数控机床能同时控制两个坐标轴联动，适于数控车床加工旋转曲面或数控铣床铣削平面轮廓。

2．三轴联动数控机床（见图 1—7b）

数控机床能同时控制三个坐标轴的联动，用于一般曲面的加工，一般的型腔模具均可以用三轴加工完成。

3．两轴半联动数控机床（见图 1—7c）

在两轴的基础上增加了 Z 轴的移动，当机床坐标系的 X、Y 轴固定时，Z 轴可以作周期性进给。两轴半联动加工可以实现分层加工。

4．多轴联动数控机床（见图 1—7d）

数控机床能同时控制四个以上坐标轴的联动。多坐标数控机床的结构复杂、精度要求高、程序编制复杂，适于加工形状复杂的零件，如叶轮、叶片类零件。

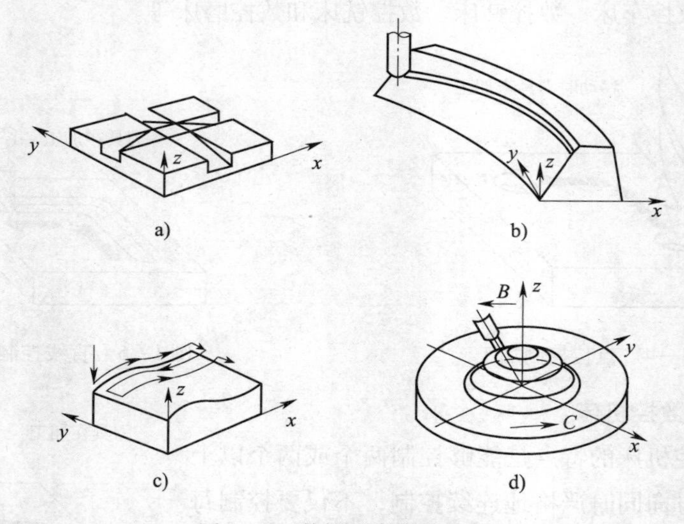

图 1—7　数控机床联动轴数

三、按工艺用途分类

1．金属切削类数控机床

金属切削类数控机床发展最早，种类繁多，功能差异大。与传统的通用机床一样，这类数控机床主要包括数控车床、数控铣床、数控钻床、数控磨床、数控镗床、数控齿轮加工机床以及数控加工中心等。这些机床的动作与运动都是数字化控制，具有较高的生产效率和自动化程度，特别是加工中心，它是一种带有自动换刀装置，能进行铣、钻、镗削加工的复合型数控机床。加工中心又分为车削中心、磨削中心等。还实现了在加工中心上增加交换工作台以及采用主轴或工作台进行立、卧转换的五面体加工中心。

2. 金属成型类数控机床

金属成型类数控机床有数控弯管机、数控组合冲床、数控转头压力机等。

3. 特种加工类数控机床

特种加工类数控机床是指除金属切削类和成型类以外的数控机床。常见的有：数控线（电极）切割机床、数控电火花加工机床、数控等离子弧切割机床、数控火焰切割机床以及数控激光加工机床等。

4. 其他类型的数控机床

其他类型的数控机床主要有数控三坐标测量机等。近年来，其他机械设备中也大量采用了数控技术，如数控多坐标测量机、自动绘图机及工业机器人等。

四、按控制方式分类

1. 开环伺服控制系统数控机床

开环伺服控制系统是指不带反馈装置的控制系统，由步进电动机驱动线路和步进电动机组成，如图 1—8 所示。数控装置经过控制运算发出脉冲信号，每一脉冲信号使步进电动机转动一定的角度，通过滚珠丝杠推动工作台移动一定的距离。

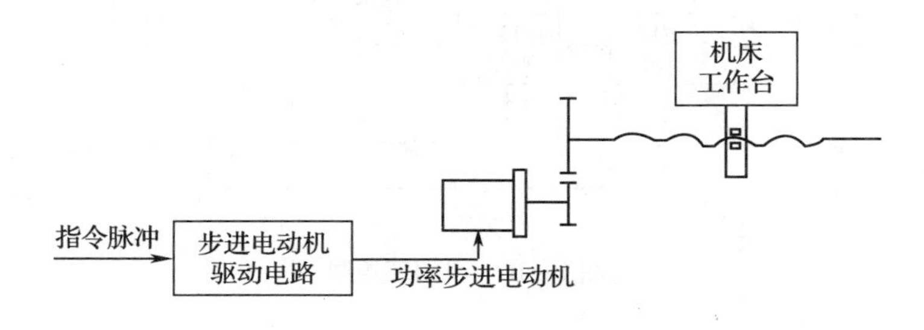

图 1—8　开环控制

这种伺服机构比较简单，工作稳定，调试简单，但精度和速度的提高受到限制。

2. 闭环伺服控制系统数控机床

如图 1—9 所示，闭环控制系统是在机床移动部件位置上直接装有直线位置检测装置，将检测到的实际位移反馈到数控装置的比较器中，与输入的原指令位移值进行比较，用比较后的差值控制移动部件作补充位移，直到差值消除时才停止移动，达到精确定位的控制系统。

闭环控制系统的定位精度高于半闭环控制，但结构比较复杂，调试维修的难度较大，常用于高精度和大型数控机床。

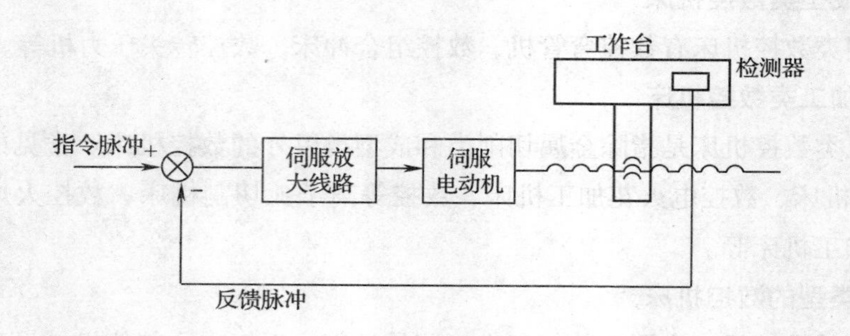

图 1—9　闭环控制

3. 半闭环伺服控制系统数控机床

如图 1—10 所示，半闭环控制系统是在开环控制系统的伺服机构中装有角位移检测装置，通过检测伺服机构的滚珠丝杠转角间接检测移动部件的位移，然后反馈到数控装置的比较器中，与输入原指令位移值进行比较，用比较后的差值进行控制，使移动部件补充位移，直到差值消除为止的控制系统。

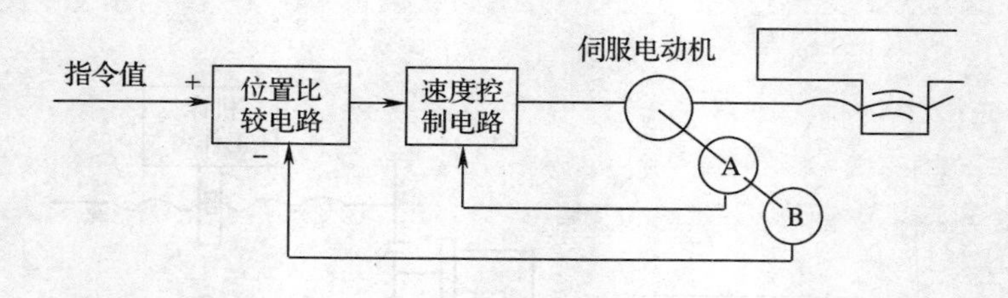

图 1—10　半闭环控制

这种伺服机构所能达到的精度、速度和动态特性优于开环伺服机构，为大多数中小型数控机床所采用。

4. 混合伺服系统数控机床

将以上三类控制系统的特点有选择地集中起来，组成混合环控制系统，特别适用于大型数控机床，因为大型数控机床需要较高的进给速度和返回速度，又需要相当高的精度，如果只采用全闭环控制，机床传动链和工作台全部置于控制环中，各种因素十分复杂，很难调试稳定。

混合环伺服系统数控机床实际是半闭环和闭环系统的混合形式，内环是速度环，控制进给速度；外环是位置环，主要对数控机床进给运动的坐标位置进行控制。现在采用这类方式控制的数控机床越来越多。

第 2 节　加工中心基础

学习单元 1　加工中心简介

学习目标

➢ 了解数控加工中心的基本知识

➢ 掌握加工中心的定义、工艺特点及基本常用术语

知识要求

数控加工中心是目前世界上产量最高、应用最广泛的数控机床之一。它的综合加工能力较强，工件一次装夹后能完成较多的加工内容，加工精度较高，就中等加工难度的批量工件，其效率是普通设备的 5 ~ 10 倍，特别是它能完成许多普通设备不能完成的加工，对形状较复杂、精度要求高的单件加工或中小批量多品种生产更为适用。

一、加工中心的定义

数控加工中心是指配有刀库和自动换刀装置，在一次装夹工件后可实现多工序（甚至全部工序）加工的数控机床，简称 MC。

二、加工中心的工艺特点

加工中心是一种功能较全的数控机床，它集铣削、钻削、铰削、镗削、攻铣螺纹于一身，具有多种工艺手段，与普通机床加工相比，具有许多显著的工艺特点。

1. 加工精度高

在加工中心上加工零件，其工序高度集中，一次装夹即可加工出零件上大部分甚至全部表面特征，避免了工件多次装夹所产生的装夹误差，因此，加工表面之间能获得较高的相互位置精度。同时，加工中心多采用半闭环甚至全闭环的位置补偿功能，有较高的运动精度、定位精度和重复定位精度，在加工过程中产生的尺寸误差能及时得到补偿，与普通机床相比，能获得较高的尺寸精度。

2. 精度稳定

整个加工过程由加工程序自动控制，不受操作者人为因素的影响，同时，没有凸轮、靠模等硬件，省去了制造和使用中磨损等所造成的误差，加上机床的位置反馈补偿功能及较高的定位精度和重复定位精度，加工出的零件尺寸一致性好。

3. 效率高

一次装夹能完成较多表面的加工，减少了多次装夹工件所需的辅助时间。同时，减少工件在机床与机床之间、车间与车间之间的周转次数和运输工作量。

4. 表面质量好

加工中心主轴转速和各轴进给量均是无级调速，有的甚至具有自适应控制功能，能随着刀具、工件材质及刀具参数的变化，把切削参数调整到最佳数值，从而提高了各加工表面的质量。

5. 适应性好

零件每个工序的加工内容、切削用量、工艺参数都可以编入加工程序，可以随时修改，为新产品试制、实行新的工艺流程和试验提供了方便。

但是，在加工中心上进行加工，与在普通机床上加工相比较，也有一些不足。例如，刀具应具有更高的强度、硬度和耐磨性；悬臂切削孔时，无辅助支承，刀具还应具备很好的刚性；在加工过程中，切屑易堆积，会缠绕在工件和刀具上，影响加工顺利进行，需要采取断屑措施和及时清理切屑；一次装夹完成从毛坯到成品的加工，无时效工序，工件的内应力难以消除；加工中心的价格一般都在几十万元到几百万元，一次性投入较大；使用、维修管理要求较高，要求操作者具有较高的技术水平。

三、加工中心的基本术语

加工中心的常用术语见表 1—1，主要参考国际标准 ISO 2806 和中华人民共和国国家标准 GB/T 8129—1997 以及近年新出现的一些数控词汇。

表 1—1　加工中心常用术语

名称	英语名称	注释
数控系统	numerical control system	能自动阅读输入载体上事先给定的代码和数字，并将其译码，从而控制机床运动及零件加工

续表

名称	英语名称	注释
控制字符	control character	出现于特定的信息文本（如数控机床的加工程序）中，表示某一控制功能的字符
地址	address	位于控制字开头的字符或字符组，用以辨认其后的数据
指令码	instruction code	计算机指令代码，用来表示指令集中的指令的代码
轴	axis	机床的部件可以沿着其作直线移动或回转运动的基准方向
程序号	program number	以号码识别加工程序时，在每一程序的前端指定的编号
程序名	program name	以名称识别加工程序时，为每一程序指定的名称
程序段	block	程序中为了实现某种操作的一组指令的集合
程序段格式	block format	字、字符和数据在一个程序段中的安排
命令方式	command mode	发出控制信号，使机床运动或加工功能按指定方式进行
准备功能	preparatory function	使机床或控制系统建立加工功能方式的命令
辅助功能	miscellaneous function	控制机床或系统的开关功能的一种命令
刀具功能	tool function	依据相应的格式规范，识别或调入刀具
进给功能	feed function	定义进给速度的命令
主轴速度功能	spindle speed function	定义主轴速度技术规范的命令
刀具偏置	tool offset	在一个加工程序的全部或指定部分，施加于机床坐标轴上的相对位移。该轴的位移方向由偏置值的正负号来确定
刀具长度偏置	tool length offset	在刀具长度方向上的刀具偏置
刀具半径偏置	tool radius offset	垂直于刀具路径的位移。用来修正实际的刀具半径与编程的刀具半径的差异

续表

名称	英语名称	注释
倍率	override	使操作者在加工期间能够修改速度的编程值（例如，进给率、主轴转速等）的手工控制功能
进给保持	feed hold	在加工程序执行期间，暂时中断进给的功能
插补	interpolation	在所需的路径或轮廓线上的两个已知点间根据某一数学函数（例如，直线、圆弧或高阶函数）确定其多个中间点的位置坐标值的运算过程
误差	error	计算值、观察值或实际值与真值、给定值或理论值之差
分辨率	resolution	两个相邻的离散量之间可以分辨的最小间隔

学习单元 2　加工中心的典型结构

学习目标

➤ 了解数控加工中心的加工对象和常见类型

➤ 熟悉典型数控加工中心的结构与工作原理

知识要求

一、加工中心的加工对象

加工中心适于加工复杂、工序多、要求较高、需用多种类型的普通机床和众多刀具、夹具，且经多次装夹和调整才能完成加工的零件。其加工的主要对象有箱体类零件、盘套板类零件、凸轮类零件、整体叶轮类零件、模具类零件、异形件等。

1. 箱体类零件

箱体类零件一般是指具有一个以上孔系，并有较多型腔的零件，如汽车的发动机缸体、变速箱体，机床的床头箱、主轴箱，柴油机缸体，齿轮泵壳体等。如图 1—11 所示，此类零件一般都要进行多工位孔系及平面加工，精度要求较高，特别是形状精度和位置精度要求较严格，通常要经过铣、钻、扩、镗、铰、锪、攻螺纹等工序，需要刀具较多，在普通机床上加工难度大，工装套数多，需多次装夹找正及手工测量，工艺制定难，加工周期长，且精度不易保证。若在加工中心上加工，一次装夹可以完成普通机床 60% ~95% 的工序内容，零件各项精度一致性好，质量稳定，同时可缩短生产周期，降低成本。

对于加工工位较多、工作台需多次旋转角度才能完成的零件，一般选用卧式加工中心；当加工的工位较少，且跨距不大时，可选立式加工中心，从一端进行加工。

2. 盘、套、板类零件

如图 1—12 所示，带有键槽、径向孔或端面有分布孔系以及有曲面的盘套或轴类零件，还有具有较多孔加工的板类零件，适宜采用加工中心加工。端面有分布孔系、曲面的零件宜选用立式加工中心，有径向孔的可选卧式加工中心。

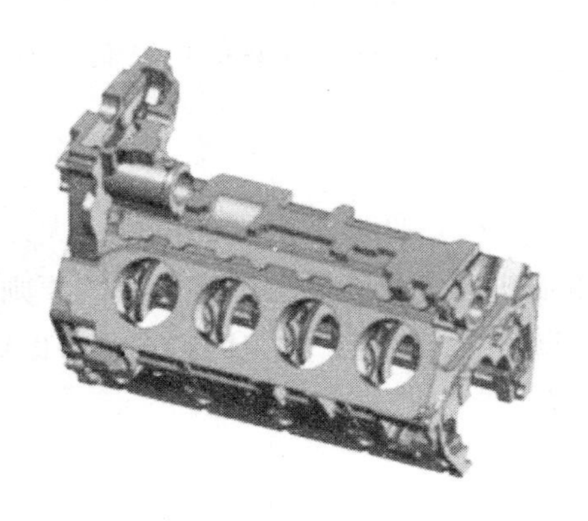

图 1—11　箱体类零件

图 1—12　盘套类零件

3. 凸轮类零件

这类零件有各种曲线的盘形凸轮、圆柱凸轮、圆锥凸轮和端面凸轮（见图 1—13）等，加工时，可根据凸轮表面的复杂程度，选用三轴、四轴或五轴联动的加工中心。

4. 整体叶轮类零件

整体摇臂钻床叶轮常见于航空发动机的压气机、空气压缩机、船舶水下推进器等，它除具有一般曲面加工的特点外，还存在许多特殊的加工难点，如通道狭窄，刀具很容易与加工表面和邻近曲面产生干涉。如图 1—14 所示的叶轮，它的叶面是一个典型的三维空间曲面，加工这样的型面，可采用四轴以上联动的加工中心。

图 1—13　端面凸轮

图 1—14　叶轮

5．模具类零件

常见的模具有锻压模具、铸造模具、注塑模具及橡胶模具等，如图 1—15 所示。采用加工中心加工模具，由于工序高度集中，动模、静模等关键件的精加工基本上是在一次安装中完成全部机加工内容，尺寸累积误差及修配工作量小。同时模具的可复制性强，互换性好。

6．外形不规则的异形零件

异形零件是指加工中心支架、拨叉类（见图 1—16）外形不规则的零件，大多要点、线、面多工位混合加工。由于外形不规则，在普通机床上只能采取工序分散的原则加工，需用工装较多，周期较长。利用加工中心多工位点、线、面混合加工的特点，可以完成大部分甚至全部工序内容。

图 1—15　锻压模具

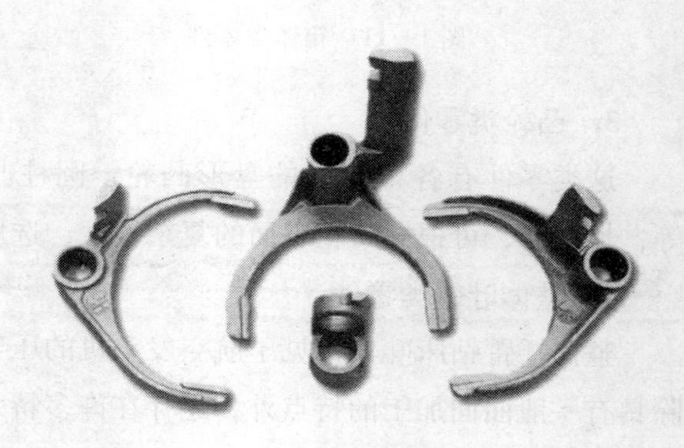
图 1—16　拨叉

7. 其他适合加工中心加工的零件

上述是根据零件特征选择的适合加工中心加工的几种零件，此外，还有以下一些适合加工中心加工的零件。

（1）周期性投产的零件。用加工中心加工零件时，所需工时主要包括基本时间和准备时间。例如，工艺准备、程序编制、零件首件试切等，这些时间往往是单件基本时间的几十倍。采用加工中心可以将这些准备时间的内容储存起来，供以后反复使用。这样，对周期性投产的零件，生产周期就可以大大缩短。

（2）加工精度要求较高的中小批量零件。针对加工中心加工精度高、尺寸稳定的特点，对加工精度要求较高的中小批量零件，选择加工中心加工，容易获得所要求的尺寸精度和形状位置精度，并可得到很好的互换性。

（3）新产品试制中的零件。在新产品定型之前，需经反复试验和改进。选择加工中心试制，可省去许多用通用机床加工所需的试制工装。

二、加工中心的类型

1. 按结构形式的分类

加工中心按主轴在空间所处的状态，可分为立式加工中心、卧式加工中心和立卧式加工中心。

（1）立式加工中心。立式加工中心的主轴在空间处于垂直状态，如图1—17所示。其结构形式多为固定立柱，工作台为长方形，无分度回转功能，适合加工盘、套、板类零件，它一般具有三个直线运动坐标轴，并可在工作台上安装一个沿水平轴旋转的回转台，用以加工螺旋线类零件。

立式加工中心装卡方便，便于操作，易于观察加工情况，调试程序简单，应用广泛。但受立柱高度及换刀装置的限制，不能加工太高的零件，在加工型腔或下凹的型面时，切屑不易排出，严重时会损坏刀具，破坏已加工表面，影响加工的顺利进行。

（2）卧式加工中心。卧式加工中心的主轴在空间处于水平状态，如图1—18所示。它通常都带有自动分度的回转工作台，一般具有3～5个运动坐标，常见的是三个直线运动坐标加一个回转运动坐标。工件在一次装卡后，即可完成除安装面和顶面以外的其余四个表面的加工，最适合箱体类零件和复杂结构件的加工。

与立式加工中心相比较，卧式加工中心加工时排屑容易，对加工有利，但结构复杂，占地面积大，价格较高。

（3）立卧式加工中心。立卧式加工中心（又称复合加工中心）是主轴可垂直和水平转换的加工中心，如图1—19所示。

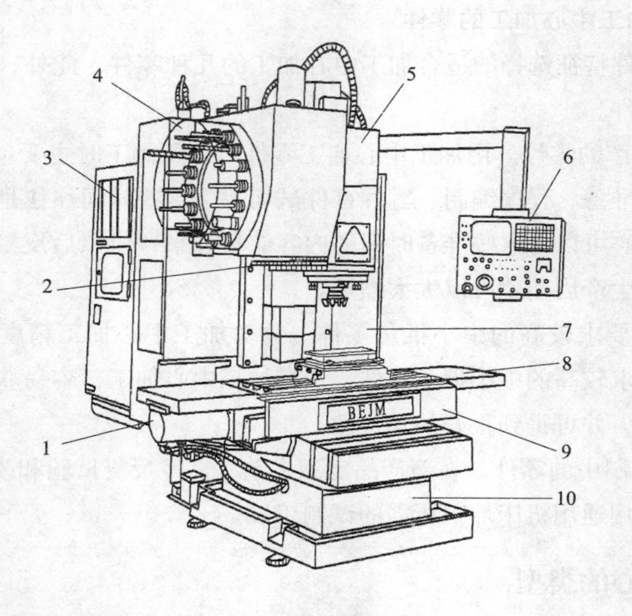

图 1—17　JCS－018A 型立式加工中心

1—X 轴的直流伺服电动机　2—换刀机械手　3—数控柜　4—盘式刀库　5—主轴箱
6—操作面板　7—驱动电源柜　8—工作台　9—滑座　10—床身

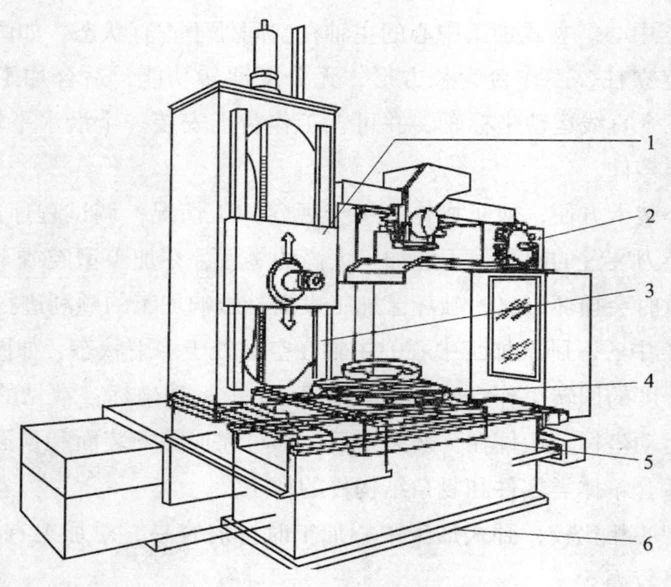

图 1—18　卧式加工中心

1—主轴头　2—刀库　3—立柱　4—立柱底座　5—工作台　6—工作台底座

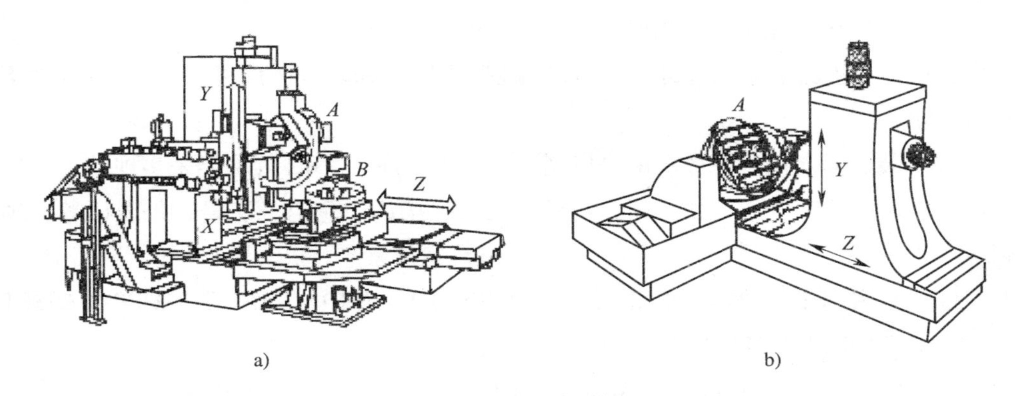

图 1—19　立卧式加工中心 5 轴运动方向

a）主轴可做 90°旋转　b）工作台带工件可做 90°旋转

2. 按功能分类

（1）主轴形式。有单主轴、双主轴或三主轴。

（2）工作台形式。单工作台、双工作台、多工作台托盘交换系统。

（3）刀库形式。回转式刀库、链式刀库。

三、加工中心的典型数控系统

1. FANUC 数控系统

（1）FANUC 数控系统特点。日本 FANUC 公司创建于 1956 年，是生产数控系统和工业机器人的著名厂家，该公司自 20 世纪 60 年代生产数控系统以来，已经成功开发出 40 种左右的系列品种。目前 FANUC 公司是世界上最大的专业数控系统生产厂家。20 世纪 80 年代初，FANUC 公司推出系列产品数控系统 10、11 和 12。20 世纪 80 年代中期，推出数控系统 0，它体积小、价格低，适用于机电一体化的小型机床，在硬件上采用了最新型高速高集成度的微处理器，使其运算速度、控制能力都有了较大的提高。如 FANUC－0i 系统为目前我国数控机床上采用较多的数控系统，主要用于数控车床、数控铣床和加工中心，具有一定的代表性。

FANUC 数控系统有以下几个方面的特点。

1）在新产品中，结构上采用模块化结构。

2）采用专用 LSI（Large Scale Integrated，大规模集成），以提高集成度、可靠性，减少体积和降低成本。

3）产品应用范围广。每一种 CNC 装置可配多种控制软件，适用于多种机床。

4）不断采用新工艺、新技术，如表面安装技术 SMT、多层印刷电路板、光导纤维电缆。

5）CNC 装置体积减小，采用面板装配式、内装式 PMC。

6）在插补、进给加减速、补偿、自动编程、图形显示、通信、控制和诊断方面不断增加新的功能。

7）CNC 装置面向用户开放功能是以用户特定宏程序、MMC 等功能来实现的。

8）支持多种语言显示，如日语、英语、汉语、德语、意语、法语、丹麦语等，现已形成多种版本。

9）备有多种外设，如 FANUC PPR、FANUC FA CARD、FANUC FLOPPYCASSETE、FANUC PROGRAM FILE MATE 等。

10）推出 MAP（Manufacturing Automation Protocol，制造自动化协议）接口，使 CNC 通过该接口实现与上一级计算机通信。

（2）FANUC 数控系统主要系列

1）高可靠性 Power Mate 0 系列。两轴的小型车床，取代步进电动机的伺服系统；可配画面清晰、操作方便、中文显示的 CRT/MDI，也可配性价比高的 DPL/MDI。

2）普及型 CNC 0－D 系列。0－TD 用于车床，0－MD 用于铣床及小型加工中心。

3）全功能型的 0－C 系列。0－TC 用于通用车床、自动车床，0－MC 用于铣床、钻床、加工中心。

4）高性价比的 0i 系列。整体软件功能包，高速、高精度加工，并具有网络功能。0i－MB/MA 用于加工中心和铣床，4 轴 4 联动；0i－TB/TA 用于车床，4 轴 2 联动；0i－mate MA 用于铣床，3 轴 3 联动；0i－mate TA 用于车床，2 轴 2 联动。

5）具有网络功能的超小型、超薄型 CNC16i/18i/21i 系列。控制单元与 LCD 集成于一体，具有网络功能，超高速串行数据通讯。其中 FS16i－MB 的插补、位置检测和伺服控制以纳米为单位。16i 最大可控 8 轴，6 轴联动；18i 最大可控 6 轴，4 轴联动；21i 最大可控 4 轴，4 轴联动。

除此以外，还有实现机床个性化的 CNC16/18/160/180 系列。

2. SIEMENS 数控系统

（1）SIEMENS 数控系统特点。SIEMENS 数控系统主要由德国 SIEMENS 公司生产，已经形成了多个系列。SIEMENS 840D 是 20 世纪 90 年代中期设计的全数字化数控系统，具有高度模块化及规范化的结构，它将 CNC 和驱动控制集成在一块板子上，将闭环控制的全部硬件和软件集成在 $1cm^2$ 的空间中，便于操作、编程和监控。

（2）SIEMENS 数控系统主要系列

1）SIEMENS 802S/C。用于车床、铣床等，可控 3 个进给轴和 1 个主轴，802S 适用于步进电动机驱动，802C 适于伺服电动机驱动，具有数字 I/O 接口。

2）SIEMENS 802D。控制 4 个数字进给轴和 1 个主轴，PLC I/O 模块，具有图形式循环编程，车削、铣削/钻削工艺循环，FRAME（包括移动、旋转和缩放）等功能，为复杂加工任务提供智能控制。

3）SIEMENS 810D。用于闭环驱动控制，最多可控 6 轴（包括 1 个主轴和 1 个辅助主轴），紧凑型编程输入/输出。

4）SIEMENS 840D。全数字模块化数控设计，用于复杂机床、模块化旋转加工机床和传送机，最大可控 31 个坐标轴。

第 3 节　加工中心的机械结构与伺服系统

学习单元 1　加工中心的机械结构

学习目标

- 了解加工中心主要机械结构的组成及特点
- 掌握滚珠丝杠螺母副间隙消除的方法
- 掌握数控加工中心刀库的种类以及使用方法

知识要求

加工中心的机械结构主要包括主轴机构、进给机构、刀库及换刀机构、导轨、回转工作台、辅助系统（气液、润滑、冷却）等。

一、加工中心主轴的结构特点

加工中心主轴系统结构简单，无齿轮箱变速系统（特殊的也只保留 1 ~ 2 级齿轮传动）。主轴功率大，调速范围宽，并可无级调速。加工中心常用的主轴电动机有交流调速电动机和交流伺服电动机两种。交流调速电动机通过改变电动机的供电频率可以调整电动机的转速，这种电动机成本较低，但不能实现电动机轴的径向准确定位。交流伺服电动机是一种高效能的主轴驱动电动机，这种电动机轴不但能实现任意径向的定位，还能以大转矩实现微小角度的转动。

1. 主传动装置

（1）低速主轴。低速主轴常采用齿轮变速机构或同步带构成主轴的传动系统，从而增强主轴的驱动力矩，适应主轴传动系统的性能与结构。

如图 1—20 所示为 VP1050 加工中心的主轴传动结构。主轴转速范围为 10 ~4 000 r/min。当滑移齿轮 3 处于下位时，主轴在 10 ~1 200 r/min 间可实现无级变速。当数控加工程序要

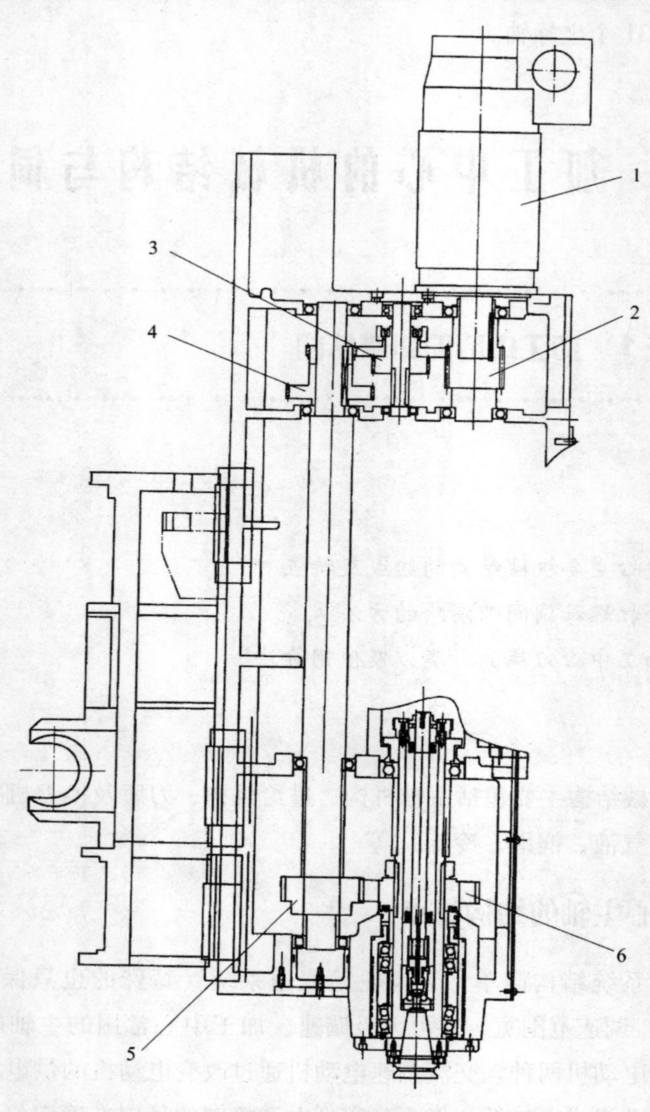

图 1—20　VP1050 加工中心的主轴传动机构

1—主轴驱动电动机　2、5—主轴齿轮　3—滑移齿轮　4、6—从动齿轮

求较高的主轴转速时，PLC 根据数控系统的指令，主轴电动机自动实现快速降速，在主轴转速低于 10 r/min 时，滑移齿轮 3 向上滑移，当达到上位时，主轴电动机开始升速，使主轴转速达到程序要求的转速。

（2）高速主轴。高速主轴要求在极短时间内实现升降速，在指定位置快速准停，这就要求主轴具有很高的角加速度。通过齿轮或传动带这些中间环节，常常会引起较大振动和较大噪声，而且增加了转动惯量。为此将主轴电动机与主轴合二为一，制成电主轴（见图 1—21），实现无中间环节的直接传动，是主轴高速单元的理想结构。目前，电主轴的转速可达到 12 000 ~ 80 000 r/min；有的电主轴的最高转速甚至能达到 120 000 r/min。

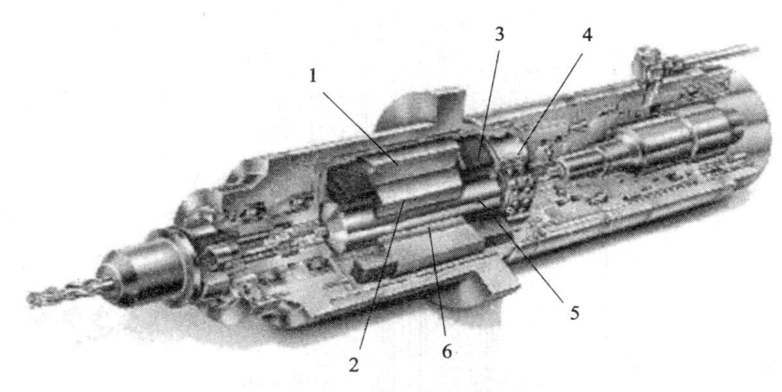

图 1—21　电主轴结构

1—定子铁心　2—转子铁心　3—定子绕组

4—轴承　5—主轴　6—永久磁铁

2. 加工中心主轴组件

加工中心主轴组件包括主轴部件、自动夹紧装置、切屑清除装置和主轴准停装置等结构。

（1）主轴部件。如图 1—22 所示，主轴 1 前端有 7∶24 的锥孔，用于装夹 BT40 刀柄。主轴端面装有端面键，用以传递扭矩及周向定位。主轴材料常采用的有 38CrMoAlA、9Mn2V、GCrl5 等。主轴锥孔及与支承轴承配合部位均应经渗氮和感应加热淬火。主轴 1 的前支承配置了三个高精度的向心推力角接触球轴承 4，用以承受径向载荷和轴向载荷，前两个轴承大口朝下，后面一个轴承大口朝上。前支承按预加载荷计算的预紧量由螺母 5 来调整。后支承为一对小口相对配置的向心推力角接触球轴承 6，它们只承受径向载荷，因此轴承外圈不需要定位。该主轴选择的轴承类型和配置形式，满足主轴高转速和承受较大轴向载荷的要求。主轴受热变形后向后伸长，不影响加工精度。

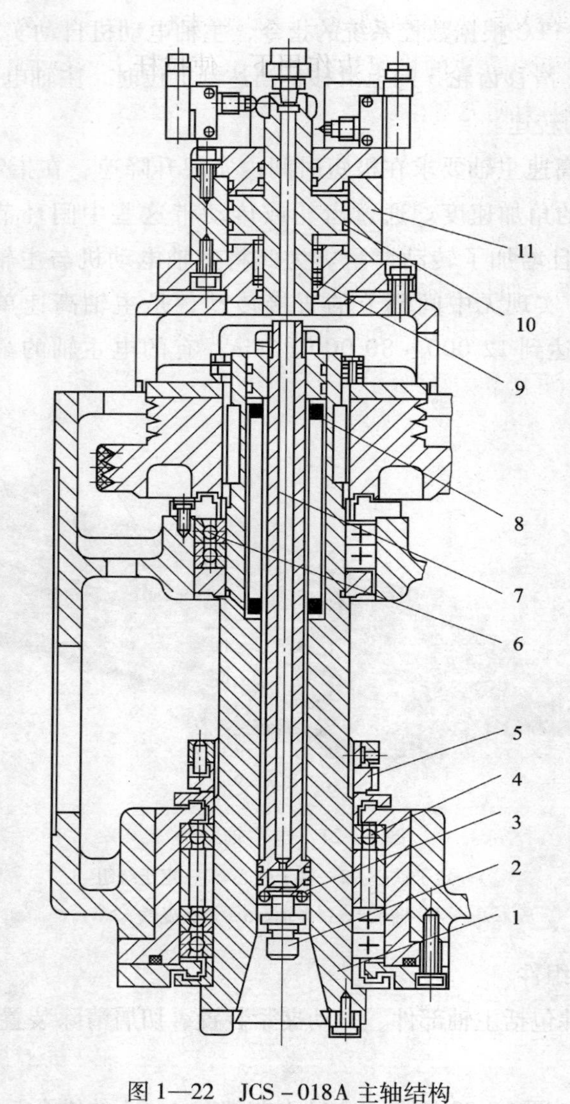

图 1—22　JCS－018A 主轴结构

1—主轴　2—拉钉　3—钢球　4、6—向心推力角接触球轴承　5—预紧螺母
7—拉杆　8—碟形弹簧　9—圆柱螺旋弹簧　10—活塞　11—液压缸

（2）刀具的自动夹紧装置。如图 1—22 所示，主轴内部和后端安装的是刀具自动夹紧机构。它主要由拉杆 7、拉杆端部的四个钢球 3、碟形弹簧 8、活塞 10、液压缸 11 等组成。机床执行换刀指令，机械手从主轴拔刀时，主轴需松开刀具。这时液压缸上腔通入压力油，活塞推动拉杆向下移动，使碟形弹簧压缩，钢球进入主轴锥孔上端的槽内，刀柄尾部的拉钉 2（拉紧刀具用）被松开，机械手拔刀。之后，压缩空气进入活塞和拉杆的中间

孔，吹净主轴锥孔，为装入新刀具做好准备。当机械手将下一把刀具插入主轴后，液压缸上腔回油，在碟形弹簧和弹簧 9 的恢复力作用下，使拉杆、钢球和活塞退回到图示的位置，由于碟形弹簧的弹性力使刀具夹紧。

刀杆尾部的拉紧机构，常见的还有卡爪式。钢球拉紧刀柄时，接触应力太大，易将主轴孔和刀柄压出坑痕，而卡爪式则相对较好，如图 1—23 所示。

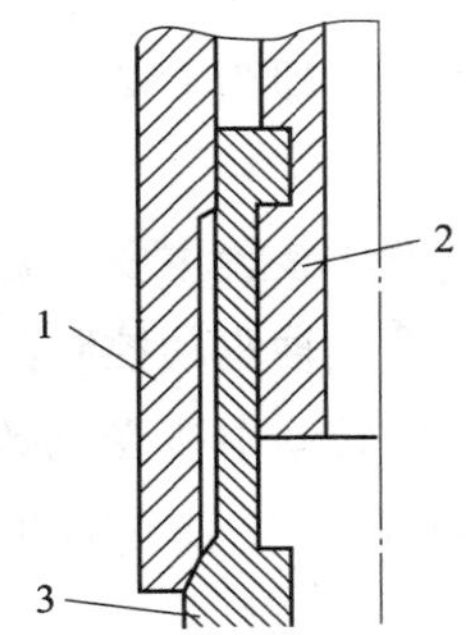

图 1—23　改进后的刀柄拉紧机构

1—套　2—拉杆　3—卡爪

（3）切屑清除装置。如果主轴锥孔中落入了切屑、灰尘或其他污物，在拉紧刀杆时，锥孔表面和刀杆锥柄表面会被划伤，甚至会使刀杆发生偏斜，破坏刀杆的正确定位，影响零件的加工精度，甚至会使零件超差报废。为了保持主轴锥孔的清洁，常采用的方法是使用压缩空气吹屑。

（4）主轴准停装置。机床的切削转矩由主轴上的端面键来传递，每次机械手自动装取刀具时，必须保证刀柄上的键槽对准主轴端面键，这就要求主轴具有准确定位的功能。为满足主轴这一功能而设计的装置称为主轴准停装置或称为主轴定向装置。主轴要求准停的另一原因是便于在镗完内孔后能正确的退刀。目前主轴准停装置主要有机械方式和电气方式两种。

机械准停方式中较典型的 V 形槽定位盘准停机构如图 1—24 所示。其工作过程是，定位盘与主轴连接，当要执行主轴准停指令时，首先主轴降速至已设定的低速，当无触点开

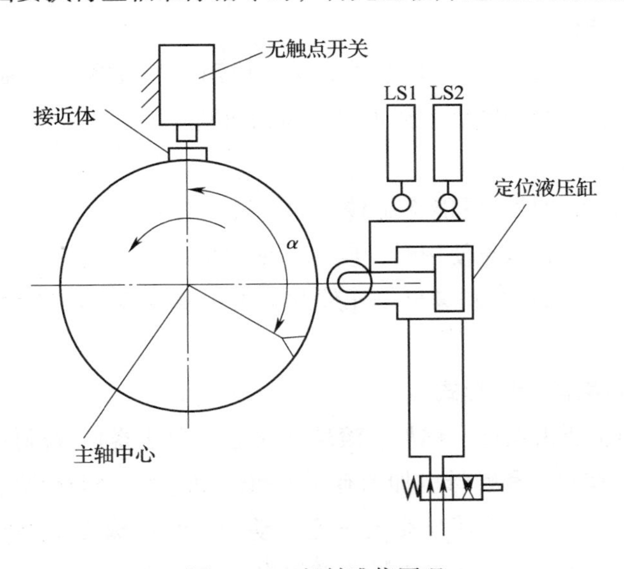

图 1—24　机械准停原理

关有效信号被检测到后，主轴电动机停转，此时主轴依惯性继续空转，同时准停液压缸定位销在压力作用下伸向并压紧定位盘。当定位盘 V 形槽与定位销对正，由于液压缸的压力，定位销插入 V 形槽，LS2 有效，表明主轴准停完成。采用这种准停方式，必须有一定的逻辑互锁，即当 LS2 有效，才能进行换刀，只有当 LS1 有效，主轴电动机才能启动运转。

电气准停装置主要有磁传感器式、编码型方式和数控系统控制方式。其中数控系统控制方式要求主轴驱动控制器具有闭环伺服控制功能。采用接近开关准停是最简单的控制方式。当主轴转动中接受到数控系统发来准停信号，主轴立即减速，当达到准停速度（如 10 r/min）时，主轴立即刹车停止转动。

二、滚珠丝杠螺母副

1. 滚珠丝杠螺母副的优缺点

滚珠丝杠螺母副是加工中心进给驱动系统的主要功能部件，可将回转运动转换为直线运动，它的丝杠与螺母之间是通过滚珠来传递运动的，使之成为滚动摩擦，这是滚珠丝杠区别于普通滑动丝杠的关键所在。

（1）其优点如下

1）摩擦阻力小、传动效率高。滚珠丝杠螺母副的传动效率高达 95% ~98%，是普通梯形丝杠的 3 ~4 倍，功率消耗减少 2/3 ~3/4。

2）灵敏度高、传动平稳。由于是滚动摩擦，动静摩擦系数相差及小。因此低速不易产生爬行，高速传动平稳。

3）定位精度高、传动刚度高。用多种方法可以消除丝杠螺母的轴向间隙，使反向无空行程，定位精度高，适当预紧后，还可以提高轴向刚度。

（2）其缺点如下

1）不能自锁、有可逆性。既能将旋转运动转换成直线运动，也能将直线运动转换成旋转运动。因此丝杠在垂直状态使用时，应增加制动装置或平衡块。

2）制造成本高。滚珠丝杠和螺母等元件的加工精度及表面粗糙度等要求高，制造工艺较复杂，成本高。

2. 滚珠丝杠螺母副的结构形式

滚珠丝杠螺母副主要由丝杆、螺母、滚珠和滚道（回珠器）、螺母座等组成。

（1）工作原理。在丝杆和螺母上加工有弧形螺旋槽，当它们套装在一起时便形成螺旋滚道，并在滚道内装满滚珠。而滚珠则沿滚道滚动，并经回珠管做周而复始的循环运动。回珠管两端还起挡珠的作用，以防滚珠沿滚道掉出。

（2）滚珠丝杠螺母副的滚珠循环方式有两种。滚珠在循环过程中始终与丝杠保持接触的称为内循环（见图1—25a），有时与丝杠脱离接触的称为外循环（见图1—25b）。

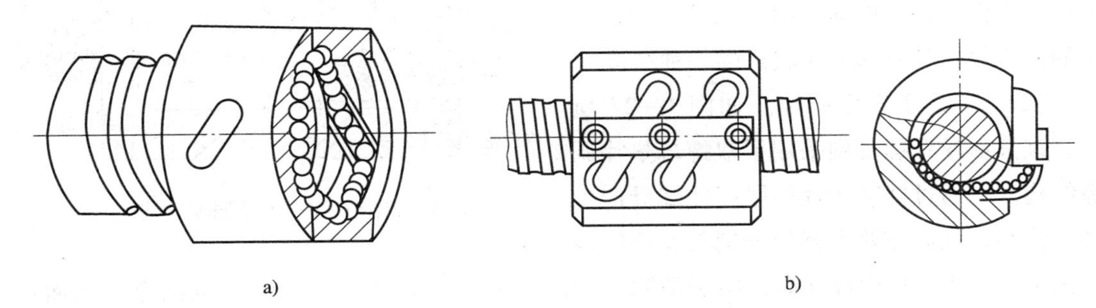

图1—25　滚珠丝杠螺母副的滚珠循环方式

a）内循环　b）外循环

1）内循环。内循环均采用反向器实现滚珠循环，数控机床反向器有两种型式。圆柱凸键反向器，反向器的圆柱部分嵌入螺母内，端部开有反向槽。反向槽靠圆柱外圆面及其上端的凸键定位，以保证对准螺纹滚道方向。扁圆镶块反向器，反向器为一半圆头平键形镶块，镶块嵌入螺母的切槽中，其端部开有反向槽。两种反向器比较，后者尺寸较小，从而减小了螺母的径向尺寸及缩短了轴向尺寸。

2）外循环。外循环是常用的一种循环方式。这种结构是在螺母体上轴向相隔数个半导程处钻两个孔与螺旋槽相切，作为滚珠的进口与出口。再在螺母的外表面上铣出回珠槽并沟通两孔。另外，在螺母内进出口处各装一挡珠器，并在螺母外表面装一套筒，这样构成封闭的循环滚道。外循环结构制造工艺简单，使用较广泛。其缺点是滚道接缝处很难做得平滑，影响滚珠滚动的平稳性，甚至发生卡珠现象，噪声也较大。

3. 滚珠丝杠螺母副的间隙消除

加工中心进给系统所使用的滚珠丝杆螺母副必须具有可靠的轴向间隙消除机构、合理的安装结构和有效的防护措施。轴向间隙通常是指丝杠和螺母无相对转动时，丝杠螺母之间的最大轴向窜动。除了结构本身的游隙之外，在施加轴向载荷之后，还包括了弹性变形所造成的窜动。

除少数滚珠丝杆螺母副用微量过盈滚珠的单螺母消除间隙外，常用双螺母消除间隙，双螺母调整轴向间隙的方式主要有以下三种。

（1）双螺母齿差调隙。如图1—26所示，该滚珠丝杆螺母副采用了双螺母齿差调隙式结构。在两个滚珠螺母的凸缘上各制有圆柱外齿轮，而且齿数差 $Z_2-Z_1=1$，两只内齿圈的齿数与外齿轮的齿数相同，并用螺钉和销钉固定在螺母座的两端。调整时先将内齿圈取出，根据间隙的大小使两个螺母分别在相同方向转过一个齿或几个齿，使螺母在轴向彼此移近了相应的距离。

虽然双螺母齿差调隙式结构较为复杂，但调整方便，并可以通过简单的计算获得精确的调整量，是目前应用较广的一种结构。

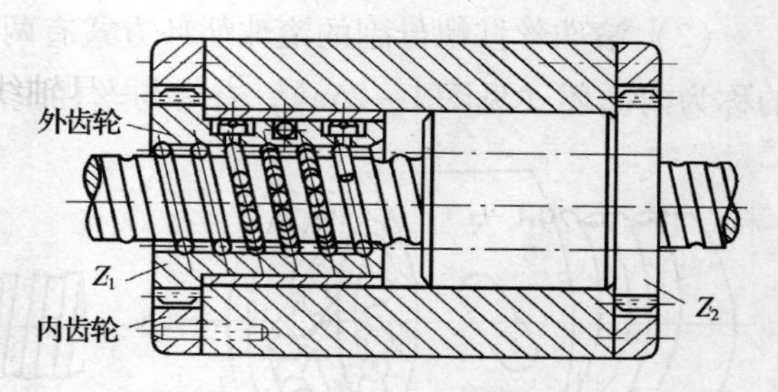

图 1—26　双螺母齿差调隙式结构

（2）双螺母垫片调隙。如图 1—27 所示，该滚珠丝杆螺母副采用了双螺母垫片调隙结构。它通过修磨垫片的厚度使螺母产生轴向位移，从而使两个螺母分别与丝杆的两侧面贴合。当工作台反向时，由于消除了侧隙，工作台会跟随 CNC 的运动指令反向而不会出现滞后。这种调整方法具有结构简单、刚性好和拆装方便等优点，但它很难在一次修磨中调整完毕，调整精度也不如齿差调隙式好。

（3）双螺母螺纹调隙。如图 1—28 所示，该滚珠丝杆螺母副采用了双螺母螺纹调隙结构。它用平键限制了螺母在螺母座内的转动。调整时，只要拧动锁紧螺母就能将滚珠螺母沿轴向移动一定距离，在消除间隙后将其锁紧。这种调整方法具有结构简单、调整方便等优点，但调整精度较差。

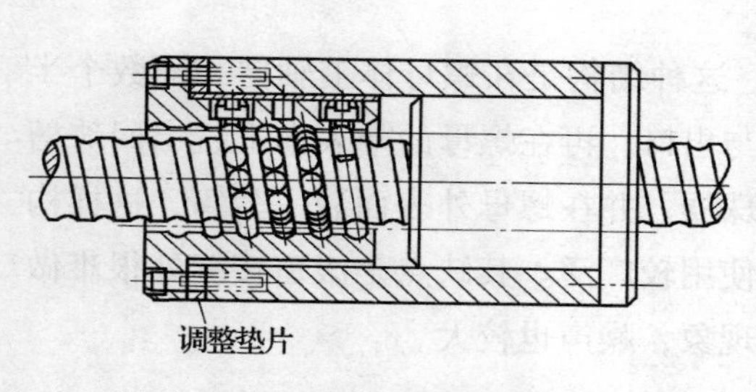

图 1—27　双螺母垫片调隙式结构

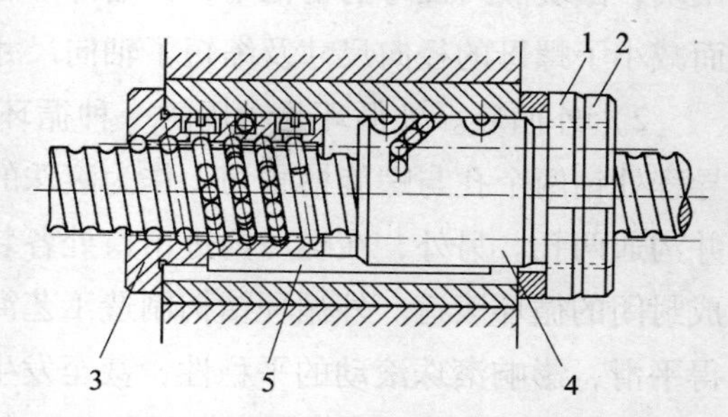

图 1—28　双螺母螺纹调隙式结构

1、2—锁紧螺母　3、4—滚珠螺母　5—平键

三、刀库

刀库是用来储存加工刀具及辅助工具的，是自动换刀装置中最主要的部件之一。由于多数加工中心的取送刀具位置都是在刀库中某一固定刀位，因此，刀库还需要有使刀具运动的机构来保证换刀的可靠性。刀库中刀具的定位机构是用来保证要更换的每一把刀具或刀套都能准确地停在换刀位置上。

1. 刀库的种类

加工中心刀库的形式很多，结构也各不相同，最常用的有鼓盘式刀库、链式刀库和格子盒式刀库。

（1）鼓盘式刀库。鼓盘式刀库结构紧凑、简单，在钻削中心上应用较多。一般存放刀具不超过 32 支。如图 1—29 所示为刀具轴线与鼓盘轴线平行布置的刀库，其中图 1—29a 为径向取刀形式，图 1—29b 为轴向取刀形式，图 1—29c 为刀具径向安装在刀库上的结构，图 1—29d 为刀具轴线与鼓盘轴线成一定角度布置的结构。

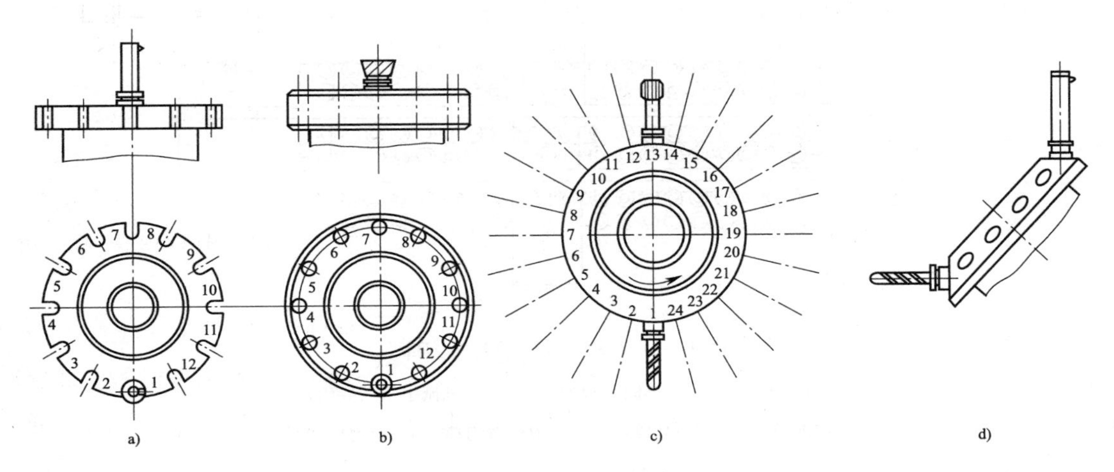

图 1—29　鼓盘式刀库

（2）链式刀库。在环形链条上装有许多刀座，刀座的孔中装夹各种刀具，链条由链轮驱动。链式刀库适用于刀库容量较大的场合，且多为轴向取刀。链式刀库有单环链式和多环链式等几种，如图 1—30a、图 1—30b 所示。当链条较长时，可以增加支承链轮的数目，使链条折叠回绕，提高空间利用率（见图 1—30c）。

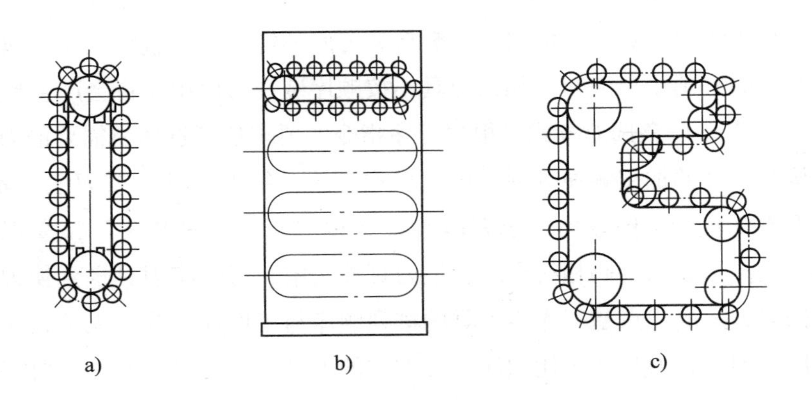

图 1—30　几种链式刀库

a）单环链式　b）多环链式　c）折叠回绕式

（3）格子盒式刀库。如图1—31所示为固定型格子盒式刀库。刀具分几排直线排列，由纵、横向移动的取刀机械手完成选刀运动，将选取的刀具送到固定的换刀位置刀座上，由换刀机械手交换刀具。由于刀具排列密集，因此空间利用率高，刀库容量大。

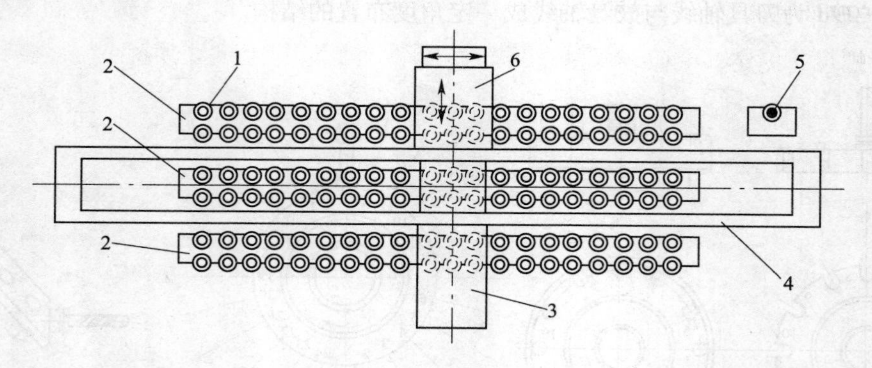

图1—31　固定型格子盒式刀库

1—刀座　2—刀具固定板架　3—取刀机械手横向导轨

4—取刀机械手纵向导轨　5—换刀位置刀座　6—换刀机械手

2. 刀库的控制方式

按数控装置的刀具选择指令，从刀库中将所需要的刀具转换到取刀位置，称为自动选刀。在机床刀库中，选择刀具通常采用顺序选刀和任选刀具两种方式。

（1）顺序选刀。顺序选刀方式是按照预定工序的先后顺序将所用刀具插入刀库刀座中，使用时按顺序转到取刀位置。用过的刀具放回原来的刀座内。该方式不需要刀具识别装置，驱动控制也较简单，工作可靠。但刀库中每一把刀具在不同的工序中不能重复使用。为了满足加工需要，只有增加刀具的数量和刀库的容量，这就降低了刀具和刀库的利用率。此外装刀时必须十分谨慎，如果刀具不按顺序装在刀库中，将会产生严重的后果。

（2）任意选刀。任意选刀方式是根据程序指令的要求任意选择所需要的刀具，刀具在刀库中不必按照工件的加工顺序排列，可以任意存放。每把刀具（或刀座）都编上代码，自动换刀时刀库旋转，每把刀具（或刀座）都经过“刀具识别装置”接受识别。当某把刀具的代码与数控指令的代码相符合时，该刀具被选中，刀库将刀具送到换刀位置，等待更换。任意选刀方式的优点是刀库中刀具的排列顺序与工件加工顺序无关，而且相同的刀具可重复使用。因此，刀具数量比顺序选刀方式的刀具可少一些，刀库也相应的小一些。

3. 任选刀具的编码方式

目前，大多数的加工中心都采用任选功能，任选刀具主要有以下几种编码方式。

（1）刀具编码选刀。对每把刀具进行编码，由于每把刀具都有自己的代码，因此，可以存放于刀库的任一刀座中。这样刀具可以在不同的工序中多次重复使用，用过的刀具也不一定放回原刀座中，避免了因刀具存放在刀库中的顺序差错而造成的事故。但每把刀具上都带有专用的编码系统，刀具长度加长，制造困难，刚度降低，刀库和机械手的结构复杂。

刀具编码的具体结构（见图1—32）是在刀柄1后端的拉杆上套装着等间隔的编码环4，由锁紧螺母5固定。编码环4既可以是整体的，也可由圆环组装而成，编码环直径有大小两种，大直径的为二进制的“1”，小直径的为“0”。通过这两种圆环的不同排列，可以得到一系列代码，此代码由识别装置2读出，并作为刀具编码。

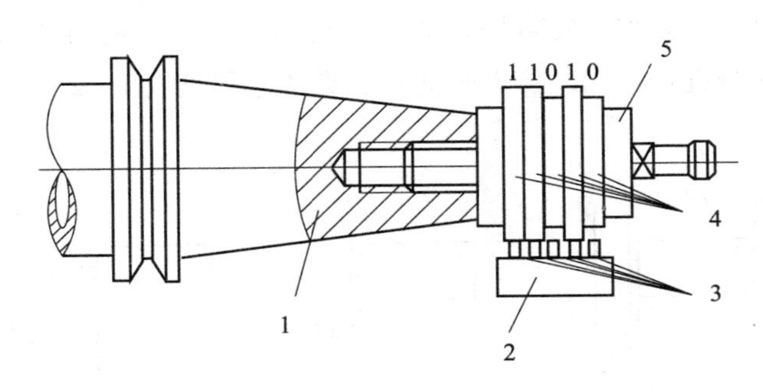

图1—32　刀具刀柄尾部编码环编码及识别

1—刀柄　2—识别装置　3—触针（继电器）　4—编码环　5—锁紧螺母

（2）刀座编码选刀。刀库各刀座编码如图1—33所示，把与刀座编码对应的刀具一一放入指定的刀座中，编程时用地址T指出刀具所在刀座编码。采用刀座编码选刀的刀库在自动换刀过程中必须将用过的刀具放回原来的刀座中，增加了换刀动作，但是刀具可在加工过程中重复使用。

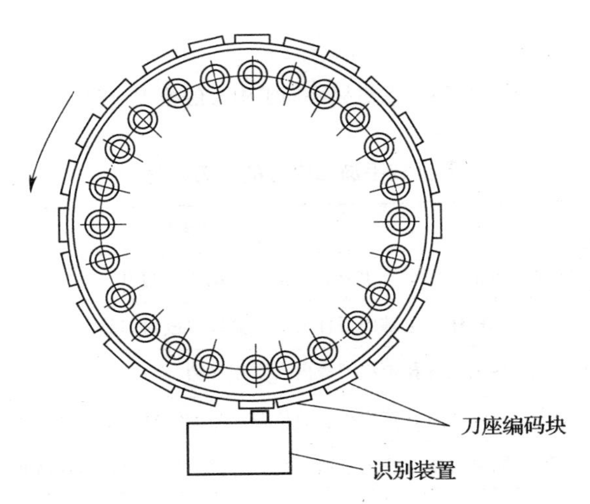

图1—33　盘形刀库刀座编码及识别

（3）计算机记忆选刀。刀具号和存刀位置或刀座号对应地记忆在计算机的存储器或可编程控制器的存储器内，刀具存放地址改变，计算机记忆也随之改变。在刀库装有位置检测装置，刀具可以任意取出，任意送回。

4. 刀库的换刀方式

数控机床的自动换刀装置中，实现刀库与机床主轴之间传递和装卸刀具的装置称为刀具交换装置。

（1）无机械手换刀。无机械手换刀的方式是利用刀库与机床主轴的相对运动实现刀具交换，如图1—34所示。必须首先将用过的刀具送回刀库，然后再从刀库中取出新刀具，这两个动作不可能同时进行，因此换刀时间长。具体过程见表1—2。

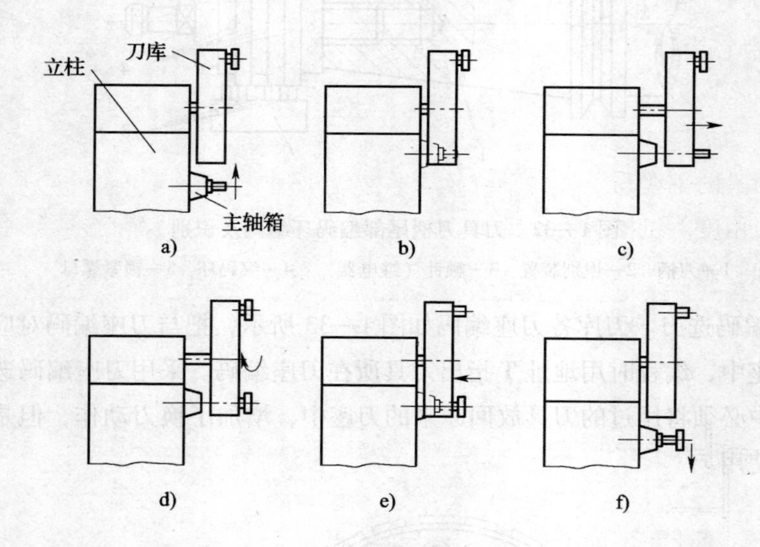

图1—34　无机械手加工中心的换刀过程

表1—2　无机械手加工中心的换刀过程

图号	动作内容
图1—34a	主轴准停，主轴箱沿 Y 轴上升，装夹刀具的卡爪打开
图1—34b	刀具定位卡爪钳住，主轴内刀杆自动夹紧装置放松刀具
图1—34c	刀库伸出，从主轴锥孔中将刀拔出，实现换刀
图1—34d	刀库转位，选好的刀具转到最下面位置；压缩空气将主轴锥孔吹净
图1—34e	刀库退回，同时将新刀插入主轴锥孔；刀具夹紧装置将刀杆拉紧
图1—34f	主轴下降到加工位置后启动，开始下一工步的加工

这种换刀机构不需要机械手，结构简单、紧凑。由于交换刀具时机床不工作，所以不会影响加工精度，但会影响机床的生产效率。其次受刀库尺寸限制，装刀数量不能太多。这种换刀方式常用于小型加工中心。

无机械手换刀方式中，刀库夹爪既起着刀套的作用，又起着手爪的作用，如图 1—35 所示为无机械手换刀方式的刀库夹爪。

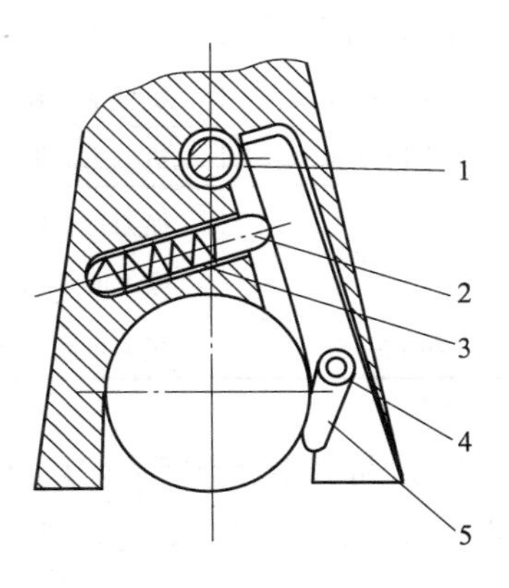

图 1—35　刀库夹爪

1—锁销　2—顶销　3—弹簧　4—支点轴　5—手爪

（2）机械手换刀。采用机械手进行刀具交换的方式应用得最为广泛。这是因为机械手换刀有很大的灵活性，而且可以减少换刀时间。机械手的结构形式是多种多样的，因此换刀运动也有所不同。下面以 TH65100 卧式镗铣加工中心为例说明采用机械手换刀的工作原理。

该机床采用的是链式刀库，位于机床立柱左侧。由于刀库中存放刀具的轴线与主轴的轴线垂直，故而机械手需要有三个自由度。机械手沿主轴轴线的插拔刀动作由液压缸来实现；90°的摆动送刀运动及 180°的换刀动作分别由液压马达实现。其换刀分解动作如图 1—36 所示。具体过程见表 1—3。

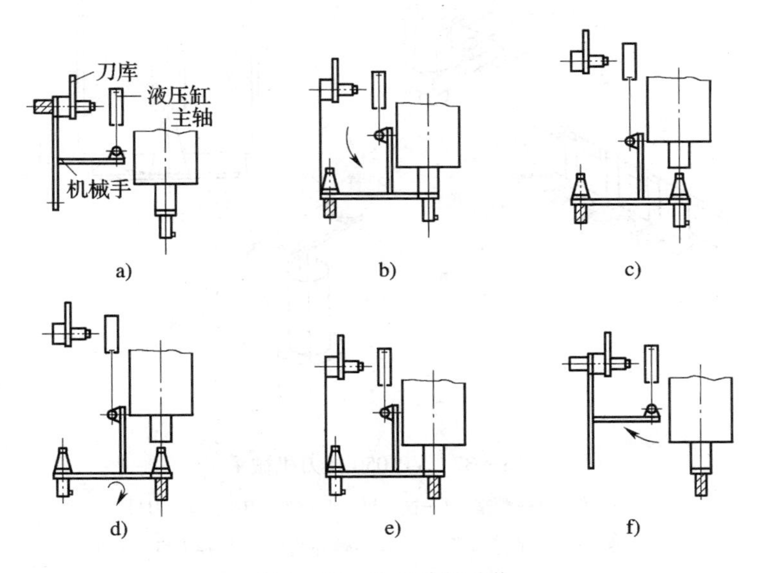

图 1—36　换刀分解动作

表 1—3　　换刀分解动作

图号	动作内容
图 1—36a	抓刀爪伸出抓住刀库上的待换刀具，刀库刀座上的锁板拉开
图 1—36b	机械手带着待换刀具逆时针方向转 90°，另一抓刀爪抓住主轴上的刀具，主轴将刀杆松开
图 1—36c	机械手前移，将刀具从主轴锥孔内拔出，实现换刀
图 1—36d	机械手后退，将新刀具装入主轴，主轴将刀具锁住
图 1—36e	抓刀爪缩回，松开主轴上的刀具；机械手顺时针转 90°，将刀具放回刀库的相应刀座上，刀库上的锁板合上
图 1—36f	抓刀爪缩回，松开刀库上的刀具，恢复到原始位置

（3）带刀套机械手换刀。VP1050 换刀机械手如图 1—37 所示。套筒 1 由气缸带动做垂直方向运动，实现对刀库中刀具的抓刀，滑座 2 由气缸作用在两条圆柱导轨上水平移动，用于将刀库刀夹上的刀具（或换刀臂上的刀具）移到换刀臂上（或移到刀库刀夹上）。换刀臂可以上升、下降及 180°旋转实现主轴换刀。换刀臂的上下运动由气缸实现，回转运动由齿轮齿条机构实现。换刀过程如下。

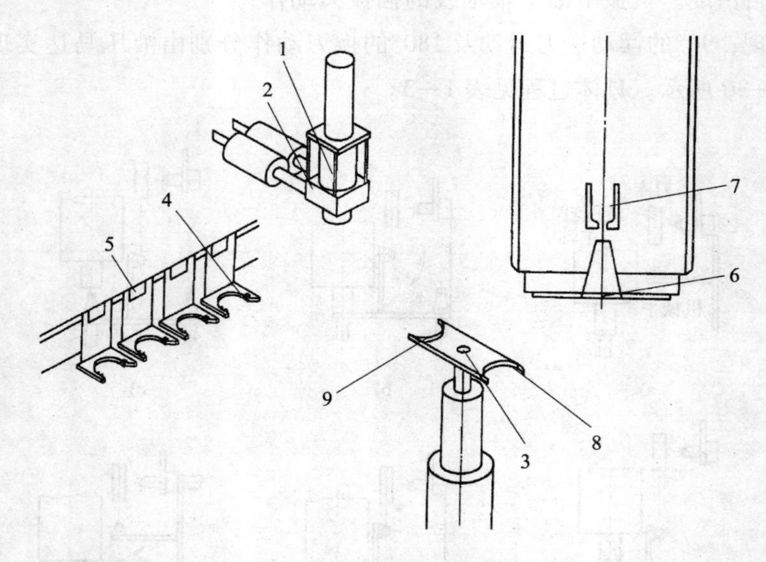

图 1—37　VP1050 换刀机械手

1—套筒　2—滑座　3—换刀臂　4—弹簧刀夹　5—刀号

6—主轴　7—主轴抓刀爪　8—换刀臂外侧爪　9—换刀臂内侧爪

1）取刀。套筒 1 下降（套进刀把）→滑座 2 前移至换刀臂（将刀具从刀库中移到换刀臂）→换刀臂 3 刀号更新（换刀臂的刀号登记为刀链的刀号，此过程在数控系统内部由

PLC 程序完成，用于刀库的自动管理）→套筒 1 上升（套筒脱离刀把）→滑座 2 移进刀库（恢复初始预备状态）。

2）换刀。主轴 6 运动至换刀参考点（运动顺序为先 Z 轴，后 X 轴，将刀柄送入换刀臂外侧爪）→主轴抓刀爪 7 松开→换刀臂 3 下降（从主轴上取下刀具）→换刀臂 3 旋转（刀具转至刀库侧）→换刀臂 3 上升（换刀臂刀爪与刀库刀爪对齐）→滑座 2 前移（套筒 1 对正刀柄）→套筒 1 下降（套进刀柄）→滑座 2 移进刀库（刀具从换刀臂移进刀库）→换刀臂 3 刀号设置为 0（换刀臂刀号为空白，由数控系统 PLC 完成）→套筒上升（脱离刀把）→换刀完成。

四、其他结构形式

1. 常见导轨形式

加工中心常见导轨按接触面的摩擦性质可分为滑动导轨、滚动导轨和静压导轨三大类。

（1）滑动导轨。滑动导轨具有结构简单、制造方便、刚度好、抗振性高等优点，是机床最广泛使用的导轨形式。目前，国内外加工中心上应用的滑动导轨多为塑料导轨，常见的塑料导轨有以下两种。

1）贴塑导轨。贴塑导轨是采用黏结剂（或沉头铜螺钉）将聚四氟乙烯塑料导轨软带固定于导轨基面上，使传统导轨的摩擦形式转化为“铸铁—塑料”摩擦副。

2）塑料涂层导轨。塑料涂层导轨是利用涂敷工艺或压注成形工艺将环氧树脂等耐磨涂料涂到预先加工成锯齿形状的导轨上，使传统导轨的摩擦形式转化为“铸铁—塑料”摩擦副，在无润滑油的情况下仍有较好的润滑和防爬行的效果。

（2）滚动导轨。滚动导轨是在导轨面之间放置滚珠、滚柱（或滚针）等滚动体，使导轨面之间为滚动摩擦而不是滑动摩擦，如图 1—38 所示。滚动导轨与滑动导轨相比，其优点是：灵敏度高，摩擦阻力小，且其动摩擦与静摩擦因数相差甚微，因而运动均匀。尤其是低速移动时，不易出现爬行现象；定位精度高，重复定位误差可达 0. 2 μm；牵引力小，移动轻便；磨损小，精度保持好，寿命长。但滚动导轨抗振性差，对防护要求高，结构复杂，制造比较困难，成本较高。

（3）静压导轨。液体静压导轨是将具有一定压力的油液，经节流器输送到导轨面上的油腔中，形成承载油膜，将相互接触的导轨表面隔开，实现液体摩擦。这种导轨的摩擦因数小，机械效率高，能长期保持导轨的导向精度。承载油膜有良好的吸振性，低速下不易产生爬行，所以在机床上得到日益广泛的应用。这种导轨的缺点是结构复杂，且需备置一套专门的供油系统，对润滑油的清洁程度要求很高。

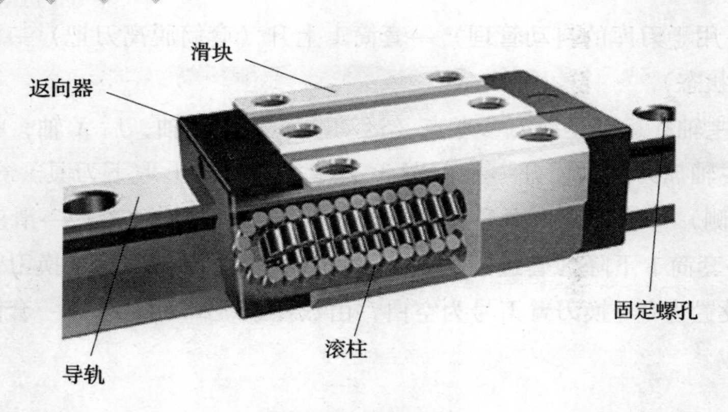

图 1—38　滚动导轨

静压导轨可分为开式和闭式两大类。如图 1—39 所示为开式液体静压导轨工作原理。来自液压泵的压力油，其压力为 p_s，经节流器压力降至 p_r，进入导轨的各个油腔内，借油腔内的压力将导轨浮起，使导轨面间以一层厚度为 h_0 的油膜隔开，油腔中的油不断穿过各油腔的封油间隙流回油箱，压力降为零。当导轨受到外载 W 工作时，运动导轨向下产生一个位移，导轨间隙 h_0 降为 h（$h < h_0$），使油腔回油阻力增大，油腔内的压力也相应增大变为 p_0（$p_0 > p_s$），以平衡载荷，使导轨仍在纯液体摩擦下工作。

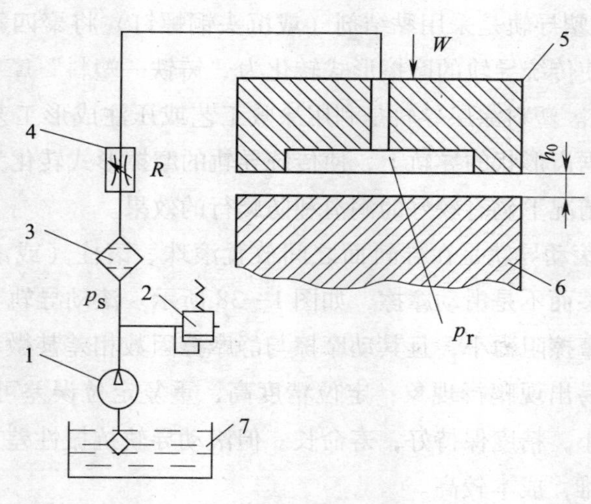

图 1—39　开式液体静压导轨工作原理

1—液压泵　2—溢流阀　3—过滤器　4—节流器　5—运动导轨　6—床身导轨　7—油箱

如图 1—40 所示为闭式液体静压导轨工作原理。闭式液体静压导轨各方向导轨面上都开有油腔，所以闭式导轨具有承受各方面载荷和颠覆力矩的能力，设油腔各处的压强分别为 p_1、p_2、p_3、p_4、p_5、p_6，当受颠覆力矩 M 时，p_1、p_6 处间隙变小，则 p_1、p_6 增大，

p_3、p_4处间隙变大，则p_3、p_4变小，可形成一个与颠覆力矩呈反向的力矩，从而使导轨保持平衡。

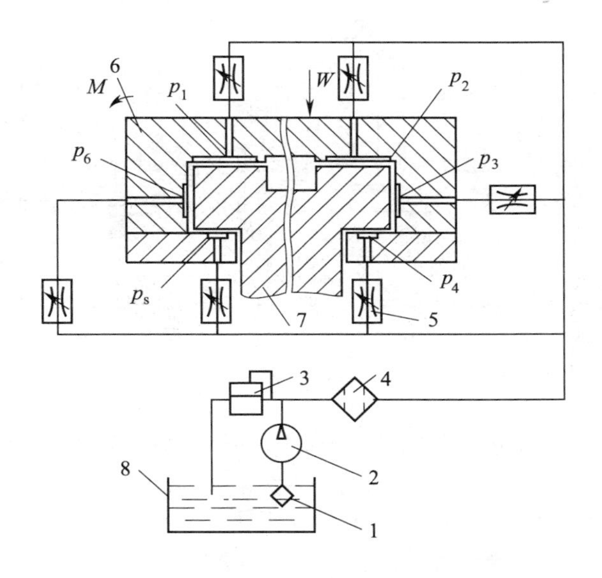

图 1—40　闭式液体静压导轨工作原理

1、4—过滤器　2—液压泵　3—溢流阀　5—节流器　6—运动导轨　7—床身导轨

2. 常见工作台形式

加工中心常用的回转工作台有分度工作台和数控回转工作台。分度工作台又可分为定位销式和鼠牙盘式两种。分度工作台的功用是将工件转位换面，和自动换刀装置配合使用，工件一次安装能实现几面加工。而数控回转工作台除了分度和转位的功能之外，还能实现圆周进给运动。

（1）分度工作台。分度工作台的分度、转位和定位按照控制系统的指令自动进行。分度工作台只能完成分度运动。由于结构上的原因，分度工作台只能完成规定角度（如45°、60°或 90°等）的分度运动，以改变工件相对于主轴的位置，完成工件大部分或全部平面的加工。为满足分度精度，分度运动需要使用专门的定位元件。常用的定位方式按定位元件的不同可分为定位销式、鼠牙盘式定位和钢球定位等几种。

1）定位销式分度工作台。如图 1—41 所示为卧式镗铣床加工中心的定位销式分度工作台。这种工作台的定位分度主要靠配合的定位销和定位孔来实现。分度工作台 1 嵌在长方形工作台 10 之中。在不单独使用分度工作台时，两个工作台可以作为一个整体使用。

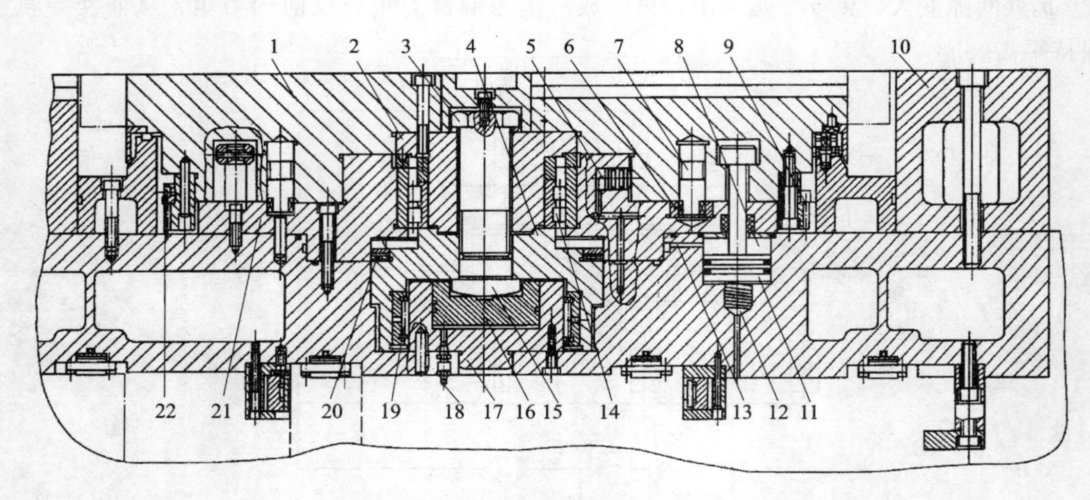

图 1—41　定位销式分度工作台的结构

1—分度工作台　2—锥套　3—螺钉　4—支座　5—消隙油缸　6—定位孔衬套
7—定位销　8—锁紧油缸　9—大齿轮　10—长方形工作台　11—活塞杆　12—弹簧　13—油槽
14、19、20—轴承　15—螺柱　16—活塞　17—中央液压缸　18—油管　21—底座　22—挡块

回转分度时，工作台须经过松开、回转、分度定位、夹紧四个过程。在分度工作台 1 的底部均匀分布着八个圆柱定位销 7，在底座 21 上有一个定位孔衬套 6 及供定位销移动的环形槽。其中只有一个定位销 7 进入定位孔衬套 6 中，其他 7 个定位销则都在环形槽中。因为定位销之间的分布角度为 45°，因此工作台只能做 2、4、8 等分的分度运动。

定位销式分度工作台的定位精度取决于定位销和定位孔的精度，最高可达 ±5″。定位销和定位孔衬套的制造和装配精度要求都很高，硬度的要求也很高，而且耐磨性要好。

2）鼠牙盘式分度工作台。鼠牙盘式分度工作台主要由工作台面、底座、夹紧液压缸、分度液压缸及鼠牙盘等零件组成，如图 1—42 所示。

鼠牙盘式分度工作台的优点是分度和定心精度高，分度精度可达 ±0.5″ ~ ±3″。由于采用多齿重复定位，可使重复定位精度稳定，而且定位刚性好，只要分度数能除尽鼠牙盘的齿数，都能分度，适用于多工位分度。

（2）数控回转工作台。数控回转工作台可以实现圆周进给运动，还可以完成分度运动。如图 1—43 所示为 JCS—018 型自动换刀数控卧式镗铣床的数控回转工作台。该数控回转台由传动系统、间隙消除装置及蜗轮夹紧装置等组成，可作任意角度的回转和分度，工作台的分度精度可达 ±10″。

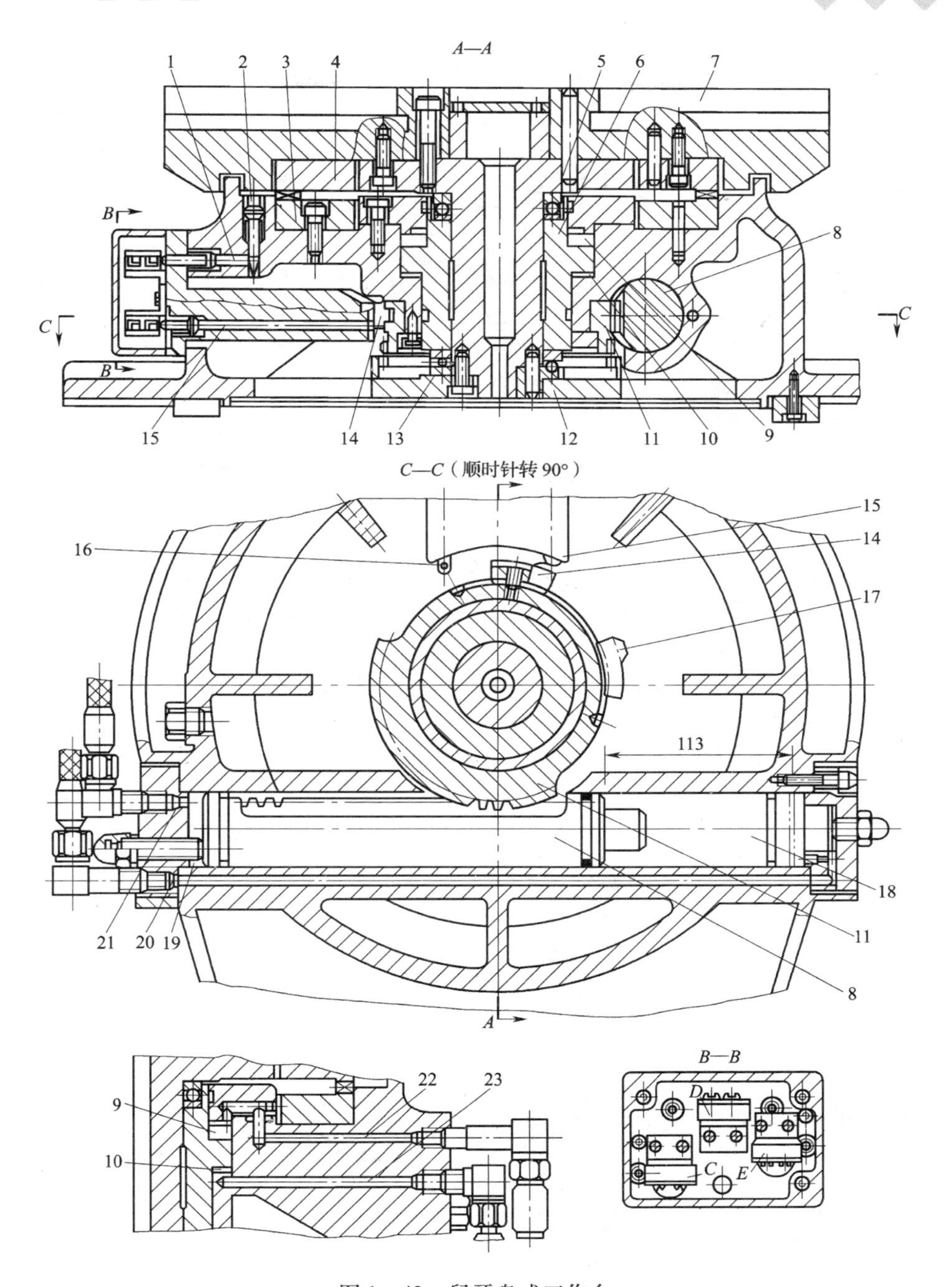

图 1—42　鼠牙盘式工作台

1、2、15、16—推杆　3、4—下、上鼠牙盘　5、13—推力轴承　6—活塞　7—工作台

8—齿条活塞　9、10—夹紧液压缸上、下腔　11—齿轮　12—内齿圈　14、17—挡块

18、19—分度液压缸右、左腔　20、21—分度液压缸进、回油管道　22、23—升降液压缸进、回油管道

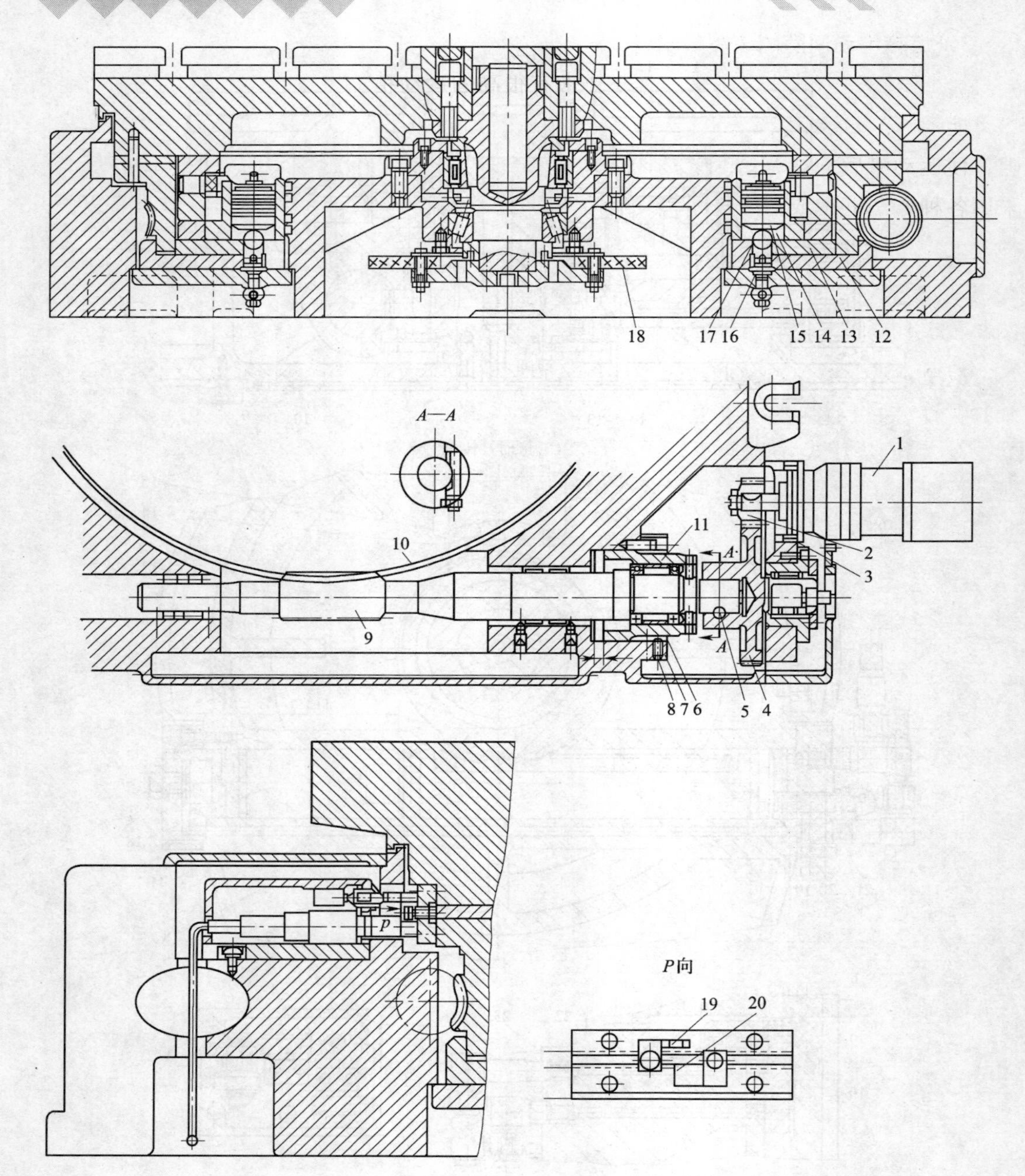

图 1—43　数控回转工作台

1—电液脉冲马达　2、4—齿轮　3—偏心环　5—楔形拉紧销　6—压块　7—螺母　8—锁紧螺钉　9—蜗杆　10—蜗轮　11—调整套　12、13—夹紧瓦　14—夹紧液压缸　15—活塞　16—弹簧　17—钢球　18—光栅　19—撞块　20—感应块

3. 齿轮传动间隙的消除方法

加工中心中的减速齿轮除了本身要求有很高的运动精度及工作平稳性以外，还必须尽可能消除配对齿轮之间的传动间隙。否则在进给系统每一次反向之后就会产生反向间隙，使运动滞后于指令信号，对加工精度产生很大影响。所以加工中心的进给系统必须采用各种方法减少或消除齿轮传动间隙。进给系统的齿轮传动间隙的消除方法有以下几种。

(1) 刚性调整法。刚性调整法是指调整之后齿侧间隙不能自动补偿的调整方法。分为偏心套式、轴向垫片式、双薄片斜齿轮式。

1) 偏心套式。它是通过转动偏心套调整中心距而调整间隙。如图1—44所示，将偏心套转过一定角度，可调整两齿轮的中心距离，从而得以消除齿侧间隙。

2) 轴向垫片式。它是通过改变垫片厚度调整齿轮轴向位置而调整间隙。如图1—45所示，两相互啮合的齿轮都制成带有小锥度，使齿厚沿轴线方向稍有变化，通过修磨垫片的厚度，调整两齿轮的轴向相对位置，即可消除齿侧间隙。

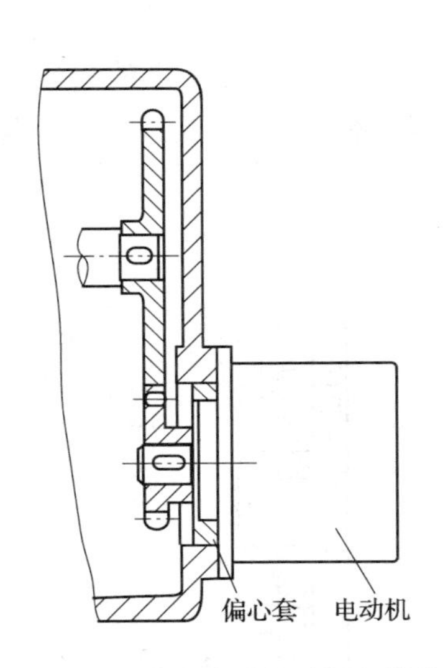

图1—44　偏心套式间隙调整结构

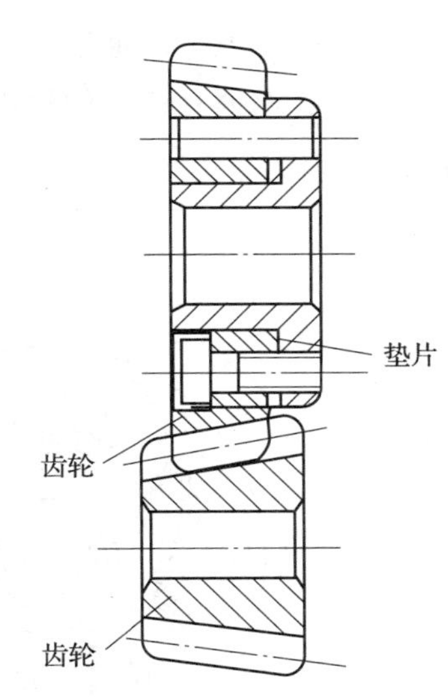

图1—45　轴向垫片式间隙调整结构

3) 双薄片斜齿轮式。它是通过改变垫片厚度调整双薄片斜齿轮轴向距离而调整齿侧间隙。如图1—46所示，与宽齿轮4同时啮合的两个薄齿轮1和2，用键与轴相连接，彼此不能相对转动。齿轮1和2的轮齿是拼装在一起进行加工的，加工时在它们之间垫有一定厚度的垫片。装配到机床时，将厚度比加工时所用垫片稍大或稍小的垫片3垫入它们之间，并用螺母拧紧。于是两薄片齿轮的螺旋齿产生错位，分别与宽齿轮的左右齿侧贴紧，从而消除了它们之间的齿侧间隙，显然，无论齿轮4正转或反转，都只有一个薄片齿轮承受载荷。

上述几种齿侧间隙调整方法，结构比较简单，传动刚性较好，但调整之后间隙不能自动补偿，且必须严格控制齿轮的齿厚和齿距公差，否则影响传动的灵活性。

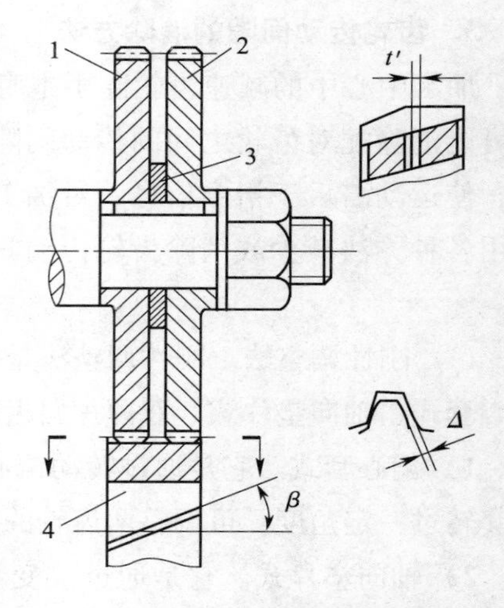

图 1—46　垫片调整消除斜齿轮间隙

1、2—薄齿轮　3—垫片

4—宽齿轮

（2）柔性调整法。柔性调整法是指调整之后齿侧间隙可以自动补偿的调整方法。按结构不同可分为双齿轮拉簧错齿式、压力弹簧式、碟形弹簧式。这种调整方法能自动补偿间隙，但结构复杂，且传动刚度差，能传递的转矩较小。如图 1—47 所示为双齿轮拉簧错齿间隙调整方法，两个薄片齿轮套装在一起，彼此可做相对运动。两个齿轮的端面上，分别装有螺纹凸耳 4 和 8，拉簧 3 的一端钩在凸耳 4 上，另一端钩在穿过凸耳 8 通孔的螺钉 5 上。在拉簧的拉力作用下，两薄片齿轮的轮齿相互错位，分别贴紧在与之啮合的齿轮（图中未示出）左右齿廓面上，消除了它们之间的齿侧间隙。拉簧 3 的拉力大小，可用螺母 6 调整。

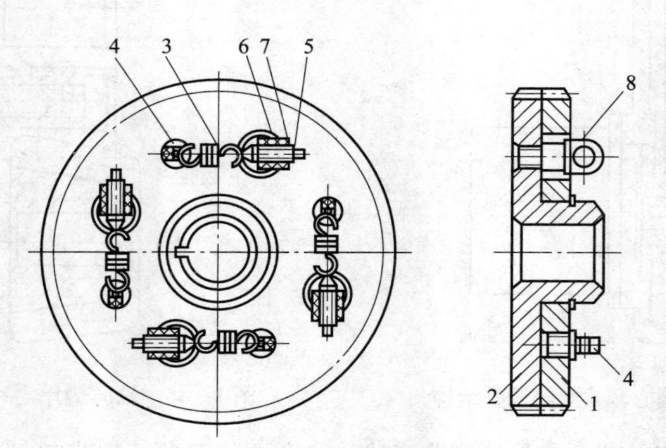

图 1—47　双齿轮拉簧错齿间隙调整方法

1、2—薄片齿轮　3—拉簧　4、8—凸耳　5—螺钉

6—调整螺母　7—锁紧螺钉

学习单元 2　加工中心的伺服系统

学习目标

- 了解加工中心对步进电动机的选用原则
- 掌握直流和交流伺服电动机的结构、特点及应用，并对其工作特性有一定了解
- 掌握数控加工中心检测系统的类型和应用

知识要求

在加工中心中，伺服系统接收数控系统发出的位移、速度指令，经变换、调整与放大后，由电动机和机械传动机构驱动机床坐标轴、主轴等，带动工作台及刀架，通过轴的联动使刀具相对工件产生各种复杂的机械运动，从而加工出用户所要求的复杂形状的工件。伺服系统的性能在很大程度上决定了加工中心的性能，如加工中心的最高移动速度、跟踪精度、定位精度等一系列重要指标均取决于伺服系统性能的优劣。

伺服系统按有无反馈检测单元分为开环、半闭环和闭环三种类型，但不管是哪种类型，执行元件及其驱动控制单元都必不可少。驱动控制单元的作用是将驱动指令转化为驱动执行元件所需要的信号形式，执行元件则将该信号转化为相应的机械位移。加工中心伺服系统的执行元件一般为电动机，常用的电动机有步进电动机和伺服电动机。

一、进给电动机

加工中心的伺服驱动系统按其用途和功能分为进给驱动系统和主轴驱动系统，为进给驱动系统提供动力的电动机称为进给电动机，为主轴驱动系统提供动力的电动机称为主轴电动机。目前，常见的进给电动机有步进电动机、直流伺服电动机和交流伺服电动机三种。

1. 步进电动机的原理、基本参数、特点和应用

步进电动机是一种将电脉冲转化为角位移的执行元件。当步进电动机驱动器接收到一个脉冲信号（来自控制器），它就驱动步进电动机按设定的方向转动一个固定的角度（称为“步距角”），它的旋转是以固定的角度一步一步运行的。步进电动机不能直接接到直流或交流电源上工作，必须使用专用的驱动电源（步进电动机驱动器）。控制器

（脉冲信号发生器）可以通过控制脉冲的个数来控制角位移量，从而达到准确定位的目的。

因为步进电动机在运行中具有精度无积累误差的特点，所以被广泛用于各种自动化控制系统，特别是开环控制系统。现在比较常用的步进电动机包括反应式步进电动机、永磁式步进电动机、混合式步进电动机和单相式步进电动机等。

（1）步进电动机的工作原理。步进电动机的工作原理实际上是电磁铁的作用原理。在此不作详细介绍，仅将其工作原理的特性总结如下。

1）步进电动机定子绕组的通电状态每改变一次，它的转子便转过一个确定的角度，即步进电动机的步距角 α。

2）改变步进电动机定子绕组的通电顺序，转子的旋转方向随之改变。

3）步进电动机定子绕组通电状态的改变速度越快，其转子旋转的速度越快，即通电状态的变化频率越高，转子的转速越高。

4）步进电动机步距角 α 与定子绕组的相数 m、转子的齿数 z、通电方式 k（电动机为 m 相 m 拍，$k=1$；m 相 $2m$ 拍，$k=2$。）有关，可用下式表示：$\alpha=360°/(mzk)$。

（2）步进电动机的基本参数

1）固有步距角。它表示控制系统每发一个步进脉冲信号，电动机所转动的角度。电动机出厂时给出了一个步距角的值，如 86BYG250A 型电动机给出的值为 0.9°/1.8°（表示半步工作时为 0.9°、整步工作时为 1.8°），这个步距角可以称为“电动机固有步距角”，它不一定是电动机工作时的实际步距角，实际步距角和驱动器有关。

2）相数。它是指电动机内部的线圈组数，目前常用的有两相、三相、四相、五相步进电动机。步进电动机增加相数能提高性能，但步进电动机的结构和驱动电源都会更复杂，成本也会增加。

3）保持转矩。其也叫最大静转矩，它是在额定静态电流下施加在已通电的步进电动机转轴上而不产生连续旋转的最大转矩。它是步进电动机最重要的参数之一，通常步进电动机在低速时的力矩接近保持转矩。由于步进电动机的输出力矩随速度的增大而不断衰减，输出功率也随速度的增大而变化，所以保持转矩就成为了衡量步进电动机最重要的参数之一。

4）步距精度。可以用定位误差来表示，也可以用步距角误差来表示。

5）定位转矩。电动机在不通电状态下，电动机转子自身的锁定力矩。

6）失步。电动机运转时运转的步数，不等于理论上的步数。

7）失调角。转子齿轴线偏移定子齿轴线的角度，电动机运转必存在失调角，由失调角产生的误差，采用细分驱动是不能解决的。

8）空载启动频率。步进电动机在空载情况下能够正常启动的脉冲频率，如果脉冲频率高于该值，电动机不能正常启动，可能发生丢步或堵转。

（3）步进电动机的特点

1）一般步进电动机的精度为步距角的3%～5%，且不积累。

2）步进电动机外表允许的最高温度取决于不同电动机磁性材料的退磁点。

3）步进电动机的力矩会随转速的升高而下降。

4）步进电动机低速时可以正常运转，但若高于一定频率就无法启动，并伴有啸叫声。

5）无电刷，可靠性较高，电动机的寿命仅仅取决于轴承的寿命。

6）控制不当容易产生共振。

7）难以获得较大转矩、较高转速。

8）超过负载时会破坏同步，高速工作时会发出振动和噪声。

（4）步进电动机的应用。步进伺服结构简单，但精度差、能耗高、速度低，且其功率越大移动速度越低。特别是步进伺服易于失步，使其主要用于速度与精度要求不高的经济型数控机床及旧设备改造。

2. 直流伺服电动机的原理、特点和应用

直流伺服电动机是机床伺服系统中使用较广的一种执行元件。直流伺服电动机分为有刷电动机和无刷电动机。

（1）直流伺服电动机的工作原理

1）有刷直流伺服电动机像普通直流电动机一样，电枢在转子上，而定子产生固定不动的磁场。为了使直流伺服电动机旋转，需要通过换向器和电刷不断改变电枢绕组中电流的方向，使两个磁场的方向始终保持相互垂直，从而产生恒定的转矩驱动电动机不断旋转。

2）无刷直流电动机为了去掉电刷，将电枢放到定子上去，而转子制成永磁体，这样的结构正好和普通直流电动机相反。然而，即使这样改变还不够，因为定子上的电枢通过直流电后，只能产生不变的磁场，电动机依然转不起来。为了使电动机转起来，必须使定子电枢各相绕组不断地换相通电，这样才能使定子磁场随着转子的位置在不断地变化，使定子磁场与转子永磁磁场始终保持左右的空间角，产生转矩推动转子旋转。

直流伺服电动机的脉宽调速原理。调整直流伺服电动机转速的方法主要是调整电枢电压。目前使用最广泛的方法是晶体管脉宽调制器——直流电动机调速（PWM—M）。脉宽调制器的基本工作原理是，利用大功率晶体管的开关作用，将直流电压转换成一定频率的方波电压，加到直流电动机的电枢上。通过对方波脉冲宽度的控制，改变电枢的平均电压，从而调节电动机的转速。

（2）直流伺服电动机的特点。直流伺服电动机的主要特点：当信号电压为零时无自转现象，转速随着转矩的增加而匀速下降。

1）有刷电动机成本低，结构简单，启动转矩大，调速范围宽，控制容易，需要维护，但维护不方便（换炭刷），产生电磁干扰，对环境有要求。

2）无刷电动机体积小，质量轻，出力大，响应快，速度高，惯量小，转动平滑，力矩稳定。控制复杂，容易实现智能化，其电子换相方式灵活，可以方波换相或正弦波换相。电动机免维护，效率很高，运行温度低，电磁辐射很小，寿命长。

（3）直流伺服电动机的应用。在伺服系统中常用的直流伺服电动机多为大功率直流伺服电动机，如大惯量直流伺服电动机用于数控机床的主轴电动机，而中惯量直流伺服电动机（宽调速直流电动机）用于数控机床的进给电动机。

3. 交流伺服电动机的原理及特点

交流伺服电动机驱动是最新发展起来的新型伺服系统，也是当前机床进给驱动系统方面的一个新动向。该系统克服了直流驱动系统中电动机电刷和整流子要经常维修、电动机尺寸较大和使用环境受限制等缺点。它能在较宽的调速范围内产生理想的转矩，结构简单，运行可靠，用于数控机床等进给驱动系统。

（1）交流伺服电动机的工作原理。交流伺服电动机的工作原理和单相感应电动机无本质上的差异。但是，交流伺服电动机必须具备一个性能，就是能克服交流伺服电动机的所谓“自转”现象，即无控制信号时，它不应转动，特别是当它已在转动时，如果控制信号消失，它应能立即停止转动。而普通的感应电动机转动起来以后，如控制信号消失，往往仍在继续转动。

当电动机原来处于静止状态时，如控制绕组不加控制电压，此时只有励磁绕组通电产生脉动磁场。可以把脉动磁场看成两个圆形旋转磁场。这两个圆形旋转磁场以同样的大小和转速，向相反方向旋转，所建立的正、反转旋转磁场分别切割笼形绕组（或杯形壁）并感应出大小相同、相位相反的电动势和电流（或涡流），这些电流分别与各自的磁场作用产生的力矩也大小相等、方向相反，合成力矩为零，伺服电动机转子转不起来。一旦控制系统有偏差信号，控制绕组就要接受与之相对应的控制电压。在一般情况下，电动机内部产生的磁场是椭圆形旋转磁场。一个椭圆形旋转磁场可以看成是由两个圆形旋转磁场合成起来的。这两个圆形旋转磁场幅值不等（与原椭圆旋转磁场转向相同的正转磁场大，与原转向相反的反转磁场小），但以相同的速度，向相反的方向旋转。它们切割转子绕组感应的电动势和电流以及产生的电磁力矩也方向相反、大小不等（正转者大，反转者小），合成力矩不为零，所以伺服电动机就朝着正转磁场的方向转动起来，随着信号的增强，磁场接近圆形，此时正转磁场及其力矩增大，反转磁场及其力矩减小，合成力矩变大，如负载力矩不变，转子的速度就增加。如果改变控制电压的相位，即移相180°，旋转磁场的转向相反，因而产生的合成力矩方向也相反，伺服电动机将反转。若控制信号消失，只有励磁绕组通入电流，伺服电动机产生的磁场将是脉动磁场，转子很快停下来。鼠笼转子（或者是非磁性杯形转子）所以会转动起来是由于在空间中有一个旋转磁场。旋转磁场切割转子导条，在转子导条中产生感应电动势和电流，转子导条中的电流再与旋转磁场相互作用就产生力和转矩，转矩的方向和旋转磁场的转向相同，于是转子就跟着旋转磁场沿同一方向转动。这就是交流伺服电动机的简单工作原理。

交流伺服电动机的控制方式有三种：幅值控制、相位控制和幅值相位混合控制。

（2）交流伺服电动机的特点。无自转现象，启动转矩大，控制精度高，调速范围宽，过载能力强，快速响应无超调，能在低速时输出大的转矩，且无电刷和换向器，工作可靠，对维护和保养要求低。

二、检测系统

1．光栅测量的类型和应用

（1）光栅原理。光栅尺位移传感器（简称光栅尺，见图1—48）是利用光栅的光学原理工作的测量反馈装置。光栅尺位移传感器经常应用于机床与现代加工中心以及测量仪器等方面，可用作直线位移或者角位移的检测。其测量输出的信号为数字脉冲，具有检测范围大、检测精度高、响应速度快的特点。

图1—48　数显光栅尺

光栅位置检测装置由光源、两块光栅（长光栅、短光栅）和光电元件组成，光栅就是在一块长条形的光学玻璃上均匀地刻上很多和运动方向垂直的线条。线条之间的距离（称之为栅距）可以根据所需的精度决定，一般是每毫米刻50、100、200条线。长光栅装在机床的移动部件上，称之为标尺光栅，短光栅装在机床的固定部件上，称之为指示光栅，两块光栅互相平行并保持一定的间隙（如0.05 mm或0.1 mm等），而两块光栅的刻线密度相同。如图1—49所示，如果将指示光栅在其自身的平面内转过一个很小的角度θ，这样两块光栅的刻线相交，则在相交处出现黑色条纹，称为莫尔条纹。由于两块光栅的刻线密度相等，即栅距P相等，而产生的莫尔条纹的方向和光栅刻线方向大致垂直，莫尔条纹的节距$W=P/\theta$。

这表明莫尔条纹的节距是光栅栅距的$1/\theta$倍，当标尺光栅移动时，莫尔条纹就沿垂直于光栅移动方向移动。当光栅移动一个栅距P时，莫尔条纹就相应准确地移动一个节距

W，也就是说两者一一对应，所以，只要读出移过莫尔条纹的数目，就可以知道光栅移过了多少个栅距，而栅距在制造时是已知的，所以光栅的移动距离就可以通过电气系统自动地测算出来。

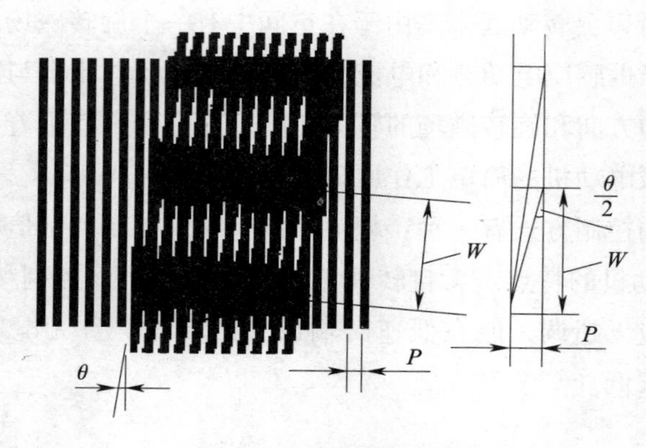

图 1—49　莫尔条纹计算

（2）光栅尺的类型。光栅尺位移传感器按照制造方法和光学原理的不同，分为透射光栅和反射光栅。透射光栅是指光源与接收装置分别放置在光栅尺的两侧，通过接收光栅尺透过来的衍射光变化来反映位置变化，比较通用的是玻璃光栅。反射光栅是指光源与接收装置安装在光栅尺的同一侧，通过接收光栅尺反射回来的衍射光变化来反映位置变化，比较通用的是钢带光栅。

光栅尺位移传感器是由标尺光栅和光栅读数头两部分组成，指示光栅装在光栅读数头中。如图 1—50、图 1—51 所示为光栅尺位移传感器的结构。

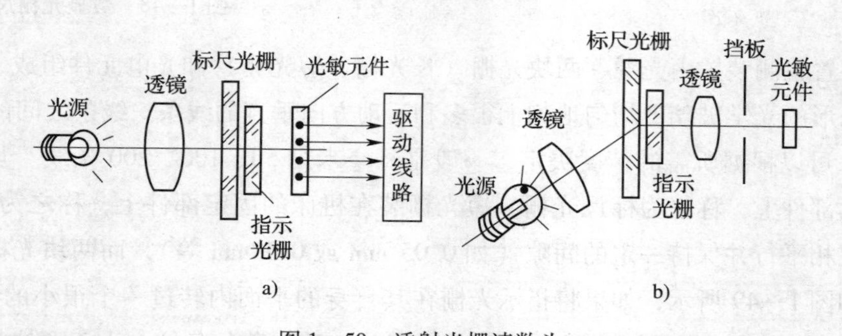

图 1—50　透射光栅读数头

a）垂直入射光栅读数头　b）分光读数头

（3）光栅尺的应用。为了提高光栅尺的分辨率，需要对莫尔条纹进行细分。目前，光栅尺位移传感器系统多采用电子细分方法，即在一个莫尔条纹宽度内，按照一定间隔放置 4 个光电器件就能实现电子细分与判向功能。例如，栅线为 50 线对/mm 的光栅尺，其光栅栅距为0.02 mm，若采用四细分后便可得到分辨率为5 μm的计数脉冲，这在工业普通测控中已达到了很高的精度。

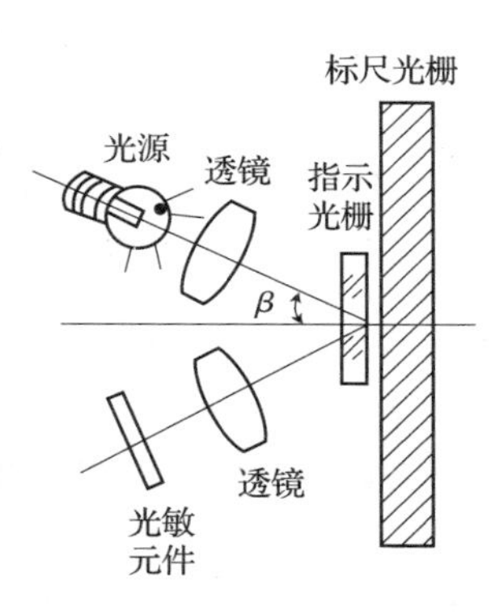

图1—51　反射光栅读数头

由于位移是一个矢量，既要检测其大小，又要检测其方向，因此至少需要两路相位不同的光电信号。为了消除共模干扰、直流分量和偶次谐波，通常采用由低漂移运放构成的差分放大器。由4个光敏器件获得的4路光电信号分别送到2只差分放大器输入端，从差分放大器输出的两路信号其相位差为π/2，为得到判向和计数脉冲，需对这两路信号进行整形，首先把它们整形为占空比为1∶1的方波。然后，通过对方波的相位进行判别比较，就可以得到光栅尺的移动方向。通过对方波脉冲进行计数，可以得到光栅尺的位移和速度。

2. 脉冲编码器的类型和应用

脉冲编码器是一种旋转式脉冲发生器，把机械转角变成电脉冲，是一种常用的角位移传感器。同时也可作为速度检测装置。

（1）脉冲编码器的类型。脉冲编码器按工作原理可分为光电式、接触式和电磁感应式三种。光电式的精度与可靠性都优于其他两种，因此，数控机床上只使用光电式脉冲编码器。

光电编码器是由光栅盘和光电检测装置组成。光栅盘是在一定直径的圆板上等分地开通若干个长方形孔。由于光电码盘与电动机同轴，电动机旋转时，光栅盘与电动机同速旋转，经发光二极管等电子元件组成的检测装置检测输出若干脉冲信号，其原理如图1—52所示。通过计算每秒光电编码器输出脉冲的个数就能反映当前电动机的转速。此外，为判断旋转方向，码盘还可提供相位相差90°的两路脉冲信号。

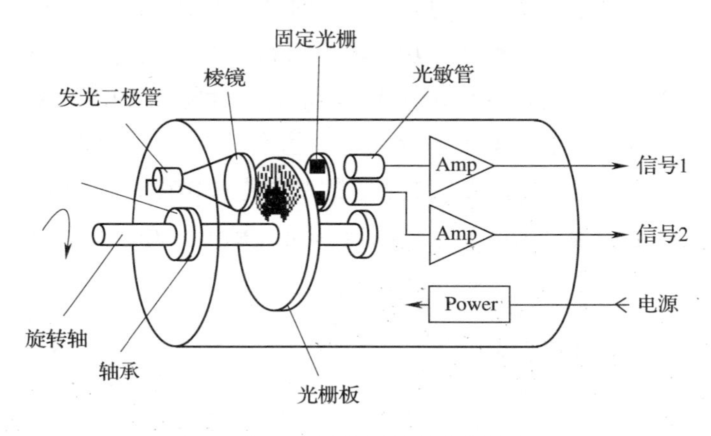

图1—52　光电编码器的工作原理

脉冲编码器根据其刻度方法及信号输出形式，可分为增量型、绝对型。它们存在着最大的区别：增量型编码器的位置是由从零位标记开始计算的脉冲数量确定的，而绝对型编码器的位置是由输出代码的读数确定的。在一圈里，每个位置的输出代码的读数是唯一的。因此，当电源断开时，绝对型编码器并不与实际的位置分离。如果电源再次接通，那么位置读数仍是当前的，有效的；不像增量型编码器那样，必须去寻找零位标记。

（2）脉冲编码器的应用。脉冲编码器可用于检测数控机床电动机的转速、运动部件的运行位置及行程等，也可用于其他工控设备运动的精确定位。

学习单元 3　加工中心的发展

学习目标

➢ 了解加工中心的总体发展趋势

➢ 掌握加工中心在结构、操作系统及伺服系统上的发展

知识要求

1958 年，第一台加工中心从数控铣床发展而来，它是在数控卧式镗铣床的基础上增加了自动换刀装置，实现了工件一次装夹后即可进行铣削、钻削、镗削、铰削和攻螺纹等多种工序的集中加工。20 世纪 70 年代以来，加工中心得到迅速发展，出现了可换主轴箱的加工中心，它备有多个可以自动更换的装有刀具的多轴主轴箱，能对工件同时进行多孔加工。近年来，加工中心在品种、性能、功能方面有很大的发展。在品种上，有新型的立、卧五轴联动加工中心，有集成三维 CAD/CAM 功能的高性能加工中心及高速加工中心；在性能上，普遍采用了万转以上的电主轴及加速度达到了 3～5 g 的直线电动机，开始执行 ISO/VDI 检测标准，促使制造商提高加工中心的双向定位精度；在功能上，融合了激光加工的复合功能，结构上适合于组成模块式制造单元（FMC）和柔性生产线（FMS），并具有机电、通讯一体化功能。

一、加工中心结构的发展

高刚性的床身结构是保证精度持久性的基础，而机床支承形式的革新则是机床结构发展的基石，加工中心支承形式主要有以下几种。

1. 门形结构

如图 1—53 所示，主轴箱在龙门式横梁上移动，龙门框架式机床整体刚性良好，该结构适合高速、高效的加工要求。

2. 动柱式 T 形结构

如图 1—54 所示，其主要优点是避免因工件质量不均匀导致工作台承载不均匀，乃至在运动中产生倾覆力矩。但是动柱式加工中心立柱本身是一种悬臂梁结构，切削力产生的颠覆力矩将使立柱产生变形和位移，影响机床的精度，所以立柱一般设计得较重。当驱动立柱移动时，较高的立柱将因头重脚轻而不适合较高的速度和加速度，因此，高速移动的立柱一般不宜太高，因而影响上下移动的行程。

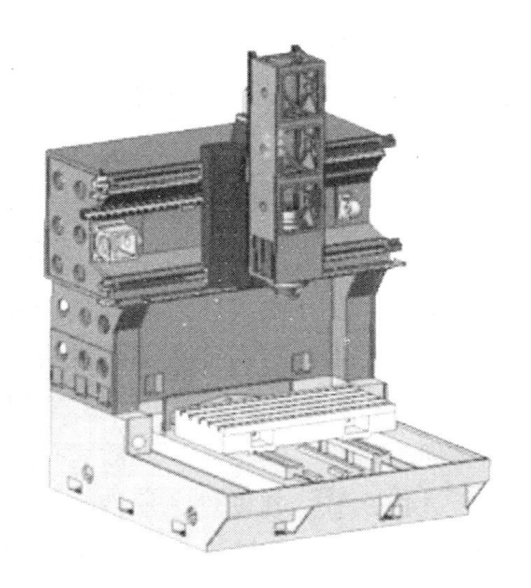

图 1—53　门形结构

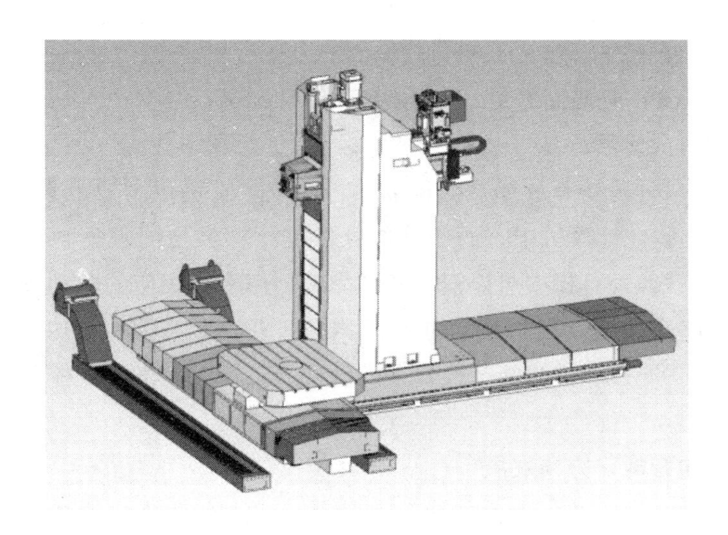

图 1—54　动柱式 T 形结构

3. 框中框结构

如图 1—55 所示，框中框结构又称为“箱中箱”式结构，即运动框带动主轴箱在立柱上运动，主轴箱在运动框内运动。该结构既确保最佳的刚性和精度的稳定性，同时可将移动部件的质量降到最小，保证了最高速度和加速度的实现。

二、数控系统的发展

1. 向开放式体系结构发展

20 世纪 90 年代以来，由于计算机技术的飞速发展，推动数控技术更快地更新换代。世界上许多数控系统生产厂家利用 PC 机丰富的软、硬件资源，开发开放式体系结构的新一代数控系统。开放式体系结构使数控系统有更好的通用性、柔性、适应性、可扩展性，并可以较容易地实现智能化、网络化。开放式体系结构的新一代数控系统，其硬件、软件和总线规范都是对外开放的，数控系统制造商和用户可以根据这些开放的资源进行系统的集成。同时它也为用户根据实际需要灵活配置数控系统提供极大方便，促进了数控系统多挡次、多品种的开发和广泛应用，开发生产周期大大缩短。同时，这种数控系统可随 CPU 升级而升级，而结构可以保持不变。

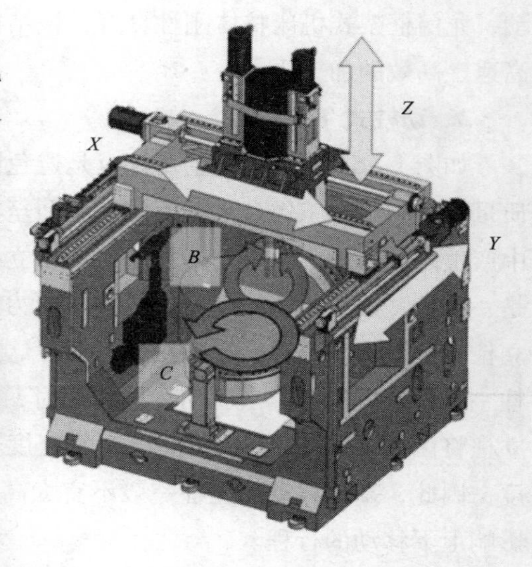

图 1—55　框中框结构

2. 向软数控方向发展

软数控系统是一种最新开放体系结构的数控系统。它提供用户最大的选择和灵活性，它的 CNC 软件全部装在计算机中，而硬件部分仅是计算机与伺服驱动和外部 I/O 之间的标准化通用接口。就像计算机中可以安装各种品牌的声卡和相应的驱动程序一样，用户可以在 WINDOWS NT 平台上，利用开放的 CNC 内核，开发所需的各种功能，构成各种类型的高性能数控系统。通过软件智能替代复杂的硬件，正在成为当代数控系统发展的重要趋势。

3. 控制性能向智能化方向发展

智能化是 21 世纪发展的一个大方向。随着人工智能在计算机领域的渗透和发展，数控系统引入了适应控制、模糊系统和神经网络的控制机理，不但具有自动编程、前馈控制、模糊控制、学习控制、自适应控制、工艺参数自动生成、三维刀具补偿、运动参数动态补偿等功能，而且人机界面极为友好，并具有故障诊断专家系统使自诊断和故障监控功能更趋完善。伺服系统智能化的主轴交流驱动和智能化进给伺服装置，能自动识别负载并自动优化调整参数。

4. 向网络化方向发展

数控系统从控制单台机床到控制多台机床的分级式控制需要网络进行通信。网络的主要任务是进行通信，共享信息。这种通信常分为三级。

（1）工厂管理级，一般由以太网组成。

（2）车间单元控制级，一般由 DNC 功能进行控制。

（3）现场设备级，用总线相连接。

5. 向高可靠性方向发展

随着数控机床网络化应用的日趋广泛，数控系统的高可靠性已经成为数控系统制造商追求的目标。数控系统的可靠性要高于被控设备可靠性一个数量级以上，但目前距理想目标还有差距。

6. 向复合化方向发展

为了尽可能降低在零件加工过程中的大量辅助时间，人们希望将不同的加工功能整合在同一台机床上，因此，复合功能的机床成为近年来发展很快的机种。柔性制造范畴的机床复合加工概念是指将工件一次装夹后，机床便能按照数控加工程序，自动进行同一类工艺方法或不同类工艺方法的多工序加工，以完成一个复杂形状零件的主要乃至全部加工工序。

7. 向多轴联动化方向发展

多轴联动能实现对机床多个运动的同时、协调地进行控制，从而大幅度提高加工效率、显著改善加工表面质量。因此，各大系统开发商不遗余力地开发 5 轴、6 轴联动数控系统。随着 5 轴联动数控系统和编程软件的成熟和日益普及，5 轴联动控制的加工中心和数控铣床已经成为当前的一个开发热点。

三、伺服系统的发展

随着超高速切削、超精密加工、网络制造等先进制造技术的发展，具有网络接口的全数字伺服系统、直线电动机及高速电主轴等将成为数控机床行业关注的热点，并代表了伺服系统的发展方向。

1. 交流化

伺服技术将继续迅速地由 DC 伺服系统转向 AC 伺服系统，在不远的将来，除了在某些微型电动机领域之外，AC 伺服电动机将完全取代 DC 伺服电动机。

2. 全数字化

采用新型高速微处理器和专用数字信号处理机（DSP）的伺服控制单元将全面代替以模拟电子器件为主的伺服控制单元，从而实现完全数字化的伺服系统。全数字化的实现，将原有的硬件伺服控制变成了软件伺服控制，从而使在伺服系统中应用现代控制理论的先进算法（如最优控制、人工智能、模糊控制、神经元网络等）成为可能。

3. 采用新型电力电子半导体器件

先进器件的应用显著降低了伺服单元输出回路的功耗，提高了系统的响应速度，降低了运行噪声。并将大幅度简化伺服单元设计，实现伺服系统的小型化和微型化。

4. 高度集成化

同一个控制单元，只要通过软件设置系统参数就可改变其性能，既可以使用电动机本身配置的传感器构成半闭环调节系统，又可以通过接口与外部的位置、速度或力矩传感器构成高精度的全闭环调节系统。高度的集成化还显著缩小了整个控制系统的体积，使伺服系统的安装与调试工作都得到简化。

5. 智能化

最新数字化的伺服控制单元通常都设计为智能型产品，其智能化特点表现如下。

（1）具有参数记忆功能。

（2）具有故障自诊断与分析功能。

（3）具有参数自整定功能。

6. 模块化和网络化

最新的伺服系统都配置了标准的串行通信接口（如 RS—232C 或 RS—422 接口等）和专用的局域网接口。这些接口的设置显著增强了伺服单元与其他控制设备间的互联能力，从而与 CNC 系统间的连接也变得简单，只需 1 根电缆或光缆就可将数台，甚至数十台伺服单元与上位计算机连接为整个数控系统。也可通过串行接口与可编程控制器（PLC）的数控模块相连。

四、加工中心的发展趋势

高速化、高精度化、复合化、模块化、智能化以及各种先进技术的应用和各式各样的结构创新已经成为加工中心的发展趋势。

第 2 章

加工中心的加工工艺

第 1 节　数控铣削要点　/58

第 2 节　工件的定位与夹紧　/66

第 3 节　加工工艺介绍　/77

第 1 节　数控铣削要点

学习单元 1　铣削的基本方式

学习目标

- 了解数控加工中心铣削的几种基本方式
- 掌握数控加工中心不同铣削方式的差异及运用场合

知识要求

铣削方式是指铣削时铣刀相对于工件的运动关系，对铣刀的耐用度、工件表面粗糙度、铣削平稳性和生产效率都有较大的影响。铣削时，应根据各自特点合理选择。基本铣削方式有周铣和端铣两种，周铣又分为顺铣和逆铣，端铣分为对称铣和不对称铣。

一、周铣与端铣

用圆柱铣刀的圆周刀齿进行铣削称为周铣，如图 2—1a 所示；用端铣刀的端面刀齿进行铣削称为端铣，如图 2—1b 所示。端铣的加工质量总体好于周铣，而周铣的应用范围较端铣大。端铣能一次铣出较宽的平面，但一次的铣削深度一般不及周铣。它们的比较见表 2—1。

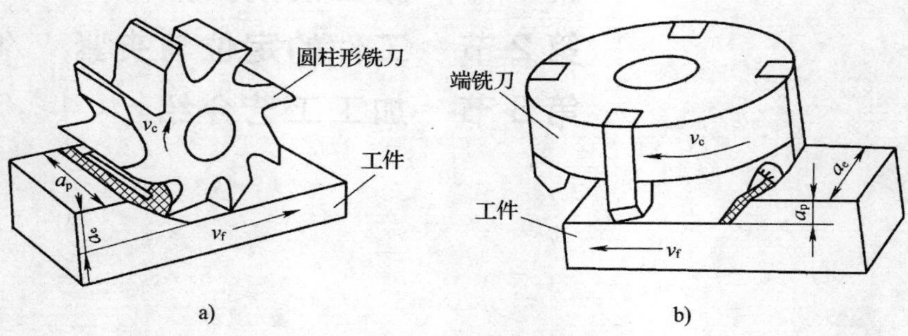

图 2—1　周铣与端铣

a）周铣　b）端铣

表 2—1　　　　　　　　　　　　　　**周铣与端铣的比较**

比较内容	周铣	端铣
有无修光刃/工件表面质量	无/差	有/好
刀杆刚度/切削振动	小/大	大/小
同时参加切削的刀齿/切削平稳性	少/差	多/好
易否镶嵌硬质合金刀片/刀具耐用度	难/低	易/高
生产效率/加工范围	低/广	高/较小

二、顺铣与逆铣

用圆柱铣刀铣削时，铣削方式可分为顺铣和逆铣两种，如图 2—2 所示。若铣刀的旋转方向与工件的进给方向相同称为顺铣，如图 2—2a 所示，反之则称为逆铣，如图 2—2b 所示。顺铣、逆铣的比较见表 2—2。

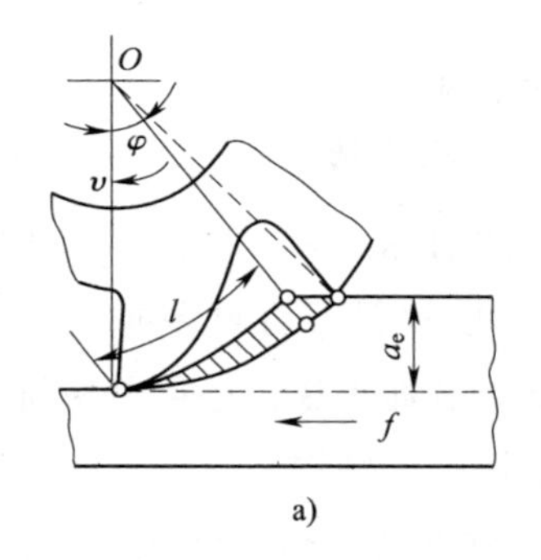

a)

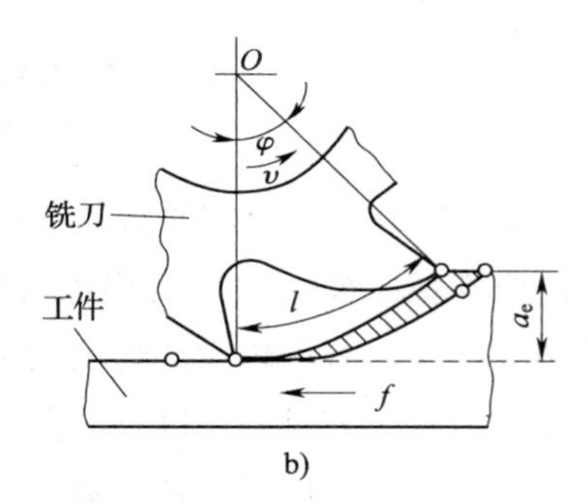

b)

图 2—2　顺铣与逆铣

a）顺铣　b）逆铣

表 2—2　　　　　　　　　　　　　　**顺铣与逆铣的比较**

比较内容	顺铣	逆铣
工件夹紧程度/切削过程稳定性	好	差
刀具磨损	小	大
滚珠丝杠无间隙时的加工对象	精加工和无硬皮零件的粗加工	有硬皮零件的粗加工

顺铣时，工件的进给会受传动丝杠螺母副间隙的影响，但这对于预紧后无间隙滚珠丝杠副来说影响较小，数控铣床及加工中心较适合采用顺铣。这有利于提高刀具的耐用度和工件装夹的稳定性，且表面质量较好。另外，对铸、锻件表面的粗加工，顺铣因刀齿首先接触其表层硬皮，将加剧刀具的磨损，此时则以逆铣为妥。

逆铣时，切屑的厚度从零开始渐增。铣刀的刀刃开始接触工件后，将在刚加工好的表面（冷硬层）滑行后才切入工件，这使刀刃容易磨损，使加工表面粗糙度差。逆铣时，铣刀对工件有上抬的切削分力，影响工件安装在工作台上的稳固性。

三、对称铣与不对称铣

用端铣刀加工平面时，按工件对铣刀的位置是否对称，分为对称铣和不对称铣，如图2—3所示。当采用不对称铣时，因切入和切出时的厚度变化，可分不对称顺铣或不对称逆铣。

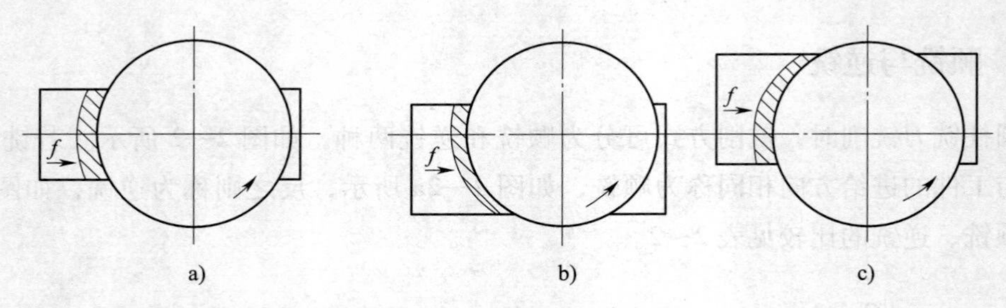

图2—3　对称铣与不对称铣

a）对称铣　b）不对称顺铣　c）不对称逆铣

对称铣如图2—3a所示，铣刀轴线始终位于工件的对称面内，切入、切出时切削厚度相同，有较大的平均值。如工件宽度接近铣刀直径，且铣刀刀齿较多时，可采用对称铣削。此时切削力变化小，可用较大的切削用量，且铣削过程平稳，还可避免铣刀切入时对工件表面的挤压、滑行，刀具耐用度高，尤其适用于铣削淬硬钢。

不对称顺铣如图2—3b所示，铣刀偏置于工件对称面的一侧，切入时切削厚度最大，切出时切削厚度最小，切屑黏刀少，适用于加工不锈钢等中等强度和高塑性的材料。

不对称逆铣如图2—3c所示，铣刀偏置于工件对称面的一侧，切入时切削厚度最小，切出时厚度最大。切入冲击较小，切削力变化小，切削过程平稳，适用于铣削普通碳钢和高强度低碳合金钢，且加工表面粗糙度值小，刀具耐用度较高。其特点和应用见表2—3。

表2—3　不对称顺铣与不对称逆铣的比较

比较内容	不对称顺铣	不对称逆铣
特征	以大的切削厚度切入，较小的切削厚度切出	以小的切削厚度切入，较大的切削厚度切出
切削优点	切出时切削厚度减小，黏着在刀片上的切屑较少，减轻再切入时刀具表面的剥落	切削平稳，减小冲击，使加工表面粗糙度改善，刀具耐用度提高
适用场合	适用于加工不锈钢和耐热钢如2Cr13，1Cr18Ni9Ti，4Cr14Ni14W2Mo等	适用于加工低合金钢和高强度低合金钢如9Cr2等

学习单元 2　切削要素

学习目标

- 了解数控加工中心各切削要素
- 掌握数控加工中心各切削要素的选用原则及相互关系

知识要求

切削要素是指切削运动的参数，包括切削速度、进给量或进给速度、吃刀量。

一、切削速度（v_c）

切削速度是指刀具切削刃上的某一点相对于待加工表面在主运动方向上的瞬时速度。铣削时，主运动一般为刀具的旋转运动，则切削速度的计算公式为：

$$v_c = \frac{\pi Dn}{1\,000}(\text{m/min})$$

式中　D——刀具直径，mm；

　　　N——刀具转速，r/min。

二、进给量和进给速度（f 和 v_f）

进给量是指主运动一个循环时，刀具在进给运动方向上相对于工件的位移量，用 f 表示。它有三种表示形式，即每齿进给量 f_z、每转进给量 f 和每分钟进给速度 v_f。

每齿进给量 f_z：铣刀每转过一个刀齿时，刀具在进给运动方向上相对于工件的位移量，单位为 mm/z（z 为铣刀齿数）。

每转进给量 f：刀具每旋转一周，刀具在进给运动方向上相对于工件的位移量，单位为 mm/r。则它与 f_z 的计算关系为 $f = Zf_z$。

每分钟进给速度 v_f：单位时间内，刀具在进给运动方向上相对于工件的位移量，单位为 mm/min。则它与 f 和 f_z 的计算关系为：$v_f = nf = nZf_z$。

三、吃刀量

铣削的吃刀量包括背吃刀量 a_p 和侧吃刀量 a_e，单位为 mm。背吃刀量是工件上已加工表面和待加工表面的垂直距离，即平行于铣刀切削时的轴线方向上测量出的切削层深度；侧吃刀量是在垂直于铣刀旋转平面的轴线方向上测量出的切削尺寸。

四、切削用量的选择

1. 切削用量的选择原则

切削用量三要素中影响刀具耐用度最大的是切削速度，其次是进给量，最小的是切削深度。在粗加工选择切削用量时，首先选择最大的切削深度，其次选用较大的进给量，最后选定合理的切削速度。半精加工和精加工时首先要保证加工精度和表面质量，同时要兼顾必要的刀具耐用度和生产效率。因此，一般多选用较小的切削深度和进给量，在保证合理刀具耐用度的前提下，确定合理的切削速度。数控铣削用量推荐见表 2—4，数控钻削用量推荐见表 2—5。

表 2—4　　高速钢立铣刀的铣削用量

加工材料	加工工序	铣削深度（mm）	铣削速度（m/min）	每齿进给量（mm/z）
碳钢	粗	2 ~ 3	15 ~ 25	0.1 ~ 0.2
	精	0.5 ~ 1	30 ~ 40	0.05 ~ 0.1
铝合金	粗	2 ~ 4	80 ~ 150	0.3 ~ 0.4
	精	0.5 ~ 1	200 ~ 300	0.1 ~ 0.2

表 2—5　　高速钢钻孔切削用量

工件材料	牌号	切削用量	钻头直径		
			1 ~ 6 mm	6 ~ 12 mm	12 ~ 22 mm
钢	35、45	v_c（mm/min）	8 ~ 25		
		f（mm/r）	0.05 ~ 0.1	0.1 ~ 0.2	0.2 ~ 0.3
	15Cr、20Cr	v_c（mm/min）	12 ~ 30		
		f（mm/r）	0.05 ~ 0.1	0.1 ~ 0.2	0.2 ~ 0.3
铝合金	铝合金（长切削）	v_c（mm/min）	20 ~ 50		
		f（mm/r）	0.05 ~ 0.25	0.1 ~ 0.6	0.2 ~ 1.0
	铝合金（短切削）	v_c（mm/min）	20 ~ 50		
		f（mm/r）	0.03 ~ 0.1	0.05 ~ 0.15	0.08 ~ 0.36

2. 影响切削用量的因素

（1）影响切削速度的因素

1）刀具材质。刀具材料不同，允许的最高切削速度不同。高速钢刀具耐高温切削速度不到50 m/min，碳化物刀具耐高温切削速度可达100 m/min以上，陶瓷刀具的耐高温切削速度可高达1 000 m/min。

2）工件材料。工件材料硬度高低会影响刀具切削速度，同一刀具加工硬材料时切削速度需降低，而加工软材料时，切削速度可以提高。

3）刀具耐用度。刀具的耐用度高，使用时间（寿命）要求长，则应采用较低的切削速度。反之，可采用较高的切削速度。

4）吃刀量与进给量。吃刀量与进给量大，切削抗力也大，切削热会增加，故切削速度应降低。

5）刀具的形状。刀具的形状、角度的大小、刃口锋利程度都会影响切削速度的选取。

6）切削液使用。在切削时使用切削液，可有效降低切削热，从而可以提高切削速度，提高表面加工质量。

7）机床性能。机床刚性好、精度高可提高切削效率，反之，则需降低切削速度。

（2）影响切削深度与进给量的因素。背吃刀量 a_p 主要受机床刚度的制约，在机床刚度允许的情况下，尽可能取大值，如果不受加工精度的限制，可以使背吃刀量等于零件的加工余量。这样可以减少进给次数。

进给量或进给速度（f 和 v_f）要根据工件的加工精度、表面粗糙度、刀具和刀具材料来选，它对断屑的影响最大，而最大进给量或进给速度受机床刚度和进给驱动及数控系统的限制。

学习单元3　切屑与切削热

学习目标

➢ 了解切屑的种类及积屑瘤对加工的影响

➢ 掌握切削热的产生原因及对加工的影响

➢ 掌握切削液的类型及功能

知识要求

一、切屑

由于工件材料不同，切削过程中的变形程度也就不同，因而产生的切屑种类也就多种多样，如图 2—4 所示。图 2—4a、b、c 为切削塑性材料的切屑，图 2—4d 为切削脆性材料的切屑。切屑的类型是由应力—应变特性和塑性变形程度决定的。

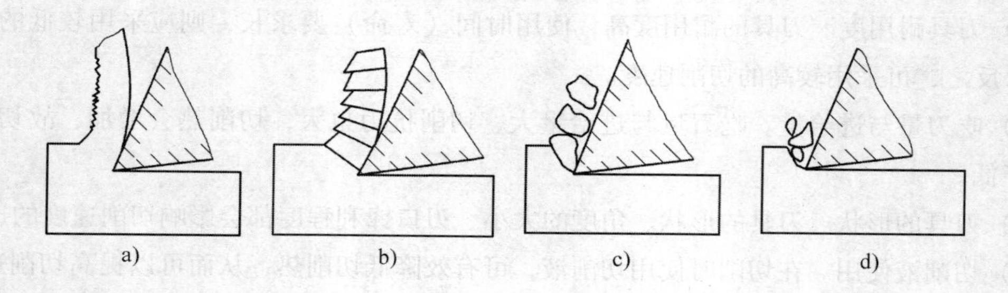

图 2—4　切屑的不同种类

a）带状切屑　b）挤裂切屑　c）单元切屑　d）崩碎切屑

1. 切屑的种类

（1）带状切屑。它的内表面光滑，外表面毛茸。加工塑性金属材料（如碳素钢、合金钢、铜和铝合金），当切削速度较高、刀具前角较大、切削厚度较小时，容易得到这类切屑。它的切削过程平衡，切削力波动较小，已加工表面粗糙度较小。

（2）挤裂切屑。这类切屑与带状切屑不同之处在外表面呈锯齿形，内表面有时有裂纹。加工中等硬度的塑性材料，当切削速度较低、刀具前角较小、切削厚度较大时，容易得到这类切屑。

（3）单元切屑。切削塑性很大的材料，如铅、退火铝、纯铜时，切屑易在前面上形成粘结不易流出，产生很大变形，使材料达到断裂极限，形成很大的变形单元，而成为单元切屑，如图 2—4c 所示。当用很低的速度切削钢时可得到这类切屑。

（4）崩碎切屑。在切削铸铁和黄铜等脆性材料时，切削层金属发生弹性变形后，一般不经过塑性变形就突然崩碎，形成不规则的碎块屑片，即为崩碎切屑，如图 2—4d 所示。工件越是硬脆，越容易产生这类切屑。产生崩碎切屑时，切削热和切削力都集中在主切削刃和刀尖附近，刀尖容易磨损，并产生振动，从而影响表面粗糙度。

切屑的类型可以随切削条件的不同而改变，在生产中，常根据具体情况采取不同的措施来得到需要的切屑，以保证切削加工的顺利进行。

2. 积屑瘤

积屑瘤是指在加工中碳钢时，在刀尖处出现的小块且硬度较高的金属黏附物，如图 2—5 所示。

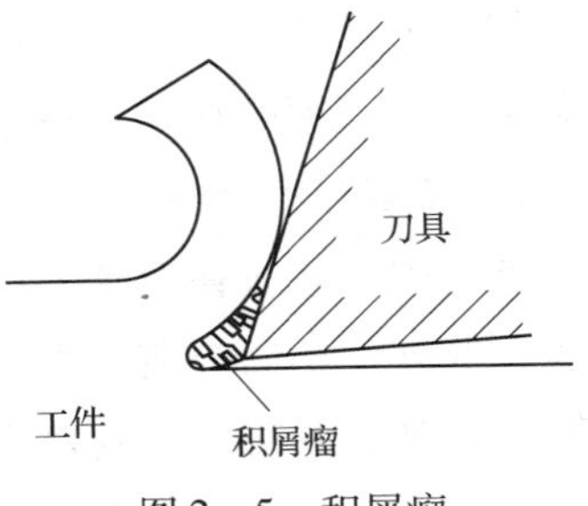

图 2—5 积屑瘤

（1）积屑瘤的形成。在加工过程中，由于工件材料是被挤裂的，因此切屑对刀具的前面产生很大的压力，并摩擦生成大量的切削热。在这种高温高压下，与刀具前面接触的那一部分切屑由于摩擦力的影响，流动速度相对减慢，形成“滞留层”。当摩擦力一旦大于材料内部晶格之间的结合力时，“滞流层”中的一些材料就会黏附在刀具近刀尖的前面上，形成积屑瘤。积屑瘤的形成主要取决于切削温度，如在 300 ~380℃切削碳钢时易产生积屑瘤。

（2）影响积屑瘤的主要因素。工件材料和切削速度是影响积屑瘤产生的主要因素。

1）工件材料。塑性好的材料，切削时的塑性变形较大，容易产生积屑瘤。塑性差、硬度较高的材料，产生积屑瘤的可能性相对较小。切削脆性材料时，形成的崩碎切屑与前面无摩擦，一般无积屑瘤产生。

2）切削速度。切削速度主要是通过切削温度和摩擦系数来影响积屑瘤的。以中碳钢为例，300℃左右最易产生积屑瘤，当切削温度低于或高于此温度范围时，均可抑制积屑瘤的生成，因此当切削速度 v_c 小于 5 m/min 或 v_c 大于 120 m/min（一般切削温度在 800℃以上）时，一般不产生积屑瘤。

增大前角以减小切屑变形或用油石仔细打磨刀具前面以减小摩擦，或选用合适的切削液以降低切削温度和减小摩擦，都有助于防止积屑瘤的产生。

（3）积屑瘤的优缺点

1）优点。积屑瘤的硬度比原材料的硬度要高，可代替刀刃进行切削，提高了刀刃的耐磨性；同时积屑瘤的存在使得刀具的实际前角变大，刀具变得较锋利。

2）缺点。积屑瘤的存在，在实际上是一个形成、脱落、再形成、再脱落的过程，部分脱落的积屑瘤会黏附在工件表面上。而刀具刀尖的实际位置也会随着积屑瘤的变化而改变。同时，由于积屑瘤很难形成较锋利的刀刃，在加工中会产生一定的振动。所以这样加工后所得到的工件表面质量和尺寸精度都会受到影响。

二、切削热

切削金属时，由于切屑剪切变形所做的功和刀具前面、后面摩擦所做的功都转变为热，这种热称为切削热。使用切削液时，刀具、工件和切屑上的切削热主要由切削液带走；不用切削液时，切削热主要由切屑、工件和刀具带走或传出，其中切屑带走的热量最大，传向刀具的热量虽小，但前面和后面的温度却影响着切削过程和刀具的磨损情况，所以了解切削温度的变化规律是十分必要的。

1. 切削热的产生

被切削的金属在刀具的作用下，发生弹性和塑性变形而耗功，这是切削热的一个重要来源。此外，切屑与前刀面、工件与后刀面之间的摩擦也要耗功，也产生出大量的热量。因此，切削时共有三个发热区域，即剪切面、切屑与前刀面接触区、后刀面与过渡表面接触区，三个发热区与三个变形区相对应。所以，切削热的来源就是切屑变形功和前、后刀面的摩擦功。

2. 切削热对加工的影响

切削温度高是刀具磨损的主要原因，它将限制生产效率的提高；切削温度还会使加工精度降低，使已加工表面产生残余应力以及其他缺陷。

3. 切削液

切削液（cutting fluid，coolant）是一种用在金属切、削、磨加工过程中，用来冷却、润滑刀具和加工件的工业用液体，切削液具备良好的冷却性能、润滑性能、防锈性能、除油清洗功能、防腐功能、易稀释等特点。

切削液按油品化学组成分为非水溶性（油基）液和水溶性（水基）液两大类。水基的切削液可分为乳化液、半合成切削液和全合成切削液。油基切削液的润滑性能较好，冷却效果较差。水基切削液与油基切削液相比润滑性能相对较差，冷却效果较好。慢速切削要求切削液的润滑性要强，一般来说，切削速度低于 30 m/min 时使用切削油。在高速切削时，由于发热量大，多用水基切削液。

第 2 节　工件的定位与夹紧

学习单元 1　定位与夹紧

学习目标

➢ 了解工件定位与夹紧的基本知识

➢ 熟悉数控铣床夹具系统对不同批量零件的基本要求

知识要求

一、定位

1. 六点定位原理

六点定位原理是指工件在空间具有六个自由度，如图 2—6 所示，即沿 *X*、*Y*、*Z* 三个直角坐标轴方向的移动自由度和绕这三个坐标轴的转动自由度。因此，要完全确定工件的位置，就必须消除这六个自由度，通常用六个支承点（即定位元件）来限制关键的六个自由度，其中每一个支承点限制相应的一个自由度。如图 2—7 所示，在 *XOY* 平面上，不在同一直线上的三个支承点限制了工件的三个自由度，这个平面称为主基准面；在 *YOZ* 平面上沿长度方向布置的两个支承点限制了工件的两个自由度，这个平面称为导向平面；工件在 *XOZ* 平面上，被一个支承点限制了一个自由度，这个平面称为止动平面。

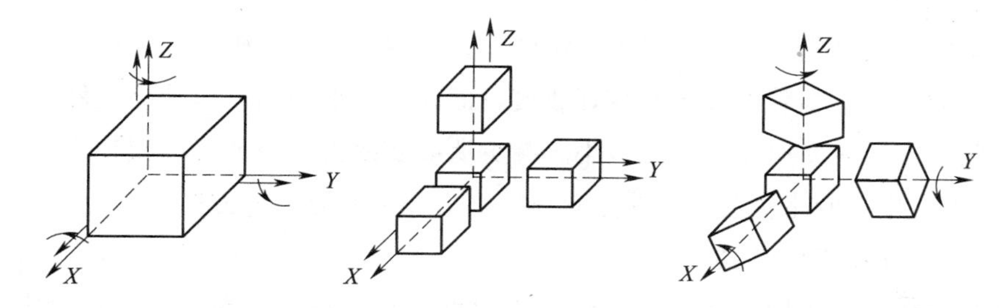

图 2—6　工件的六个自由度

2. 合理定位

（1）完全定位。工件的六个自由度全部被夹具中的定位元件所限制，而在夹具中占有完全确定的唯一位置，称为完全定位。

（2）不完全定位。根据工件加工表面的不同加工要求，定位支承点的数目可以少于六个。有些自由度对加工要求有影响，有些自由度对加工要求无影响，只要确定与加工要求有关的支承点，就可以用较少的定位元件达到定位的要求，这种定位情况称为不完全定位。不完全定位是允许的。

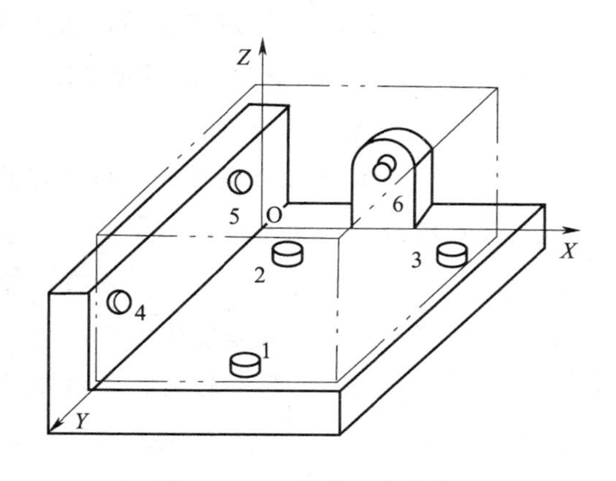

图 2—7　工件的六点定位

3. 不合理定位

（1）欠定位。按照加工要求应该限制的自由度没有被限制的定位称为欠定位。欠定位是不允许的。因为欠定位保证不了加工要求。

（2）过定位。工件的一个或几个自由度被不同的定位元件重复限制的定位称为过定位。当过定位导致工件或定位元件变形，影响加工精度时，应该严禁采用。但当过定位并不影响加工精度，反而对提高加工精度有利时，也可以采用，要具体情况具体分析。

二、夹紧

定位与夹紧的任务是不同的，两者不能互相取代。定位时，必须使工件的定位基准紧贴在夹具的定位元件上，否则不称其为定位，而夹紧是使工件不离开定位元件。

1. 夹紧力的选择

夹紧力方向、夹紧力作用点和夹紧力大小合称为夹紧力三要素。

（1）夹紧力方向的选择

1）夹紧力方向尽量垂直作用于主要定位面，以保证定位正确。

2）夹紧力方向应朝着工件刚性较好或接触面较大的那个面，以减小工件变形。

3）夹紧力方向应使所需夹紧力最小。减少所需要的夹紧力就可以减轻工人劳动强度，简化夹紧结构，并尽可能使夹紧力的方向与切削力和工件重力的方向相重合。

（2）夹紧力作用点的选择

1）夹紧力作用点应使工件定位正确。作用点应与支承件相对，以避免产生使工件变形的弯曲力矩。

加工工件内孔时，压板压紧在凸缘处，这时夹紧力势必造成工件翘起或产生较大的变形。如果把压板压紧位置移到工件的端面位置，就不会出现上述后果。因此，在夹紧工件时，夹紧力应作用在定位表面的支承范围内。

2）夹紧力作用点应靠近加工表面，以增加工件的安装刚性，减少振动。

3）夹紧力作用点应作用在工件刚性好的部位，以免工件变形。

（3）夹紧力大小的选择。夹紧力的大小选择要适当，过大了会使工件变形，并且使夹紧结构复杂、不紧凑；过小了，就有可能因抵抗不了切削力、惯性力和重力而夹不紧工件，造成工件报废，甚至发生安全事故。因此根据加工时具体情况，适当选择夹紧力的大小。一般粗加工夹紧力较大，工件刚性较好时夹紧力可大一些；精加工或工件刚性较差时，夹紧力应小一些。在生产实践中，所需的夹紧力大小，通常按经验或类比法确定。

2. 工件的夹紧装置

在夹具的夹紧装置中，常用各种螺旋、斜楔、偏心、杠杆、薄壁弹性元件以及由它们组合而成的夹紧机构。其中以螺旋、斜楔、偏心夹紧机构应用最为广泛。

螺旋夹紧机构就是用螺钉和螺母直接或间接夹紧工件的机构。它结构简单，夹紧可靠，应用最广。但螺旋夹紧机构在夹紧和松开时比较费时费力，如图 2—8a 所示为常用的螺旋压板夹紧机构。

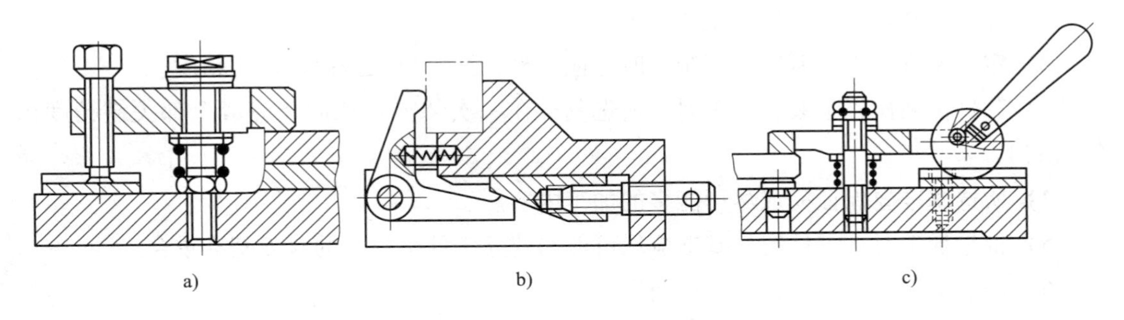

图 2—8　常见的夹紧装置

a）螺旋压板夹紧机构　b）楔块夹紧机构　c）偏心夹紧机构

楔块夹紧机构是利用斜楔面的推力转变为夹紧力，从而将工件夹紧的一种机构。由于它的夹紧力不大，一般和螺旋机构联合使用，用来改变夹紧力的方向和增大夹紧力，如图 2—8b 所示。

偏心夹紧机构是用偏心件来实现夹紧作用的装置，如图 2—8c 所示。其优点是结构简单、动作迅速。缺点是夹紧力小，夹紧距离有一定限制，自锁可靠性差。因此适用于振动较小和夹紧力不大的情况。

以工件的轴线或对称中心定位，并同时使工件夹紧的机构称为定心夹紧机构。如三爪自定心卡盘、弹簧夹头夹紧装置等。定心机构的特点是：定位和夹紧是同一个元件，元件之间有精确的联系，能同时等距离地移动或退离工件。由于这一特点，所以能将工件定位基准的误差对称地分布，使工件的轴线或对称中心不产生偏移而实现定心夹紧作用。

三、基准的分类及选择

1. 基准的分类

基准是零件上用来确定其他点、线、面位置所依据的那些点、线、面。按其功用不同，基准可分为设计基准和工艺基准两大类。

2. 加工中心加工定位基准的选择

（1）选择基准的三个基本要求

1）所选基准应能保证工件定位准确、装卸方便可靠。

2）所选基准与各加工部位的尺寸计算简单。

3）保证加工精度。

（2）选择定位基准原则

1）尽量选择设计基准作为定位基准。

2）定位基准与设计基准不能统一时，应严格控制定位误差保证加工精度。

3）工件需两次以上装夹加工时，所选基准在一次装夹定位应能完成全部关键精度部位的加工。

4）所选基准要保证完成尽可能多的加工内容。

5）批量加工时，零件定位基准应尽可能与建立工件坐标系的对刀基准重合。

6）需要多次装夹时，基准应该前后统一。

学习单元2　常用夹具的使用

学习目标

- 了解加工中心常用夹具的类型
- 熟悉加工中心常用夹具的安装
- 熟练掌握加工中心常用夹具的使用

知识要求

一、夹具的分类

目前，我国常用的夹具有通用夹具、专用夹具、可调夹具、组合夹具和自动线夹具五大类。

1. 通用夹具

通用夹具是指结构、尺寸已规格化，且具有一定通用性的夹具。其优点是适应性强、不需要调整或稍加调整即可装夹一定形状和尺寸范围内的各种工件。如三爪自定心卡盘、四爪单动卡盘、台虎钳、万能分度头、顶尖、中心架、电磁吸盘等。采用这类夹具可缩短生产准备周期，减少夹具品种，从而降低生产成本。其缺点是夹具的加工精度不高，生产力较低且较难装夹形状复杂的工件，故适用于单件小批量生产。

2. 专用夹具

专用夹具是针对某一工件的某一道工序的加工要求而专门设计和制造的夹具。特点是针对性强。适用于产品相对稳定、批量较大的生产中，可获得较高的生产效率和加工精度。

3. 可调夹具

夹具的某些元件可调整或可更换，以适应多种工件装夹的夹具，称为可调夹具。它分为通用可调夹具和成组可调夹具两类。

4. 组合夹具

组合夹具是由可循环使用的标准夹具零部件（或专用零部件）组装成易于连接和拆卸的夹具。根据被加工零件的工艺要求可以很快地组装成专用夹具，夹具使用完毕，可以方便地拆开。夹具主要应用在单件、中小批多品种生产中，是一种较经济的夹具。

5. 自动线夹具

自动线夹具一般分为两种，一种为固定式夹具，它与专用夹具相似；另一种为随行夹具，使用中夹具随工件一起运动，并将工件沿着自动线从一个工位移至下一个工位进行加工。

二、夹具的结构

虽然夹具的种类繁多，但工作原理基本相同，一般都具有以下几个组成部分。

1. 定位支承元件

定位支承元件（见图2—9中的V形架1和支承套2）的作用是确定工件在夹具中的正确位置，并支承工件，是夹具的主要功能元件之一。定位支承元件的定位精度直接影响工件加工的精度。

2. 夹紧装置

夹紧元件（见图2—9中的偏心手柄3）的作用是将工件压紧夹牢，并保证在加工过程中工件的正确位置不变。

3. 连接定向元件

这种元件（见图2—9中的定向键4）用于将夹具与机床连接，并确定夹具与机床主轴、工作台或导轨的相互位置。

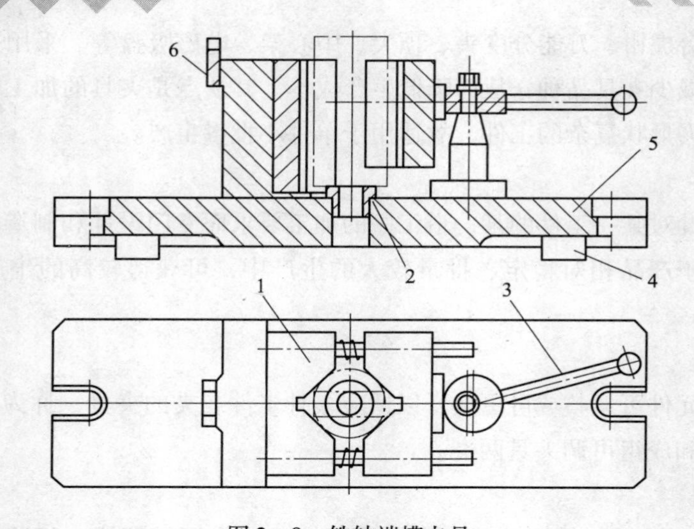

图2—9　铣轴端槽夹具

1—V形架　2—支承套　3—手柄　4—定向键　5—夹具体　6—对刀块

4. 对刀元件或导向元件

这些元件（见图2—9中的对刀块6）的作用是保证工件加工表面与刀具之间的正确位置。用于确定刀具在加工前正确位置的元件称为对刀元件，用于确定刀具位置并引导刀具进行加工的元件称为导向元件。

5. 其他装置或元件

根据加工需要，有些夹具上还设有分度装置、靠模装置、上下料装置、工件顶出机构、电动扳手和平衡块等，以及标准化的其他连接元件。

6. 夹具体

夹具体（见图2—9中的5）是夹具的基体骨架，用来配置、安装各夹具元件使之组成一个整体。常用的夹具体为铸件结构、锻造结构、焊接结构和装配结构等，形状有回转体形和底座形等。

上述各组成部分中，定位元件、夹紧装置、夹具体是夹具的基本组成部分。

技能要求

工件在三爪自定心卡盘上的装夹

操作准备

三爪自定心卡盘、盘形工件、压板、扳手等。

操作步骤

步骤1 三爪自定心卡盘安装

擦净卡盘底座与加工中心工作台面，放在数控加工中心工作台上，并使卡盘底座两边的螺栓槽与加工中心工作台的基准T形槽（中间一条T形槽）对齐，用两个T形螺栓和螺母将三爪自定心卡盘底座紧固在加工中心工作台上。

步骤2 工件定位

用卡盘钥匙插进卡盘圆周面上的方孔，逆时针转动，使三个卡爪张开至合适的位置后，将盘形工件放进卡爪内，注意使待加工面露出卡爪端面合适距离。

三爪自定心卡盘是自动定心夹具，装夹工件一般不需校正。在能满足加工需要的情况下，应尽量减少工件的伸出长度。

步骤3 工件夹紧

顺时针转动卡盘钥匙，使三个卡爪同时移向中心夹紧工件。为使夹紧力足够大，必要时可使用加力杆套在扳手上转动。

注意事项

工件夹持部分不能太短，以防盘形工件与卡盘轴线不同轴且夹紧不牢；应保证盘形工件底端面光整并与轴线垂直，装夹时使工件底端面与卡爪支承面或卡盘端面贴合，以承受轴向切削力和工件本身的重力。

工件在平口钳上的装夹

机用平口钳适用于中小尺寸和形状规则的工件安装，它是一种通用夹具，一般有非旋转式和旋转式两种，前者刚性较好，后者底座上有一刻度盘，能够把平口钳转成任意角度。

操作准备

平口钳、板类工件、扳手等。

操作步骤

步骤1 平口钳校正、安装

安装平口钳时，应先擦净平口钳底面与加工中心工作台面，把平口钳放在数控加工中心工作台上，用T形螺栓和螺母通过加工中心工作台的T形槽将平口钳轻微紧固。

用百分表调整固定钳口与机床的相对位置，使钳口与行程方向平行或垂直，如图2—10所示，将百分表通过磁性表座固定在机床主轴的非旋转部位上，调整机床使百分表指针与固定钳口接触并产生一定的压缩量，然后移动数控加工中心工作台，不断调整固定钳口，使其与机床移动方向逐渐平行，直到百分表指针基本不摆动，说明钳口与行程方向已经平行（或垂直），再用扳手交替旋紧左右螺母，使平口钳完全紧固在加工中心工作台上。

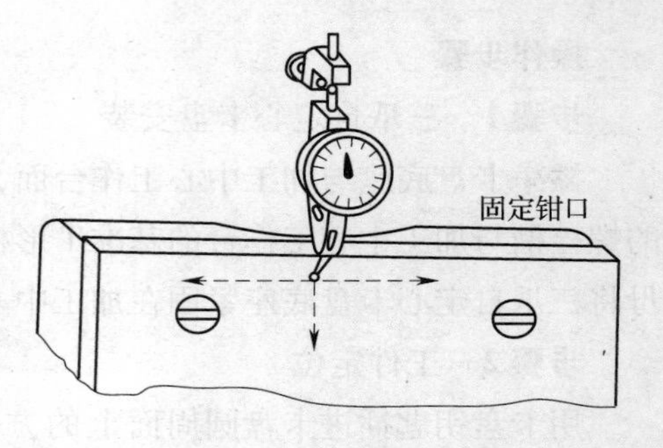

图 2—10　平口钳的校正

步骤 2　工件定位

（1）平口钳安装好后，把工件放入钳口内，应将工件的基准面紧贴固定钳口，并使工件底平面与钳体导轨上表面或垫块顶面相接触。铣削过程中应使铣削合力方向尽可能与固定钳口垂直，如图 2—11a、b 所示。

（2）一般工件顶面以高出钳口平面 3 ~ 5 mm 为宜。如装夹位置不合适，应在工件下面垫上适当厚度的平行垫铁。垫铁应具有合适的尺寸与表面粗糙度及平行度。

（3）为使工件基准面紧贴固定钳口，可在活动钳口与工件之间垫一圆棒，圆棒应尽量水平放置在钳口高度的中间，如图 2—11c 所示。

（4）为保护钳口，避免夹伤已加工工件表面，可在工件与钳口间垫钳口铁（如铜皮）。

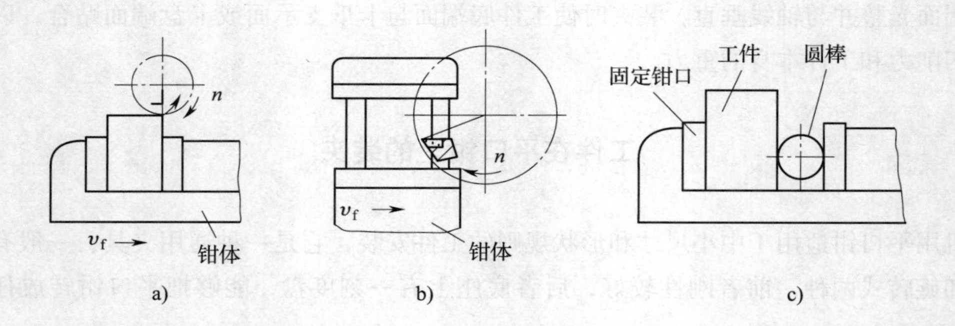

图 2—11　平口钳上工件的装夹

a）、b）由固定钳口承受铣削力　c）垫圆棒夹紧工件

步骤 3　工件夹紧

将工件向固定钳口方向轻轻推压，轻微夹紧后，再用铜锤或木槌等轻轻敲击，直到用手不能轻易推动垫铁时为止，此时工件底平面已与垫铁顶面紧密接触，最后再用扳手将工件夹紧在平口钳内。

注意事项

工件在平口钳中的装夹位置要恰当，不应该将工件装夹在平口钳的一端，以保证铣削时的稳定性，如图 2—12 所示。

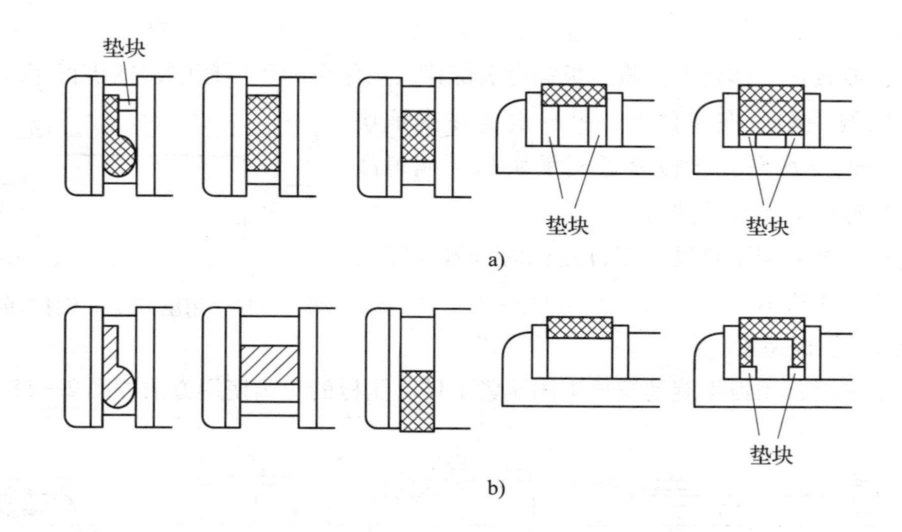

图 2—12　平口钳的使用

a）正确　b）不正确

工件用压板装夹

尺寸较大的工件，可用螺栓、压板直接装夹于工作台上，如图 2—13a 所示。也可在工件下面垫上厚度适当且精度要求较高的等高垫块后再将其压紧，如图 2—13b 所示，这种装夹方法可进行贯通的挖槽或钻孔加工。

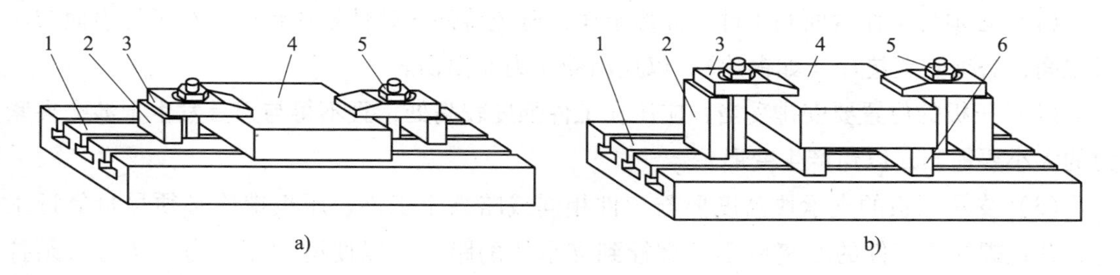

图 2—13　组合压板安装工件的方法

1—工作台　2—支承块　3—压板　4—工件　5—双头螺柱　6—等高垫块

操作准备

压板、垫铁、螺母和 T 形螺栓、板类工件、扳手等。

操作步骤

步骤 1　工件定位

将工件放置在工作台上，将压板螺钉头部穿入工作台的 T 形槽中，把压板穿入压板螺钉中，压板的一端压在工件上，另一端压在支承块上，使压板保持水平或压板靠近支承块的一端稍高些，旋动螺母轻微压紧工件。

为保证零件的加工精度，工件定位时一般均需找正，如图 2—14 所示。

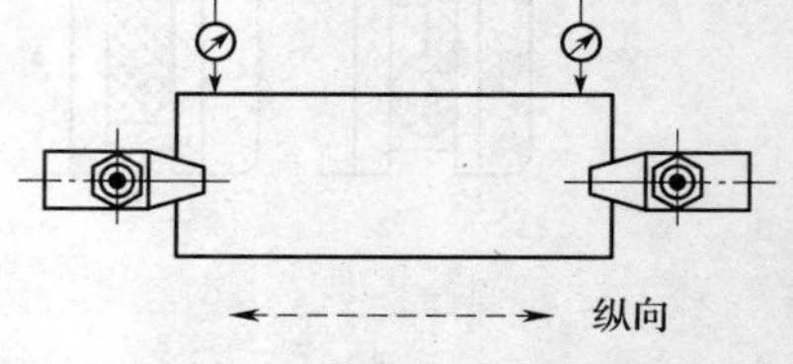

图 2—14　用压板装夹工件时的找正

步骤 2　压板夹紧

工件找正后，用扳手旋动螺母牢固压紧工件。压板的正确使用方法如图 2—15 所示。

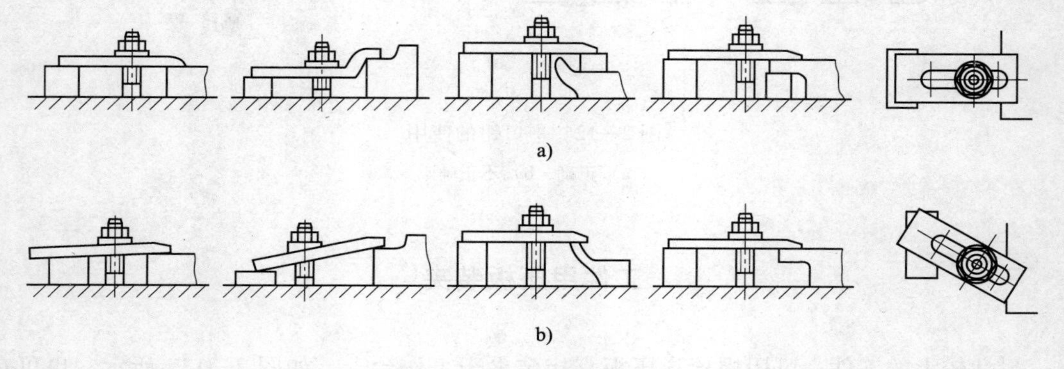

图 2—15　压板的使用方法
a）正确　b）不正确

注意事项

（1）必须将工作台面和工件底面擦干净，避免铸件、锻件划伤台面。在工件表面与压板之间，必须安置垫片（如铜片），以免因受压力而损伤。

（2）压板的位置要安排妥当，应压在工件强度较高处，且不得与刀具发生干涉，夹紧力的大小要适当，以免产生变形。

（3）支承压板的支承块高度要与工件相同或略高于工件，压板螺栓必须尽量靠近工件，并且螺栓到工件的距离应小于螺栓到支承块的距离，以便增大压紧力。螺母必须拧紧，否则将会因压力不够而使工件移动，以致损坏工件、机床和刀具，甚至发生意外事故。

第 3 节　加工工艺介绍

学习单元 1　制定加工中心加工工艺

学习目标

- 熟练制定零件铣削加工工艺规程
- 熟悉零件图样及技术要求分析
- 掌握数控铣削加工方法的选择
- 掌握数控铣削加工阶段的划分
- 掌握数控铣削加工工序的划分与安排
- 熟悉数控铣削加工时间定额确定与辅助工序安排
- 掌握数控铣削加工路线的安排
- 了解热处理工序安排的一般原则

知识要求

一、加工中心加工工艺规程

在生产过程中，由于产量及生产条件等因素的不同，一种零件从毛坯加工转变为成品所采取的机械加工工艺过程（或工艺方案），可以是多种多样的。实际生产中用一定的文件形式规定下来的工艺过程称为工艺规程。

1. 加工中心工艺的特点

（1）工艺范围宽，生产能力强。能完成铣、钻、镗、铰、攻螺纹等多项加工内容，减少了机床数量及操作人员，减少了周转次数和运输工作量，缩短了生产周期，节省了车间面积。

（2）工序集中，加工精度高，质量稳定。可采用多工序集中加工，工件装夹次数少，加工精度高、表面质量好，产品质量稳定性高。

（3）柔性生产，缩短生产周期。当加工对象改变后，只需变换加工程序、调整刀具参数等即可进行新零件加工，生产准备周期大大缩短。

（4）在制品少，简化调度管理。由于加工中心生产自动化程度高，工序集中，很少出现长工艺流程加工，因此相对于传统工艺而言，其在制品数量大幅度减少，生产调度和管理变得简单易行。

2. 加工中心适应范围

（1）加工中心适合于中小批量生产，特别是小批量生产，在应用加工中心时，尽量使批量大于经济批量，以达到良好的经济效果。随着加工中心及辅具的不断发展，经济批量越来越小，对一些复杂零件，5～10 件就可生产，甚至单件生产时也可考虑用加工中心。

（2）加工中心适合于加工形状复杂、精度要求高的零件。四轴联动、五轴联动加工中心的应用，CAD/CAM 技术的成熟发展，使复杂零件的自动加工变得非常容易。

（3）加工中心还适合于加工多工位和工序集中的工件、难测量工件。

另外，装夹困难或完全由找正定位来保证加工精度的工件不适合在加工中心上生产。

3. 加工中心工艺流程

加工中心工艺规程制订的步骤如下。

（1）计算年生产纲领，确定生产类型。

（2）分析零件图及产品装配图，对零件进行工艺分析。

（3）选择毛坯。

（4）拟定工艺路线。

（5）确定各工序的加工余量，计算工序尺寸及公差。

（6）确定各工序所用的设备及刀具、夹具、量具和辅助工具。

（7）确定切削用量及工时定额。

（8）确定各主要工序的技术要求及检验方法。

（9）填写工艺文件。

4. 加工中心专用技术文件

编写加工中心专用技术文件是加工中心工艺设计的内容之一。加工中心专用技术文件在生产中通常可指导操作工人按程序正确加工，同时也可对产品的质量起保证作用，有的甚至是产品制造的重要依据。所以，在编写数控加工专用技术文件时，应保证准确、明了。准备长期使用的程序和文件要统一编号，办理存档手续，建立相应的管理制度。数控加工专用技术文件主要有以下几种。

（1）编程任务书。编程任务书是编程人员和工艺人员协调工作和编制数控程序的重要依据。编程任务书阐明了工艺人员对加工工序的技术要求、切削参数选择、加工前保证的加工余量等。

（2）工序卡片。加工中心加工工序卡片与普通加工工序卡片的不同点主要为工序草图应注明编程原点与对刀点，进行简要编程说明及切削参数的选择。加工中心加工工序卡片主要包括工步顺序、工步内容、各工步所用刀具、切削用量等。加工中心加工工序卡片是编制加工程序的主要依据和操作人员配合数控程序进行加工的主要指导性工艺文件，可参见表 2—6。

表 2—6　　加工中心加工工序卡片

<table>
<tr><td colspan="2" rowspan="2">零件名称</td><td>图号</td><td></td><td colspan="2">使用设备</td><td></td></tr>
<tr><td>材料</td><td></td><td colspan="2">日期</td><td></td></tr>
<tr><td>工步号</td><td>加工内容</td><td>刀具号</td><td>主轴转速
（r/min）</td><td>进给量
（mm/r）</td><td>背吃刀量
（mm）</td><td>加工程序</td></tr>
<tr><td></td><td></td><td></td><td></td><td></td><td></td><td></td></tr>
</table>

（3）刀具调整单。加工中心加工时，对刀具管理十分严格，一般要对刀具组装、编号，并在机外对刀仪事先调整好刀具直径和长度。加工中心刀具调整单主要包括刀具明细表（简称刀具表）和刀具卡片（简称刀具卡）两部分。刀具明细表表明加工中心加工工序所用刀具的刀号、规格、用途，是操作人员调整刀具的主要依据。刀具卡片反映刀具编号、刀具结构、尾柄规格、组合件名称代号、刀片型号和材料等，它也是组装刀具的依据，可参见表 2—7。

表 2—7　　刀具卡片

序号	刀具号	刀具名称	刀具规格	刀具材料	备注

（4）调整单。在加工中心加工中，常常要注意并防止刀具在运动中与夹具、工件等发生意外的碰撞，为此必须设法告诉操作者关于编程中的刀具运动路线，使操作者在加工前就有所了解，同时应计划好夹紧位置并控制夹紧元件的高度，这样可以减少事故的发生。此外，对有些被加工零件由于工艺性问题必须在加工中挪动夹紧位置的，也需要事先告诉操作者，以防出现安全问题。

机床调整单是操作人员在加工零件之前进行零件定位夹紧、调整机床的依据，一般包括零件定位夹紧方法、加工前需输入的数据等。

（5）程序单及说明。加工程序单是编程人员根据工艺分析情况，经过数值计算，按照机床特定的指令代码编制的。数控加工程序单应包括加工性质（如粗加工还是精加工）、理论加工时间、程序文件名、程序名、工件名称等。

实践证明，仅依据加工程序单和加工工序卡来进行实际加工还有许多不足之处。由于操作者对程序的内容不够清楚，对编程人员的意图不够理解，经常需要编程人员在现场进行口头解释、说明与指导，这种做法对单件加工情况还能应付，而对于长期批量的生产，会带来许多麻烦。因此，对加工程序进行必要的详细说明是很有用的，特别是对于那些需要长时间保留和使用的程序尤其重要。

二、加工过程的划分

为了便于工艺规程的编制、执行和生产组织管理，需要把工艺过程划分为不同层次的单元。它们是工序、安装、工位、工步和走刀。其中工序是工艺过程中的基本单元。零件的加工工艺过程一般由若干个工序组成。在一个工序中可能包含一个或几个安装，每一个安装可能包含一个或几个工位，每一个工位可能包含一个或几个工步，每一个工步可能包括一次或几次走刀。

1. 工序

在一台加工中心上对一个工件采用一把刀具加工，所连续完成的那部分工艺过程称为一个工序。即只要机床、工件、刀具之一发生变化或不是连续，则应成为另一个工序。

2. 安装

在某个工序中，有时需对零件进行多次装夹加工。每装夹一次所完成的那一部分工艺过程称为安装。在一道工序中，工件可能被装夹一次或多次，才能完成加工。

工件在加工过程中应尽量减少装夹次数，因为多一次装夹，就会增加装夹的时间，还会增加装夹误差。

3. 工位

在某一工序中，为了提高机械加工生产效率、缩短辅助时间与机动时间，往往采用数控转位工作台，工件在机床所占的每个位置上完成的那一部分工艺过程称为工位。

如用多工位机床加工高精度孔，在该工序中工件仅安装一次，但利用回转工作台使每个工件能在 6 个工位上顺次地进行钻孔、扩孔和铰孔加工。

4. 工步

一道工序中，可能要加工若干个表面；也可能虽只加工一个表面，却要用若干种不同切削用量分若干次加工；在加工表面和切削用量都不变的情况下所完成的那一部分工艺过程，即称为一个工步。

5. 走刀

有些工步，由于余量较大或其他原因，需要同一把刀具在同一切削用量下对同一表面进行多次切削，这样，刀具对工件的每次切削就称为一次走刀。

三、分析零件图样及技术要求

分析零件图样是工艺准备中的首要工作，直接影响零件加工程序的编制及加工结果。此项工作包括以下内容。

1. 构成加工轮廓的几何条件

根据图样给出的几何条件，求出编程所需的基点坐标。一个零件的轮廓往往是由许多不同的几何元素所组成，如直线、圆弧、二次曲线和特形曲线等，各个几何元素间的连接点称为基点，如两条直线的交点。

2. 技术要求

（1）尺寸公差要求。分析零件图样上的公差要求，以确定控制其尺寸精度的加工工艺，如刀具选择及确定切削用量等。在公差分析过程中，可以同时进行一些编程尺寸的换算，如增量尺寸、绝对尺寸、中值尺寸及尺寸链的解算等。

（2）形状和位置公差要求。图样上给定的形状和位置公差是保证零件精度的重要要求。在工艺准备过程中，除了按其要求确定零件的定位基准和检验基准，并满足其设计基准的规定外，还可以根据机床的特殊需要进行一些技术性处理，以便有效地控制其形状和位置误差。

对于数控切削加工，零件的形状和位置误差主要受机床机械运动副精度的影响。如在车削中，沿 Z 轴运动的方向线与其主轴轴线不平行时，则无法保证圆柱度这一形状公差要求；沿 X 轴运动的方向线与其主轴轴线不垂直时，则无法保证垂直度这一位置公差的要求。

对上述情况，如果无法提高精度，则可在工艺准备工作中，考虑进行技术性处理的有关方案。

（3）表面粗糙度要求。它是保证零件表面微观精度的重要要求，也是合理选择机床、刀具及确定切削用量的重要依据。

3. 其他要求

（1）材料与热处理的要求。它是选择刀具（材料、几何参数及使用寿命）和确定切削用量的重要依据。

（2）毛坯要求。零件的毛坯要求主要指对坯件形状和尺寸的要求，如棒材、管材或铸、锻坯件的形状及其尺寸等。分析毛坯要求，对确定数控机床的加工工序，选择机床型号、刀具材料、走刀路线和切削用量，都是必不可少的。

（3）零件产量要求。零件的加工件数对装夹与定位、刀具选择、工序安排及走刀路线的确定都是不可忽视的参数。

四、加工方法的选择

1. 确定合理的加工方案

选择加工方法时，一般先根据表面的技术要求，选定最终加工方法，然后再确定精加工前的准备工序的加工方法，即确定加工方案。由于获得同一技术的方案有好几种，选择时还要考虑生产效率和经济性，考虑零件的结构形状、尺寸大小、材料和热处理要求及工厂的生产条件等。

2. 选择数控切削方法

通用机床无法加工的内容、难加工难保证质量的内容应优先选用数控加工方法，而通用机床加工效率低、工人手工操作劳动强度大的内容，可在数控机床尚存在富裕加工能力时选择。而占机调整时间长、加工部位分散或需要多次安装、设置原点的加工内容一般不选用数控加工方法。

五、加工阶段的划分

一个有一定技术要求的表面一般都不是只用一种方法一次加工就能达到图样要求的，对于精密零件的主要表面则更需要用几次加工，由粗到精逐步提高。

在零件各表面的加工方法选定以后，就需要进一步确定这些加工方法在工艺路线中的大致顺序及位置，而这些顺序及位置的确定与加工阶段的划分有关。

工艺路线按工序性质不同，一般可分成粗加工、半精加工和精加工三个阶段。零件上要求精度及表面粗糙度特别高时，就还要有光整加工阶段。

1. 粗加工阶段

其任务主要是高效率地去除各表面的大部分余量，在这个阶段中，精度要求不高。切削用量、切削力、切削功率都较大，切削热以及内应力等问题较突出。

2. 半精加工阶段

其任务是使各次要表面达到图纸要求，使各主要表面消除粗加工时留下的误差达到一定的精确度，为精加工作准备。

3. 精加工阶段

其任务是达到零件设计图纸的要求，在这个阶段中，加工精度要求较高，各表面的加工余量和切削用量一般均较小。

4. 光整加工阶段

重点在于保证获得几个重要表面的粗糙度或同时进一步提高精度。

在机械加工工序中间，如果工件要进行热处理，则又必然要把工艺路线分为热处理前后两个阶段。这是因为热处理往往要引起较大的变形，使加工精度和表面粗糙度下降，这时常需靠热处理后的机械加工予以修正。

六、加工工序划分与安排

1. 工序划分

划分工序的依据是工作地点是否变化和工作过程是否连续。例如，在车床上加工一批轴，既可以对每一根轴连续地进行粗加工和精加工，也可以先对整批轴进行粗加工，然后再依次对它们进行精加工。在第一种情形下，加工只包括一个工序；而在第二种情形下，由于加工过程的连续性中断，虽然加工是在同一台机床上进行的，但却成为两个工序。

2. 工序的安排

在加工中心上加工零件，工序应比较集中，在一次装夹中应尽量完成大部分工序。一般原则有以下几种，但对具体零件应该进行具体分析、区别对待及灵活处理。

（1）基准先行原则。作为精加工的表面一般应首先加工，以便用它定位其他表面。例如，轴类零件的中心孔、箱体类零件的主要表面一般应首先加工。

（2）先粗后精原则。考虑到工件的加工精度、刚度和变形等因素，应将工件的粗、精加工工序分开进行，即先进行粗加工、半精加工，而后进行精加工。其中，安排半精加工的目的是，当粗加工后所留余量的均匀性满足不了精加工要求时，可安排半精加工作为过渡性工序，以便使精加工余量小而均匀。

通常在一次装夹中，不允许将零件某一部分表面加工完毕后，再加工零件的其他表面。这样一方面可使粗加工引起的各种变形得到恢复，另一方面能及时发现毛坯的各种缺陷，并能发挥粗加工的效率。在粗加工后精加工之前，最好隔一段时间或安排时效处理，以提高工件的加工精度。

在安排可以一刀或多刀进行的精加工工序时，其零件的最后轮廓应由一刀连续加工而成。这时，刀具的进退刀位置要考虑妥当，尽量不要在连续的轮廓中安排切入、切出或换刀及停顿，以免因切削力变化或对刀误差而造成表面划伤、形状突变或滞留刀痕等。

（3）先面后孔原则。当零件上既有面加工，又有孔加工时，可先加工面，后加工孔。这样可以提高孔的加工精度。

（4）先主后次原则。主要表面一般是零件上的工作表面、装配基面等，其技术要求较高，加工工作量较大，故应先安排加工。其他次要表面如非工作面、键槽、螺纹孔等，一般可穿插在主要表面加工工序之间，或稍后进行加工，但应安排在主要表面最后精加工或光整加工以前。

（5）先内后外原则。对既有内表面又有外表面的零件，通常应安排先加工内形和内腔，后加工外形表面。这是因为控制内表面的尺寸和形状较困难，刀具刚性较差，刀尖（刃）的使用寿命易受切削热而降低，以及在加工中清除切屑较困难等。

（6）先近后远原则。这里所说的远与近，是按加工部位相对于对刀点的距离大小而言的。一般情况下，特别是在粗加工时，通常安排离对刀点近的部位先加工，离对刀点远的部位后加工，以便缩短刀具移动距离，减少空行程时间。对于铣削加工，先近后远还有利于保持坯件或半成品件的刚性，改善其切削条件。此外，除同一把刀具要先近后远外，对使用不同刀具时，要尽量减少换刀次数。即使用一把刀加工完相应各部位，再换另一把刀加工相应的其他部位。以缩短辅助时间，减少不必要的定位误差。

七、时间定额的确定

1. 时间定额的概念

时间定额是完成一个工序所需的时间，它是劳动生产率指标。根据时间定额可以安排生产作业计划，进行成本核算，确定设备数量和人员编制，规划生产面积。因此，时间定额是工艺规程中的重要组成部分。

2. 时间定额的组成与计算

时间定额由基本时间（T_j）、辅助时间（T_f）、布置工作地时间（T_w）、休息时间（T_x）和准备与终结时间（T_z）组成。

（1）基本时间 T_j。直接改变生产对象的尺寸、形状、相对位置以及表面状态等工艺过程所消耗的时间，称为基本时间。对机加工而言，基本时间就是切去金属所消耗的时间。

（2）辅助时间 T_f。各种辅助动作所消耗的时间，称为辅助时间。主要指装卸工件、开停机床、改变切削用量、测量工件尺寸、进退刀等动作所消耗的时间。

（3）布置工作地时间 T_w。为正常操作服务所消耗的时间，称为布置工作地时间。主要指换刀、修整刀具、润滑机床、清理切屑、收拾工具等所消耗的时间。计算方法：一般按操作时间的2% ~7%进行计算。

（4）休息时间 T_x。为恢复体力和满足生理卫生需要所消耗的时间，称为休息时间。计算方法：一般按操作时间的2%进行计算。

（5）准备与终结时间 T_z。为生产一批零件，进行准备和结束工作所消耗的时间，称为准备与终结时间。主要指熟悉工艺文件、领取毛坯、安装夹具、调整机床、拆卸夹具等所消耗的时间。

时间定额通常由定额员、工艺人员和工人相结合，通过总结过去的经验并参考有关的技术资料直接估计确定。或者以同类产品的工件或工序的时间定额为依据进行对比分析后推算出来，也可通过对实际操作时间的测定和分析后确定。

八、辅助工序的安排

辅助工序种类很多，包括工件的检验、去毛刺、平衡及清洗工序等，其中检验工序是主要的辅助工序。检验是保证产品质量的关键措施。在每道工序中，操作者应自检。在粗加工阶段结束之后，在重要工序的前后，工件在车间转移时和全部加工结束之后，都应安排单独的检验工序。其他的辅助工序也应重视。如果缺少辅助工序或对辅助工序要求不严，常常会给装配工作带来困难，甚至使机器不运转。例如，毛刺未去净会使装配发生困难；切屑未去净会使润滑部位得不到充足的润滑油，从而影响机器的正常运转。

九、加工路线确定

加工路线应保证被加工零件的精度和表面质量，且效率要高；使数值计算简单，以减少编程运算量；应使加工路线最短，这样既可简化程序段，又可减少空走刀时间。

1．孔加工的进给路线

孔加工时，一般是首先将刀具在 $x-y$ 平面（与孔轴线相垂直）内快速定位运动到孔中心线的位置上，然后刀具再沿 z 向（轴向）运动进行加工。所以孔加工进给路线的确定步骤如下。

（1）确定 $x-y$ 平面内的进给路线。孔加工时，刀具在 $x-y$ 平面内的运动属快速运动，如图 2—16 所示。主要考虑定位要迅速，也就是在刀具不与工件、夹具和机床碰撞的前提下空行程时间尽可能短；定位要准确，安排进给路线时，要避免机械进给系统反向间隙对孔位精度的影响。定位迅速和定位准确有时两者难以同时满足，这时应抓主要矛盾，若按最短路线进给能保证定位精度，则取最短路线；反之，应取能保证定位准确的路线。

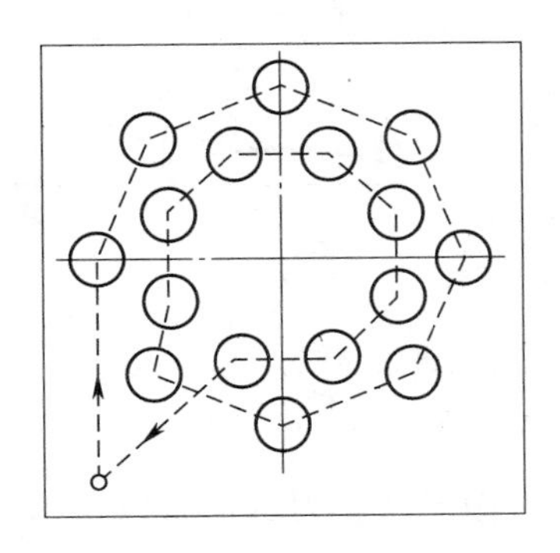

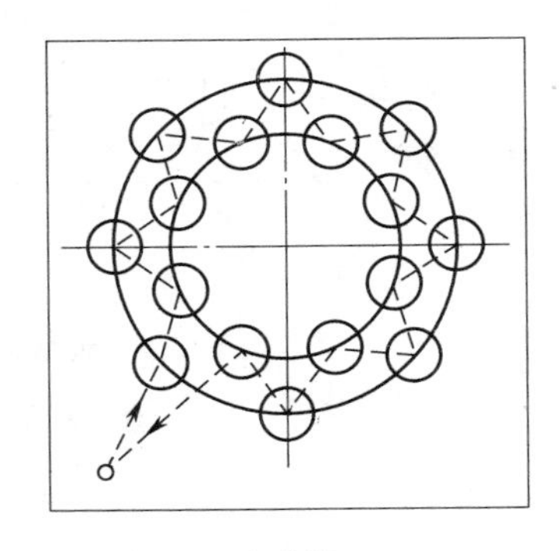

图 2—16　孔加工 $x-y$ 平面内的进给路线

（2）确定 z 向（轴向）的进给路线。刀具在 z 向的进给路线分为快速移动进给路线和工作进给路线。刀具先从初始平面快速运动到距工件加工表面一定距离的某一平面上，然后按工作进给速度进行加工。

2. 平面零件内、外轮廓的进给路线

铣削平面内、外轮廓时，刀具要切向切入和切向切出，避免法向切入、切出，以避免产生切痕，如图 2—17 所示。

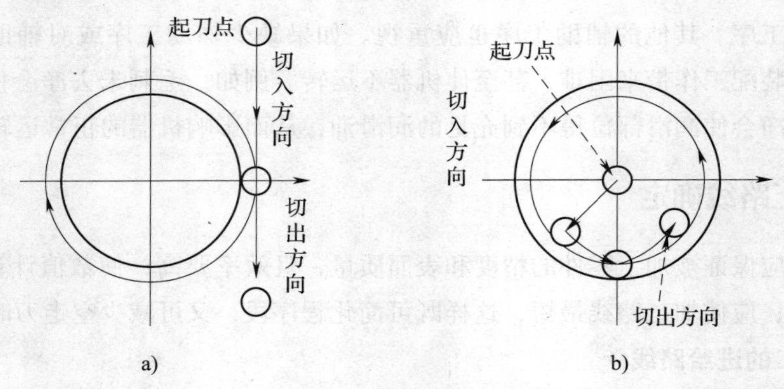

图 2—17　平面轮廓加工进给路线

a）外轮廓　b）内轮廓

3. 曲面轮廓的进给路线

（1）直纹曲面加工。对于边界敞开的直纹曲面，加工时常采用球头刀进行“行切法”加工，如图 2—18 所示，即刀具与零件轮廓的切点轨迹是一行一行的，行间距按零件加工精度要求而确定。

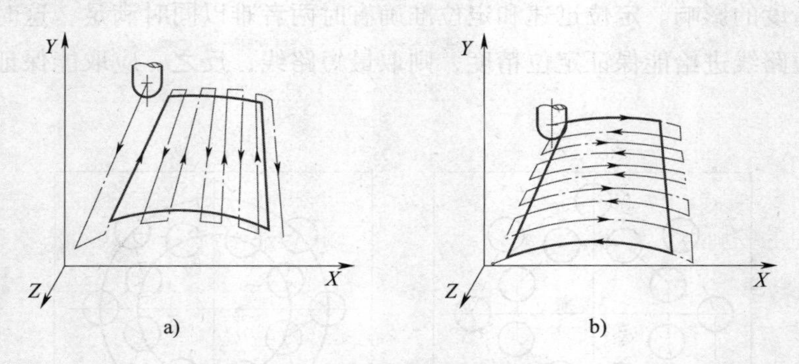

图 2—18　直纹曲面加工进给路线

a）沿直线进给　b）沿曲线进给

（2）曲面轮廓加工。立体加工曲面应根据曲面形状、刀具形状以及精度要求采取不同的铣削进给路线。如图 2—19 所示的曲面加工时，采用了曲面行切法的进给路线。

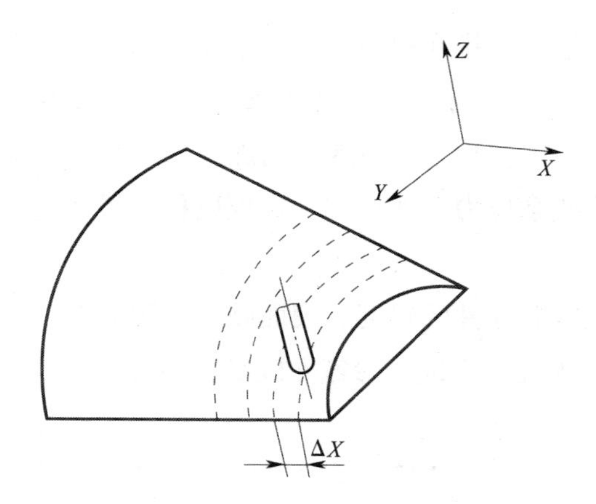

图 2—19　曲面行切法进给路线

4. 型腔加工的进给路线

平面凹槽类型腔加工常用的进给路线如图 2—20 所示。

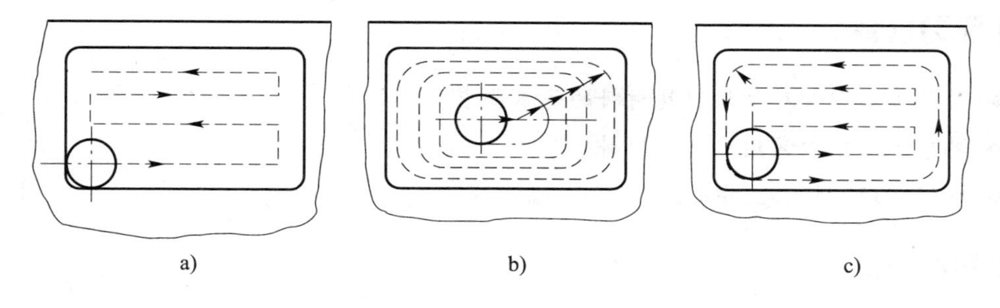

图 2—20　凹槽类型腔加工的进给路线

a）行切法　b）环切法　c）先行切再环切法

十、热处理工序安排原则

热处理工序的安排主要取决于零件的技术要求、材料的性质和热处理的目的。

1. 预备热处理

预备热处理的目的是改善材料的切削性能，其工序多在机械加工之前，经常使用的有退火、正火等。对高碳钢零件用退火降低其硬度，对低碳钢零件用正火提高其硬度，以获得适中的、较好的可切削性，同时能消除毛坯制造中的应力。对零件淬火后再高温回火的调质，能消除内应力、改善加工性能并能获得较好的综合力学性能，一般安排在粗加工之后进行。

2. 消除残余应力热处理

消除残余应力热处理最好安排在粗加工之后精加工之前。对精度要求不高的零件，一般将人工时效和退火安排在毛坯时。对精度要求较高的复杂铸件，通常安排两次时效处理：铸造→粗加工→时效→半精加工→时效→精加工。对高精度零件，如精密丝杠、精密主轴等，应安排多次消除残余应力，甚至冰冷处理以稳定尺寸。

3. 最终热处理

最终热处理的目的是提高零件的强度、表面硬度和耐磨性，常安排在精加工工序（磨削加工）之前。常用的有淬火、渗碳、渗氮和碳氮共渗等。

学习单元2 加工中心刀具的基本要求

学习目标

- 了解加工中心对所用刀具材料的基本要求
- 熟悉加工中心常用刀具的材料
- 能够合理选择加工中心所用刀具

知识要求

一、刀具材料基本要求

1. 高硬度

刀具材料的硬度应大于工件材料的硬度才能维持正常的切削，其最低硬度一般在60HRC以上。

2. 足够的强度及韧性

刀具在切削时会受到很大的切削力与冲击力，刀具材料必须具有较高的强度和韧性，以避免刀具在切削过程中产生断裂和崩刃。

3. 良好耐磨性和耐热性

良好的耐磨性和耐热性可以适应刀具长时间高速连续切削加工的需要，从而减少换刀、调刀及对刀次数，提高效率，保证工件表面质量和加工精度的稳定性。

4. 优良的导热性

优良的导热性可以使切削产生的热量很容易传导出去，进而降低了刀具切削部分的温度，减少了刀具磨损。

5. 良好的工艺性和经济性

良好的工艺性和经济性使材料易于制造成刀具，被广泛应用于生产中。

二、常用刀具材料

1. 高速钢

高速钢是含有较多的钨（W）、钼（Mo）、铬（Cr）、钒（V）的高合金结构钢（又称白钢或锋钢）。在500～600℃时，仍能保持其切削性能，特别适合制造复杂及大型的成型刀具（如钻头、丝锥、铣刀、拉刀等）。

2. 硬质合金

硬质合金是以钨的碳化物（WC）、钛的碳化物（TiC）的粉末为基础，以钴（Co）作为黏结剂，高压制成形后再高温烧结而成的粉末冶金制品。在相同的刀具耐用度下，硬质合金的切削速度高于高速钢4～10倍。在800～1 000℃时，仍能保持良好的切削性能。

硬质合金刀片材料分为如下三大类。

（1）钨钴类。用“K”或“YG”表示，适于短切屑的黑色金属、有色金属及其合金、不锈钢和非金属材料等导热性差的材料。

（2）钨钛钴类。用“P”或“YT”表示，适于加工长切屑的黑色金属。

（3）钨钛钽（铌）类。用“M”或“YW”表示，适于加工长切屑或短切屑的黑色金属和有色金属。

在国际标准（ISO）中通常在K、P、M三种代号之后附加01、05、10、20、30、40、50等数字，一般数字越小硬度越高，但韧性越低；而数字越大则韧性越高，但硬度越低。

3. 陶瓷

陶瓷刀具是用特种陶瓷粉末材料，经特殊工艺制造而成。陶瓷刀具的最佳切削速度比硬质合金刀具高8～10倍，即使在1 100～1 400℃的切削高温下，仍能保持良好的切削性能。但是它存在质脆易碎的缺陷。

4. 立方氮化硼（CBN）

立方氮化硼是由CBN微粉通过黏结剂在高温高压下烧结而成的。可耐1 300～1 500℃的切削高温，耐磨性是陶瓷刀具的15～20倍，是硬质合金的50倍。可用于高速切削淬火钢、冷硬铸铁、铁基合金、镍基合金、钛合金及各种热喷涂材料。但存在刀刃难磨锋利的缺点。

三、铣刀的几何角度

1. 圆柱铣刀

圆柱铣刀有直齿（见图 2—21a）和螺旋齿（见图 2—21b）之分，前者切削刃与铣刀轴线平行，后者切削刃与铣刀轴线成一螺旋角 ω。对于螺旋齿圆柱铣刀，为了制造与测量的方便，一般标注法前角 γ_n，而后角在主剖面 P_o 内测量，即 α_o，如图 2—21 所示。

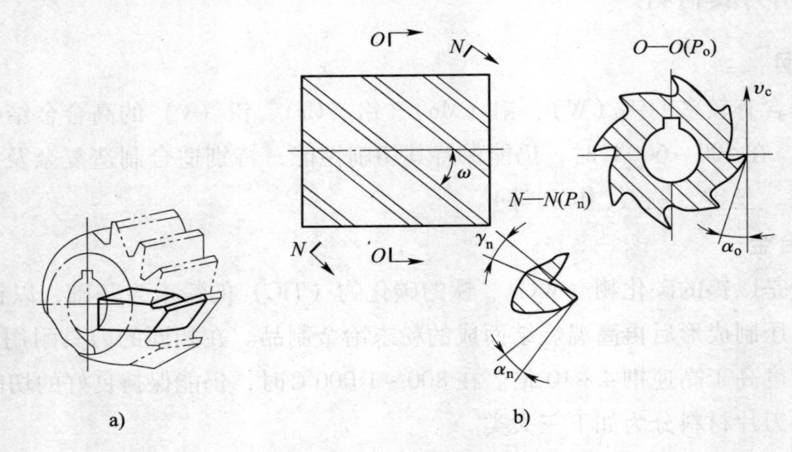

图 2—21　圆柱铣刀的几何角度

a）直齿　b）螺旋齿

圆柱铣刀的刃倾角 λ_s，即为铣刀的螺旋角 ω。对于直齿圆柱铣刀，$\lambda_s=0$；对于螺旋齿圆柱铣刀，$\lambda_s=\omega$。

螺旋齿圆柱铣刀，因螺旋角 ω 的缘故，铣削时切削刃是逐渐切入、切出工件金属层的，再加上同时工作齿数多，故铣削较直齿平稳，排屑也比较顺利。加大螺旋角，可以获得斜刃切削的效果，使实际前角加大，并可提高工件的加工表面质量，但螺旋角过大或过小都会降低刀具的寿命。

2. 端面铣刀

由于端面铣刀每一个刀齿即为一把车刀，因此，端铣刀的几何角度与车刀相似。

四、刀具的选择

加工中心上常用的刀具有面铣刀、键槽铣刀、立铣刀、球头铣刀等。被加工零件的几何形状是选择刀具的主要依据。

1. 球头铣刀

加工曲面类零件，一般采用球头铣刀。粗加工时用两刃铣刀，半精加工和精加工用四刃铣刀。

2. 面铣刀

铣平面，一般采用面铣刀，而刀片镶嵌式盘形铣刀是面铣刀中最常见的一种，铣削大平面时常使用这种刀具，它可以提高生产效率和加工表面粗糙度。

3. 立铣刀

铣小平面或台阶面，一般采用立铣刀，但是由于普通立铣刀端面中心处无切削刃，所以立铣刀工作时不能作轴向进给，端面刃主要用来加工与侧面相垂直的底平面。

4. 键槽铣刀

铣键槽，一般用两刃键槽铣刀，以保证键槽的尺寸精度。

5. 其他

孔加工，可采用钻头、镗刀等。

五、加工中心工具系统

加工中心普遍采用了由通用性较强的刀具及配套装夹工具组成的工具系统，实现了刀具高精度快换功能，最大限度地提高了加工质量和生产效率。目前，数控机床采用的工具系统有车削类工具系统、镗铣类工具系统两类。镗铣类工具系统一般由工具柄部、刀具装夹部分及刀具组成。它们经组合后可以完成钻孔、扩孔、铰孔、镗孔、攻螺纹等加工工艺。

1. 刀柄及选择

加工中心刀柄主要有7∶24锥度的通用刀柄和1∶10的HSK真空刀柄两种形式。后者在高速加工、连接刚性和重合精度上均优于前者。

2. 拉钉及选择

常见的刀柄拉钉θ角（见图2—22）有45°、60°、75°和90°之分，常用的是45°和60°的。

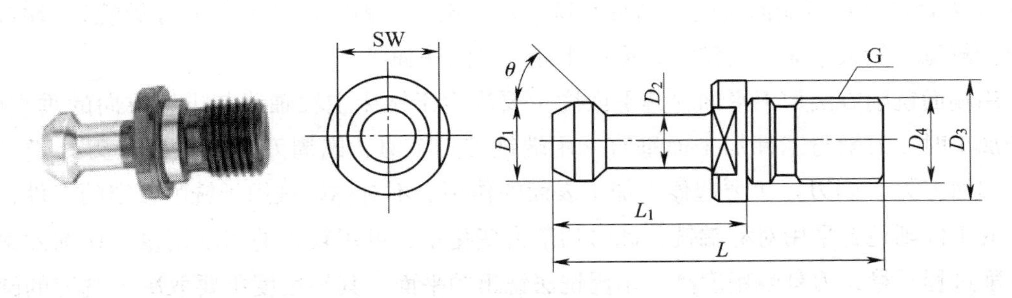

图2—22　拉钉

3. 夹头及选择

常见的弹簧夹头有 ER 型（见图 2—23a）和 KM 型（见图 2—23b）两种。其中 ER 型卡簧夹头夹紧力不大，适用于夹持直径在 16 mm 以下的铣刀；KM 型卡簧夹头可以提供较大夹紧力，适用于夹持 16 mm 以上直径的铣刀进行强力铣削。

a)

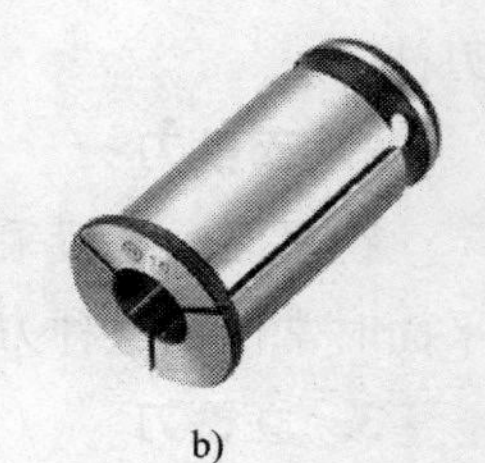

b)

图 2—23 弹簧夹头

a）ER 型 b）KM 型

学习单元 3 平面类铣削加工

学习目标

- 了解平面类铣削加工的特点
- 熟悉加工中心上加工水平面、垂直面时的刀具选用
- 掌握加工中心铣削平面类零件的操作步骤及加工特点
- 能够合理选择安排加工中心铣削平面零件的加工工艺

知识要求

一、水平面、垂直面加工

1. 平面加工刀具的选择

（1）刀具端刃的切削特点。如图 2—24 所示，在铣床上铣削平面的方法有两种，即用端铣刀（面铣刀）做端面铣削（简称端铣）和用圆柱刀做圆周铣削（简称周铣）。端铣一般用于较宽、较大平面，周铣法只适用于加工窄的平面。

用端面铣削方法加工平面，其平面度主要决定于铣床主轴轴线与进给方向的垂直度。端铣加工时，刀轴与工件加工面垂直，用端铣刀加工时，圆周刀刃（主切削刃）进行切削，端面刀刃（副刃）主要起修光加工表面的作用。不对称端铣用于铣削较窄的工件，短而宽的工件则适合采用对称端铣，此时切削力变化小，可用较大的切削用量，切削效率高且铣削过程平稳，刀具耐用度高。用周铣法铣出的平面，其平面度主要取决于铣刀的圆柱度。

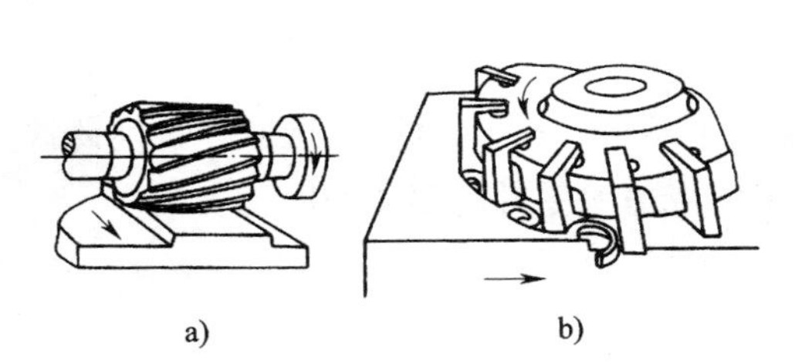

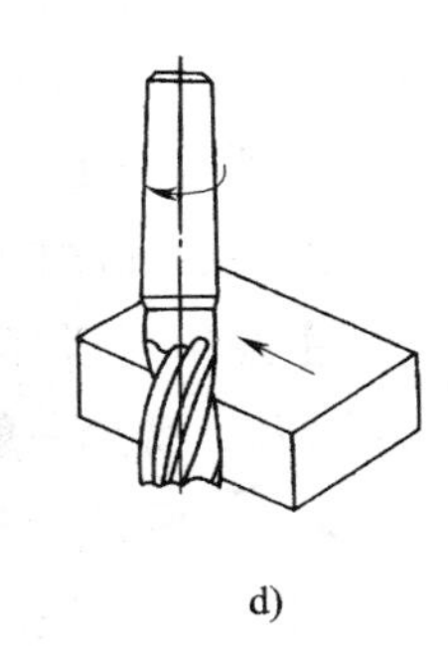

图 2—24　平面铣削

a）用圆柱铣刀铣水平面　b）用端铣刀铣水平面

c）用端铣刀铣垂直面　d）用立铣刀铣垂直面

如图 2—24a 所示，在卧式铣床上加工平面时，水平面加工则选用圆柱铣刀周铣；如图 2—24b 所示，在立式铣床上选用端铣刀进行端铣平面；如图 2—24c 所示，垂直面加工通常选用端铣刀进行端铣；如图 2—24d 所示，垂直面加工通常选用立铣刀周铣。

端铣时，由于端铣刀刀杆短，刚性好，同时工作的刀齿较多，切削平稳，刀片装夹方便，工件表面粗糙度较好，生产效率较高。因此，铣削平面尽可能采用端铣刀加工。

（2）面铣刀主要参数选择。面铣刀主要参数的选择包括面铣刀的直径、齿数和刀刃等。

1）面铣刀直径的选择。铣刀直径尽量包容工件整个加工宽度，以提高加工精度和效率，减小相邻两次进给之间的接刀痕迹和保证铣刀的耐用度。对于单次平面铣削，铣刀直径 D 与工件宽度 B 的关系一般为：$D=(1.1\sim1.6)B$。

2）面铣刀齿数的选择。可转位面铣刀有粗齿、中齿和细齿 3 种。粗齿铣刀容屑空间较大，常用于粗铣钢件；粗铣带断续表面的铸件和在平稳条件下铣削钢件时，可选用中齿铣刀；细齿铣刀的每齿进给量较小，主要用于加工薄壁铸件。

3）面铣刀刀刃几何角度的选择。前角主要根据工件材料和刀具材料选择，参见表 2—8。

表 2—8　　**面铣刀的前角数值**

刀具材料＼工件	钢	铸铁	黄铜、青铜	铝合金
高速钢	10°～20°	5°～15°	10°	25°～30°
硬质合金	－15°～15°	－5°～5°	4°～6°	15°

铣刀的磨损主要发生在后刀面，因此适当加大后角，可减少铣刀磨损。常取 $\alpha_0 = 5° \sim 12°$，工件材料软时取大值，工件材料硬时取小值；粗齿铣刀取小值，细齿铣刀取大值。

铣削时冲击力大，为了保护刀尖，硬质合金面铣刀的刃倾角常取 $\lambda_s = -5° \sim 15°$。只有在铣削低强度材料时，取 $\lambda_s = 5°$。

主偏角 K_r 对径向切削力和切削深度影响较大。其值在 $45° \sim 90°$ 范围内选取，铣削铸铁常用 45°，铣削一般钢材常用 75°，铣削带凸肩的平面或薄壁零件时要用 90°。

2. 水平面、垂直面的加工

（1）水平面铣削

1）周铣水平面。铣水平面时要求平面与基准面平行，且具有较好的平面度。周铣法适合工件尺寸较小，一般都在卧式铣床上用平口钳装夹进行铣削。为使基准面与工作台面平行，应在基准面与平口钳导轨面之间垫两块厚度相等的平行垫铁。

2）端铣水平面。在立式铣床上用端铣刀铣水平面。若工件上有台阶时，可直接用压板把工件装夹在工作台面上，使基准面与工作台面贴合。当工件没有台阶且尺寸不太大时，也可用平口钳装夹。

（2）垂直面铣削

1）周铣垂直面。较小的工件适宜用机用平口钳装夹，如图 2—25 所示。机用平口钳固定钳口与铣床主轴平行或垂直，以目测无明显偏斜即可。而平口钳固定钳口平面与机床台面的垂直应预先校正。工件安装时的基准面贴牢固定钳口。若工件的基准面比较宽而大、加工面比较窄时，也可用角铁或压板装夹。

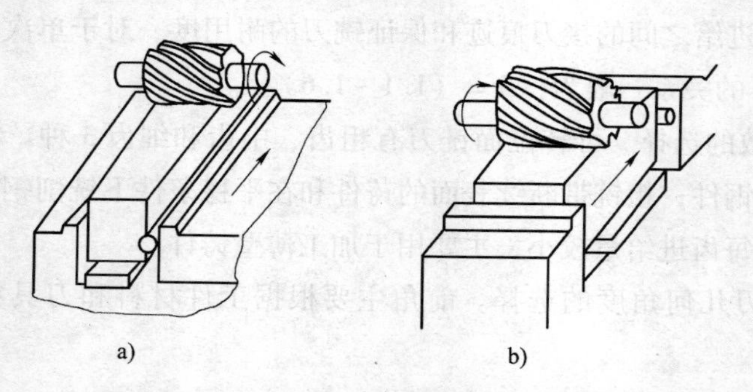

图 2—25 用机用平口钳装夹铣削垂直面

a）钳口与主轴垂直 b）钳口与主轴平行

2）端铣垂直面。在立式铣床上用平口钳装夹工件加工，如图 2—26a 所示。为保证加工面的精度，应预先校正固定钳口平面与机床台面的垂直。装夹时使工件基准面与固定钳口平面保持良好的贴合，再用端铣刀铣水平面。当工件尺寸较大时，一般在卧式铣床上用端铣刀铣削垂直面，如图 2—26b 所示。装夹工件时注意伸出工作台内侧面。

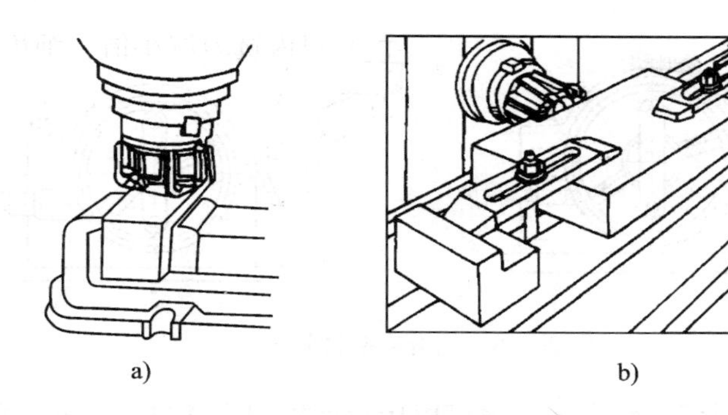

图 2—26　用端铣刀铣削垂直面

a）在立式铣床上加工　b）在卧式铣床上加工

影响垂直度的因素主要是铣床的精度和基准面与工作台面的贴合程度或平行度。

二、斜面、阶梯面加工

1．斜面加工

斜面是指零件上与基准面呈倾斜的平面，它们之间相交成一个任意角度。

（1）用倾斜垫铁铣斜面。按斜面的斜度选取合适的倾斜垫铁，垫在工件的基准面下，则铣出的平面就与基准面倾斜一定的角度，如图 2—27 所示。

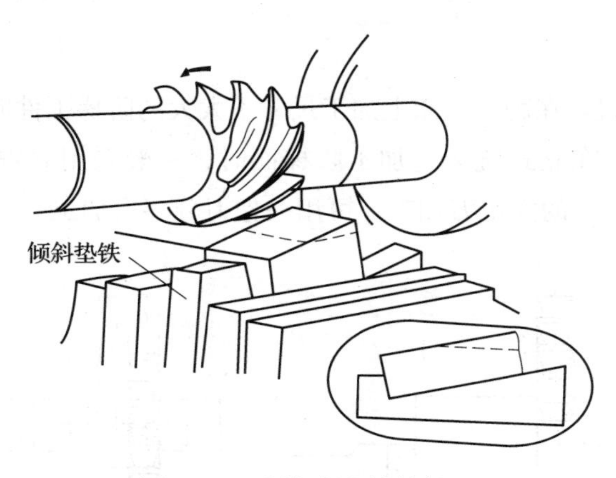

图 2—27　用倾斜垫铁铣斜面

（2）用万能分度头铣斜面。用万能分度头将工件转到所需位置铣出斜面，常用于小型圆柱形工件的斜面铣削，如图 2—28 所示。

（3）用万能立铣头铣斜面。万能立铣头能方便地改变刀轴在空间的位置，可使铣刀相对于工件倾斜一个角度来铣削，如图 2—29 所示。

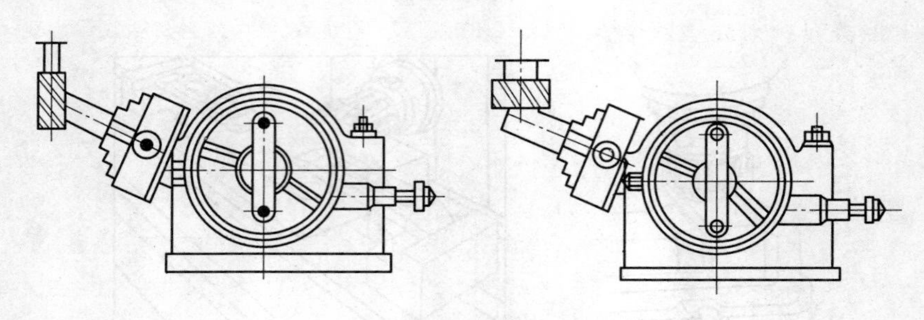

图 2—28　用分度头铣斜面

（4）用角度铣刀铣斜面。较小的斜面可以用角度铣刀直接铣出，斜面的斜度由铣刀的角度保证，如图 2—30 所示。

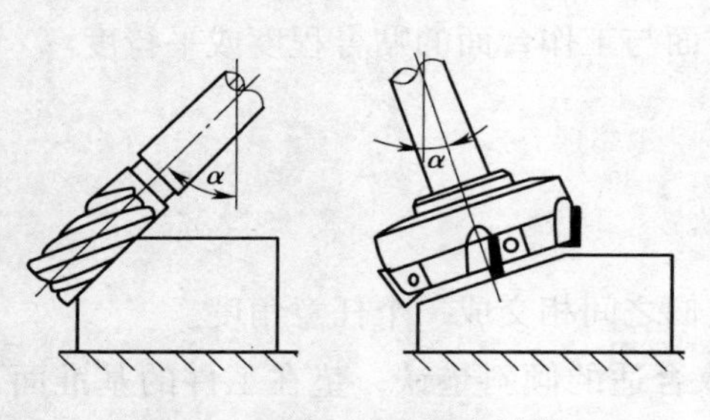

图 2—29　用万能立铣头铣斜面

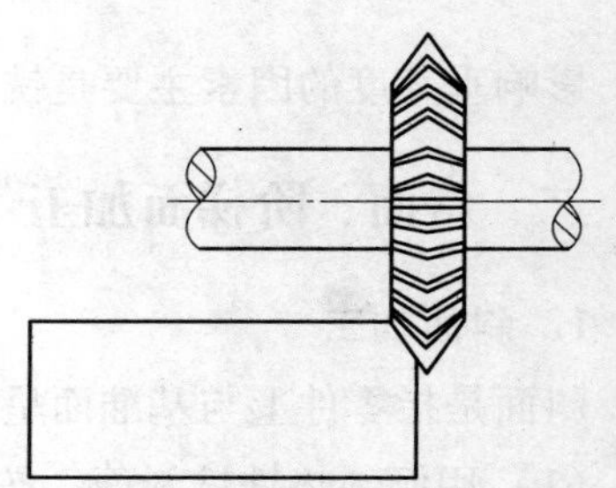

图 2—30　用角度铣刀铣斜面

2. 阶梯面加工

（1）用三面刃铣刀。在卧式铣床上加工尺寸不太大的阶梯工件时，一般采用三面刃铣刀，如图 2—31 所示。在立式铣床上加工阶梯面时，一般采用立铣刀。对尺寸较大的台阶，一般都采用直径较大的立铣刀加工。可用一把刀分多次加工。

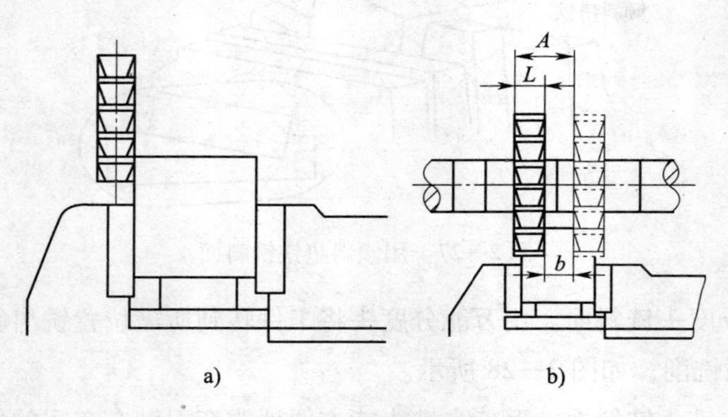

图 2—31　调整铣刀位置铣阶梯面

a）调整横向位置　b）控制凸台宽度

（2）用组合铣刀。为提高效率，也可用组合铣刀加工，如图 2—32 所示。

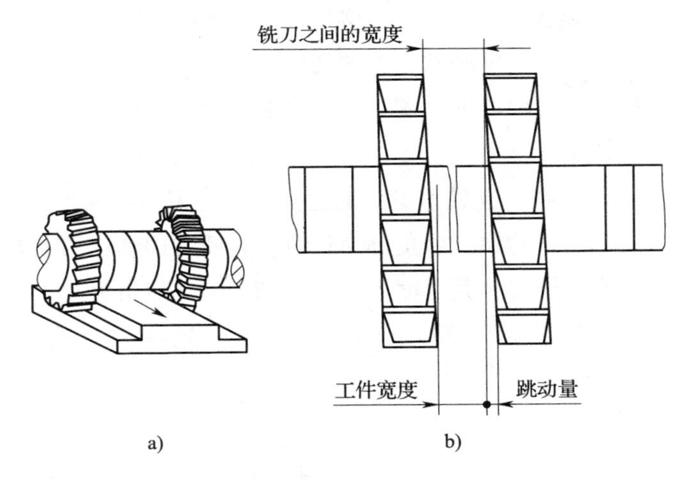

图 2—32　用组合铣削法铣阶梯面

a）组合铣削　b）铣刀摆动偏差对尺寸精度的影响

学习单元 4　型腔铣削加工

学习目标

- 掌握二维内轮廓和外轮廓加工的基本知识
- 掌握刀具侧刃的切削特点
- 掌握立铣刀主要参数选择
- 掌握键槽铣刀的特点
- 掌握槽与键槽的加工方法

知识要求

一、二维内、外轮廓加工

平面轮廓（二维内、外轮廓）零件是数控铣削加工中最简单的一类零件，一般只需用三坐标数控铣床的两轴半坐标联动就可以加工出来。

1. 轮廓加工刀具的选择

（1）刀具侧刃的切削特点。铣削二维轮廓零件时，一般采用立铣刀侧刃（周齿）进行切削。立铣刀侧刃即分布在刀体圆柱表面的切削刃，一般为螺旋形，是切削形成二维轮廓的主切削刃。对于端刃不过中心的立铣刀，Z 向下刀切入工件时不能使用垂直下刀，可以沿斜线、斜向折线或螺旋线下刀。

（2）立铣刀主要参数选择。立铣刀参数的选择主要是刀刃几何角度、刀具尺寸及铣刀齿数的选择。立铣刀主切削刃的前、后角都为正值，为使端面切削刃有足够的强度，在端面切削刃前刀面上一般磨有棱边，其宽度为 0.4 ~ 1.2 mm，前角为 6°。

立铣刀的有关尺寸参数如图 2—33a 所示，推荐按下述经验数据选取。

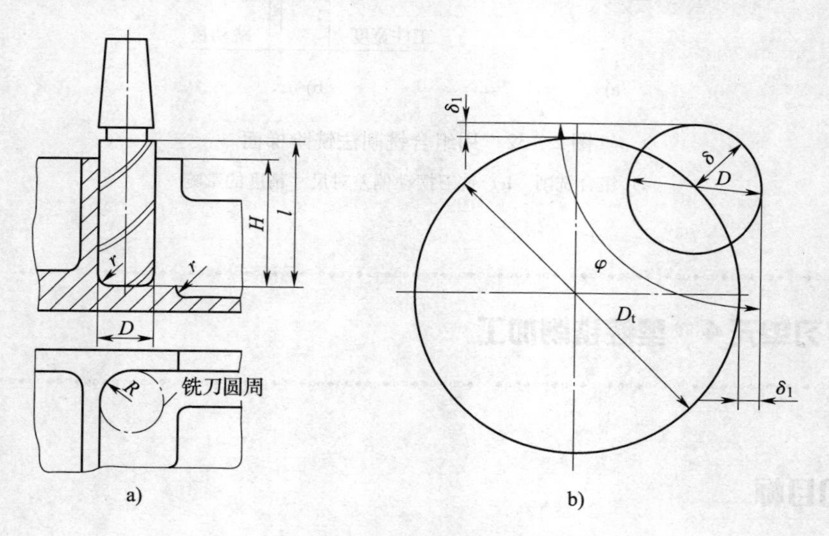

图 2—33　立铣刀尺寸参数

1）刀具半径 R 应小于零件内轮廓面的最小曲率半径 ρ，一般取 $R=(0.8\sim0.9)\rho$。

2）零件的加工高度 $H\leqslant(4\sim6)R$，以保证刀具有足够的刚度。

3）对不通孔的深槽，选取 $L=H+(5\sim10)$ mm（L 为刀具切削刃长度，H 为零件高度）。

4）加工外形及通槽时，选取 $L=H+r+(5\sim10)$ mm（r 为端刃圆角半径）。

5）粗加工内轮廓面（见图 2—33b），铣刀最大直径 $D_{粗}$ 可按下式计算：

$$D_{粗}=\frac{2\left(\delta\sin\frac{\varphi}{2}-\delta_1\right)}{1-\sin\frac{\varphi}{2}}+D$$

式中　D——轮廓的最小凹圆角直径；

δ——圆角邻边夹角等分线上的精加工余量；

δ_1——精加工余量；

ϕ——圆角两邻边的夹角。

立铣刀按齿数可分为粗齿、中齿、细齿三种。为了改善切屑卷曲情况，增大容屑空间，防止切屑堵塞，刀齿数较少时，容屑槽圆弧半径则较大。一般粗齿立铣刀齿数 $Z=3\sim4$，细齿立铣刀齿数 $Z=5\sim8$，容屑槽圆弧半径 $r=2\sim5$ mm。当立铣刀直径较大时，还可制成不等齿距结构，以增强抗振作用，使切削过程平稳。一般粗齿立铣刀适于粗加工，细齿立铣刀适于精加工。

确定主轴转速与进给速度时，参考有关手册与经验，先确定切削速度 v_c 与每齿进给量 f_z，再根据铣刀直径 d 和齿数 Z，按式 $v_c=\pi dn/1\,000$，$v_f=nZf_z$ 计算主轴转速 n 与进给速度 v_f。

2. 二维轮廓的加工方法

（1）外轮廓的加工方法。铣削二维轮廓零件时，因刀具的运动轨迹和方向不同，可能是顺铣或逆铣，其不同的加工路线所得的零件表面质量也不同。

铣削工件外轮廓时，绕工件外轮廓顺时针走刀即为顺铣，如图 2—34a 所示，绕工件外轮廓逆时针走刀即为逆铣，如图 2—34b 所示。

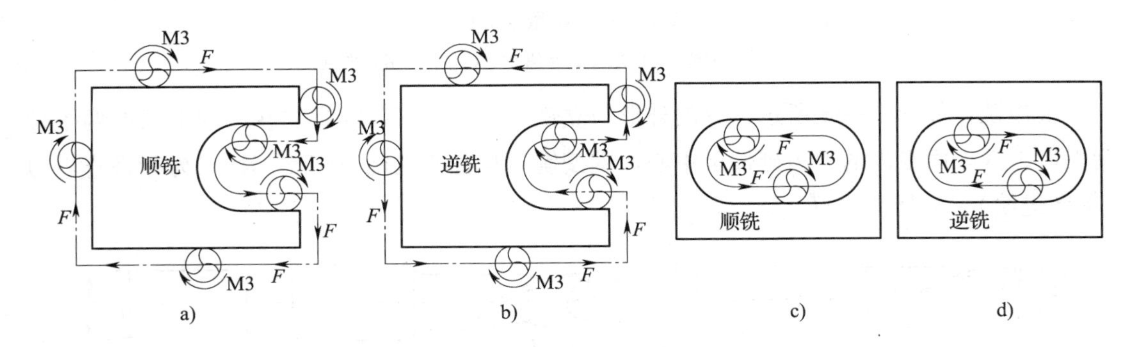

图 2—34　顺铣、逆铣与走刀的关系

a）外轮廓顺时针走刀　b）外轮廓逆时针走刀　c）内轮廓逆时针走刀　d）内轮廓顺时针走刀

（2）内轮廓的加工方法。铣削内轮廓时，绕工件内轮廓逆时针走刀即为顺铣，如图 2—34c 所示，绕工件内轮廓顺时针走刀即为逆铣，如图 2—34d 所示。

在数控铣床上精铣零件内、外轮廓时，为了得到好的表面质量，尽量采用顺铣，即安排走刀路线的方向为外轮廓顺时针、内轮廓逆时针，如图 2—34a、图 2—34c 所示。

铣削内、外轮廓时，为减少接刀痕迹，保证零件表面质量，铣刀的切入点和切出点应沿零件轮廓曲线的延长线上切向切入和切出零件表面。如果切入和切出距离受限，可采用先直线进刀再圆弧过渡的加工路线；铣削平面轮廓零件外形时，要避免在被加工表面范围内的垂直方向下刀或抬刀，以免在轮廓表面留下刀痕，影响表面质量。

二、槽的加工方法

利用不同的铣刀在铣床上可加工直角槽、V 形槽、T 形槽、燕尾槽和键槽等多种沟槽。此处介绍常用的键槽和 T 形槽的加工。

1. 槽加工刀具的选择

安装平键的沟槽称为平键槽，简称键槽；安装半圆键的槽称为半圆键槽，又叫半月键槽。加工平键槽的铣刀即为键槽铣刀。平键键槽又分为封闭式、敞开式和半封闭式三种，如图 2—35 所示。键槽铣刀最主要用来加工封闭式平键槽。

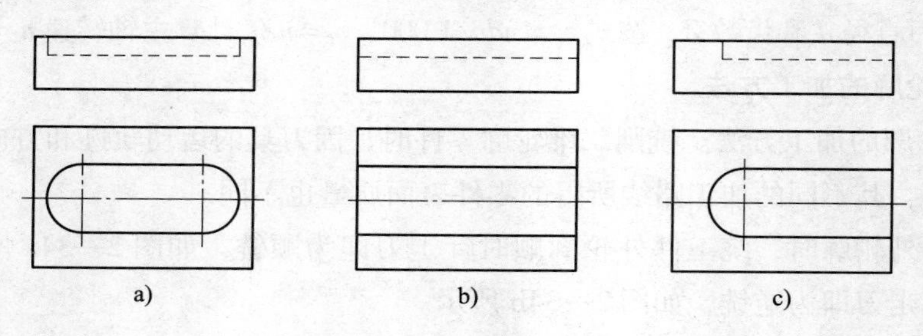

图 2—35　典型平键槽

a）封闭式平键槽　b）敞开式平键槽　c）半封闭式平键槽

键槽铣刀如图 2—36 所示，它的外形与立铣刀相似，不同的是它在圆周上只有两个螺旋刀齿，其端面刀齿的刀刃延伸至中心。键槽铣刀与普通立铣刀相比，特点为能垂直进刀（轴向进给），排屑能力好。

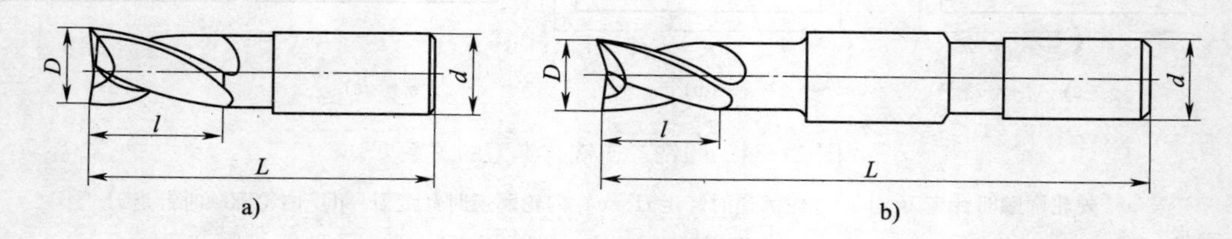

图 2—36　典型键槽铣刀

a）直柄键槽铣刀　b）锥柄键槽铣刀

其端部刀刃为主切削刃，圆周刃为副切削刃。螺旋齿结构，切削平稳，适用铣削对槽宽有相应要求的槽类加工。封闭槽铣削加工时，可以作适量的轴向进给，键槽铣刀可先轴向进给达到槽深，然后沿键槽方向铣出键槽全长，较深的槽要作多次垂直进给和纵向进给才能完成加工。另外，键槽铣刀可用于插入式铣削、钻削、锪孔。平键键槽除了用键槽铣刀铣削以外，还可用立铣刀、三面刃铣刀来加工。

直柄键槽铣刀直径 $d=2\sim22$ mm，锥柄键槽铣刀直径 $d=14\sim50$ mm。键槽铣刀直径的偏差有 e8 和 d8 两种，e8 用于加工槽宽精度为 H9 的键槽，d8 用于加工槽宽精度为 N9 的键槽。键槽铣刀的圆周切削刃仅在靠近端面的一小段长度内发生磨损，重磨时，只需刃磨端面切削刃，因此重磨后铣刀直径不变。半月键槽的加工及所用铣刀如图 2—37 所示。

2. 键槽加工

（1）用平口钳装夹，用键槽铣刀铣封闭式键槽，如图 2—38 所示，适用于单件生产。

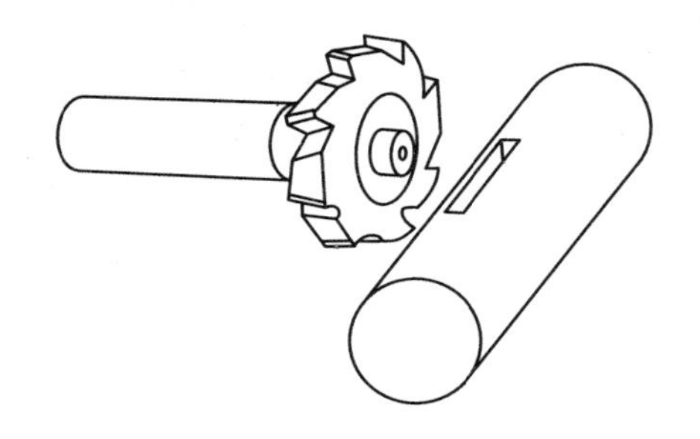

图 2—37　半月键槽及铣刀

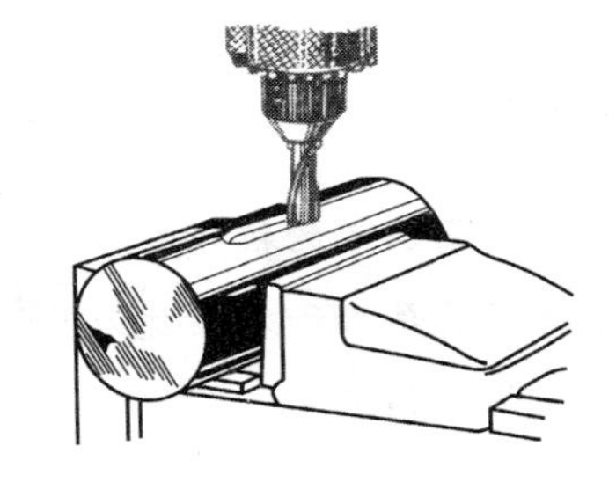

图 2—38　用平口钳装夹铣封闭式键槽

（2）用 V 形架和压板装夹，铣封闭式键槽，如图 2—39 所示。

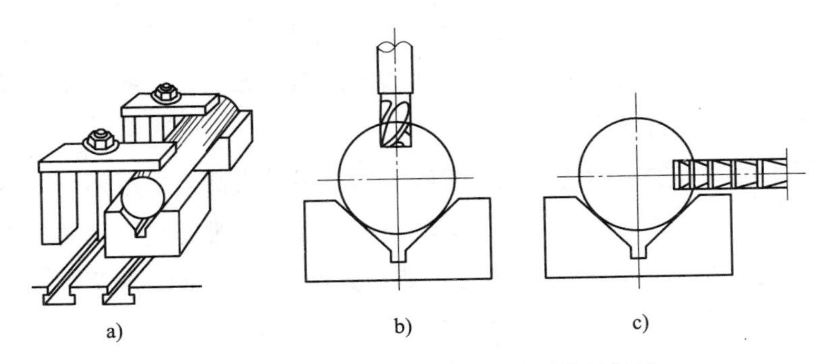

图 2—39　用 V 形架和压板装夹工件铣键槽

a）用 V 形架和压板装夹工件　b）用立铣刀铣键槽　c）用三面刃铣刀铣键槽

（3）用分度头装夹，在卧式铣床上用三面刃铣刀铣敞开式键槽，如图 2—40 所示。

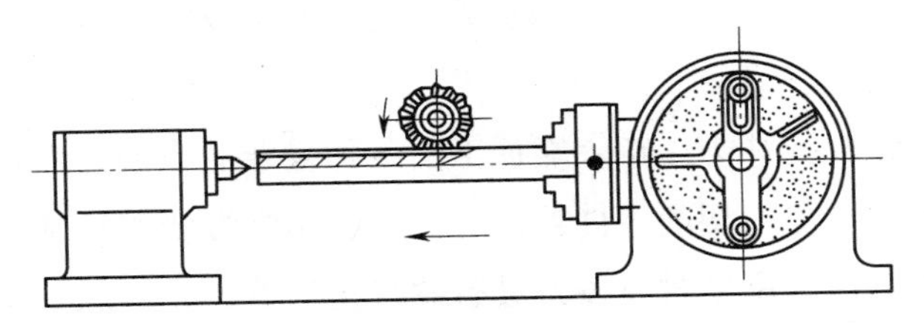

图 2—40　用分度头装夹铣敞开式键槽

在数控铣床上加工键槽时，铣刀的直径可比键槽宽度小，最后加工得到的键槽宽度可以由刀具半径补偿功能来保证。

学习单元5　曲面铣削加工

学习目标

- 掌握曲面加工的机床选择
- 掌握模具铣刀和球头铣刀的切削特点
- 掌握曲面加工的工艺方法

知识要求

加工面为空间曲面（立体类）的零件称为曲面类零件，如模具、叶片、螺旋桨等。曲面通常由数学模型设计出，因此往往要借助于计算机来编程，其加工面不能展开为平面。加工曲面类零件一般要选用数控铣床。对一些简单曲面，如圆锥、椭圆锥及其他直纹面的加工，优先选用三轴数控铣床。

曲面加工时，铣刀与加工面始终为点接触。一般用球头铣刀采用两轴半或三轴联动的三坐标数控铣床加工。当曲面较复杂、通道较狭窄、会伤及毗邻表面及需刀具摆动时，采用多轴（四坐标或五坐标）数控铣床加工，如模具类零件、叶片类零件、螺旋桨类零件等。

一、认识球头刀具

球头刀分圆柱形球头铣刀与圆锥形球头铣刀，其圆柱面、圆锥面和球面布满了切削刃，圆周刃与球头刃圆弧连接，均为主切削刃，铣削时不仅能沿铣刀轴向做进给运动，还能沿铣刀径向做进给运动。

球头刀刃与工件接触往往为一点，能加工出各种复杂的成型表面。由于球头刀加工时顶端刃切削时速度几乎为零，切削条件差，故尽可能用圆弧侧刃铣削。在编制程序计算刀具中心轨迹及选择刀具切削用量时应按刀具有效直径计算。当用球头铣刀加工曲面较平坦部位时，刀具以球头顶端刃切削，切削条件较差，因而应采用圆弧端铣刀加工。

二、曲面加工的工艺方法

空间曲面加工分粗加工和精加工阶段，复杂曲面更细分出半精加工阶段。曲面粗加工阶段，为提高加工效率，应在保证不发生干涉和工件不被过切的前提下，优先选择平头立铣刀或带圆角的立铣刀，而精加工曲面时一般采用球头铣刀；当曲面形状复杂时，为了避免干涉，需要使用球头刀，调整好加工参数也可以获得较高的加工效率。

根据加工精度、表面粗糙度要求，曲面加工可分为粗加工、半精加工、精加工，每个阶段切削方式往往不同。一般粗加工通常采取分层行切（也可以是环切）方式，刀具一般采用圆柱立铣刀。在半精加工或精加工阶段，需要采用球形铣刀加工，有行切或环切方式。

曲面加工一般方法如下。

1. 对曲率变化不大和精度要求不高的曲面的粗加工

常用两轴半坐标的行切法加工，即 X、Y、Z 的 3 轴中任意 2 轴作联动插补，第 3 轴作单独的周期进给。如图 2—41 所示，将 x 向分成若干段，球头铣刀沿 yz 面所截的曲线进行铣削，每一段加工完后进给 Δx，再加工另一相邻曲线，如此依次切削即可加工出整个曲面。在行切法中，要根据轮廓表面粗糙度的要求及刀头不干涉相邻表面的原则选取 Δx。球头铣刀的刀头半径应选得大一些。有利于散热，但刀头半径应小于内凹曲面的最小曲率半径。

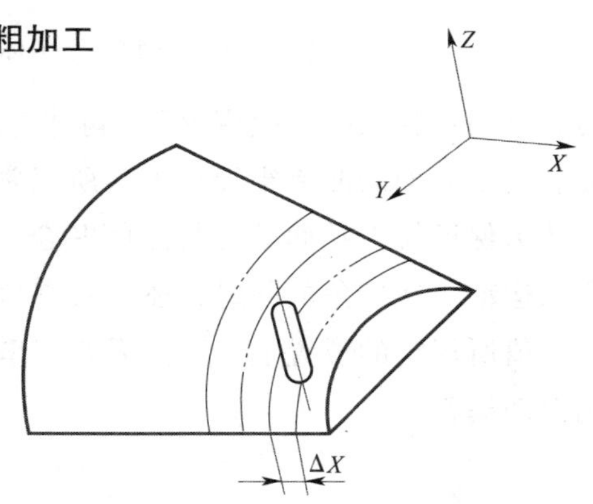

图 2—41　两轴半坐标行切法加工曲面

2. 对曲率变化较大和精度要求较高的曲面的精加工

常用 X、Y、Z 的 3 坐标联动插补的行切法加工。如图 2—42 所示，P_{yz}平面为平行于坐标平面的一个行切面，它与曲面的交线为 ab。由于是三坐标联动，球头刀与曲面的切削点始终处在平面曲线 ab 上，可获得较规则的残留沟纹。但这时的刀心轨迹 O_1O_2不在 P_{yz}平面上，而是一条空间曲线。

3. 对像叶轮、螺旋桨这样的零件

因其叶片形状复杂，刀具易与相邻表面干涉，常用五坐标联动加工。其加工原理如图 2—43 所示。半径为 R_i的圆柱面与叶面的交线 AB 为螺旋线的一部分，螺旋角为 Ψ_i，叶片的径向叶型线（轴向割线）EF 的倾角 α 为后倾角，螺旋线 AB 用极坐标加工方法，并且以折线段逼近。逼近段 mn 是由 C 坐标旋转 $\Delta\theta$ 与 z 坐标位移 Δz 的合成。当 AB 加工完后，

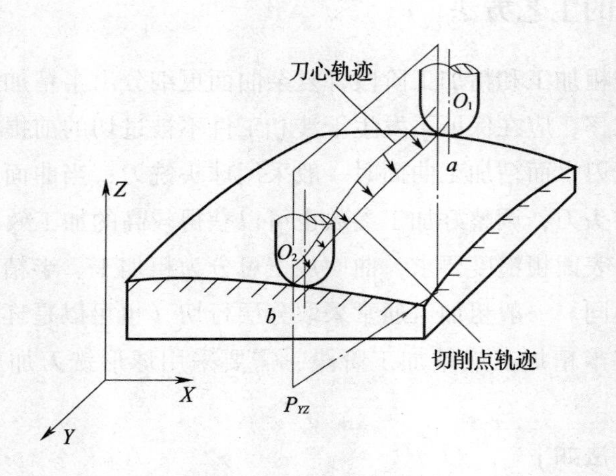

图 2—42　三坐标行切法加工曲面的切削点轨迹

刀具径向位移 Δx。（改变 R_i），再加工相邻的另一条叶型线，依次加工即可形成整个叶面。由于叶面的曲率半径较大，所以常采用立铣刀加工，以提高生产效率并简化程序。因此为保证铣刀端面始终与曲面贴合，铣刀还应作由坐标 A 和坐标 B 形成的 θ_1 的 α_1 的摆角运动。在摆角的同时，还应做直角坐标的附加运动，以保证铣刀端面中心始终位于编程值所规定的位置上，所以需要五坐标加工。这种加工的编程计算相当复杂，一般采用自动编程。

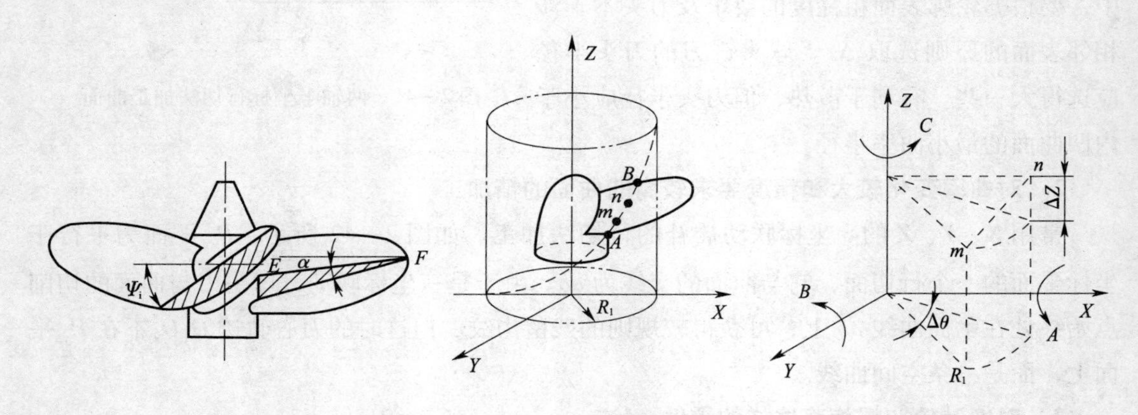

图 2—43　曲面的五坐标联动加工

学习单元6　孔系加工

学习目标

➢ 掌握钻孔、扩孔、铰孔、镗孔和攻螺纹刀具的特点及选择方法
➢ 掌握钻孔、扩孔、铰孔、镗孔和攻螺纹加工工艺知识

知识要求

在数控铣床上加工孔的方法很多，根据孔的尺寸精度、位置精度及表面粗糙度等要求，一般有点孔（钻中心孔）、钻孔、扩孔、锪孔、铰孔、镗孔及铣孔等。生产实践证明，根据孔的技术要求必须合理地选择加工方法和加工步骤。

孔的常用加工方法和一般所能达到的精度等级、粗糙度及加工顺序见表2—9。

表2—9　　孔的加工方法与步骤的选择

工序	加工方案	精度等级	表面粗糙度 *Ra*	适用范围
1	钻	11～13	50～6.3	加工未淬火钢及铸铁的实心毛坯，也可用于加工有色金属（但粗糙度较差），孔径＜15～20 mm
2	钻—铰	9	3.2～1.6	
3	钻—粗铰—精铰	7～8	1.6～0.8	
4	钻—扩	10	6.3～3.2	同上，但孔径＞15～20 mm
5	钻—扩—铰	7～8	3.2～0.8	
6	钻—扩—粗铰—精铰	7	0.8～0.4	
7	粗镗（扩孔）	11～13	6.3～3.2	除淬火钢外各种材料，毛坯有铸出孔或锻出孔
8	粗镗（扩孔）—半精镗（精扩）	8～9	3.2～1.6	
9	粗镗（扩）—半精镗（精扩）—精镗	6～7	1.6～0.8	

一、钻孔

钻孔是用钻头在工件实体材料上加工孔的方法。钻孔直径范围为0.1～100 mm，钻孔深度变化范围也很大，广泛应用于孔的粗加工，也可作为不重要孔的最终加工。

1. 钻孔刀具选择

钻孔刀具较多，有普通麻花钻、可转位浅孔钻及扁钻等。大多采用普通麻花钻。

钻削直径在 20～60 mm、孔的深径比小于等于 3 的中等浅孔时，可选用可转位浅孔钻。对深径比大于 5 而小于 100 的深孔，因其加工中散热差，排屑困难，钻杆刚性差，易使刀具损坏和引起孔的轴线偏斜，影响加工精度和生产效率，故应选用深孔刀具加工。钻削大直径孔时，可采用刚性较好的硬质合金扁钻。在实体材料上钻直径大于 75 mm 的孔时，一般采用套料钻。

普通麻花钻是钻孔最常用的刀具，一般用高速钢制造，麻花钻有莫氏锥柄和圆柱柄两种，其结构组成如图 2—44 所示。标准麻花钻的顶角大小为 118°。麻花钻钻孔时轴向力大，主要是由钻头的横刃引起的。

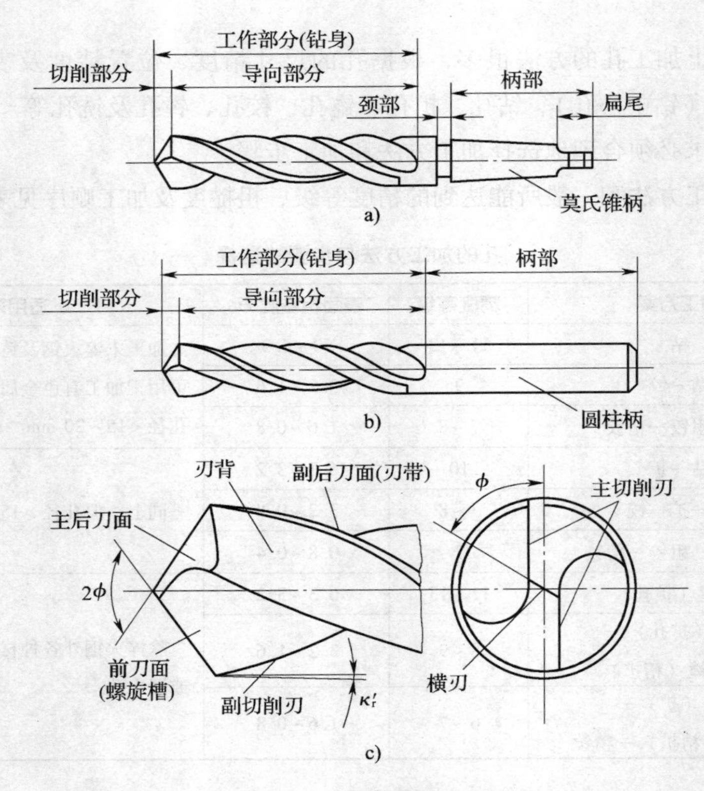

图 2—44　麻花钻的结构组成

2. 钻孔的工艺

（1）选择合适的钻头直径。如所钻孔为螺纹的底孔，则底孔的直径尺寸可根据螺纹的螺距查阅手册或按经验公式确定：攻螺纹公称直径为 D，当螺距 $P \leqslant 1$，钻底孔的钻头直径

为 $D-P$；当螺距 $P>1$，钻底孔的钻头直径为 $D-(1.04\sim1.08)P$。如攻 M8 螺纹，其螺距为 1.25 mm，攻螺纹前钻底孔的钻头直径约为 6.7 mm。

若钻孔之后需要铰孔，则钻孔时应留有合适的铰孔余量。如加工 ϕ8H7 孔，采用钻、粗铰、精铰的加工方案，则铰孔前钻底孔的钻头直径约为 7.8 mm；加工 ϕ14H9 孔，采用钻、铰的加工方案，则铰孔前钻底孔的钻头直径约为 13.8 mm。

（2）预钻中心孔。由于麻花钻的横刃具有一定的长度，引钻时不易定心，加工时钻头旋转轴线不稳定，因此，在实体材料上钻孔时往往利用中心钻在平面上先预钻一个锥坑（点钻），便于钻头钻入时定心。标准中心钻一般带有保护锥，保护锥部分的圆锥角大小为60°。

（3）选择合适的孔加工切削用量。当刀具直径较小，适当提高刀具的转速。

（4）若钻孔较深，应采用深孔钻削循环，以便钻孔时的断屑、排屑和散热。

二、扩孔

扩孔是用扩孔钻对已钻出的孔做进一步加工，以扩大孔径并提高精度和降低表面粗糙度值。扩孔可达到的尺寸公差等级为 IT10 ~ IT11，表面粗糙度值为 Ra6.3 ~ 12.5 μm，属于孔的半精加工方法，常作铰削前的预加工，也可作为精度不高的孔的终加工。

1. 扩孔刀具选择

扩孔如图 2—45 所示，余量为（$D-d$）。扩孔钻的形式视直径而不同，直径 ϕ10 ~ 32 为锥柄扩孔钻，如图 2—46a 所示。直径 ϕ25 ~ 80 为套式扩孔钻，套式扩孔钻是用一种用内孔安装定位，用键槽传递运动的扩孔钻，它用于对已钻孔进一步加工，以提高孔的加工质量的刀具，如图 2—46b 所示。

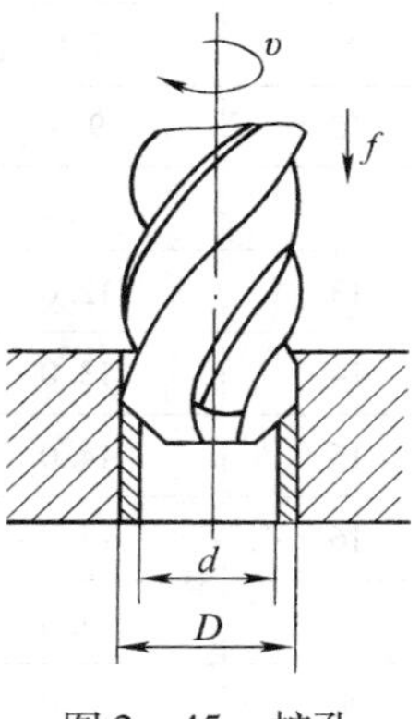

图 2—45　扩孔

扩孔钻外形和麻花钻相似，其结构与麻花钻相比有以下特点。

（1）刚性较好。由于扩孔的背吃刀量小，切屑少，扩孔钻的容屑槽浅而窄，钻心直径较大，增加了扩孔钻工作部分的刚性。

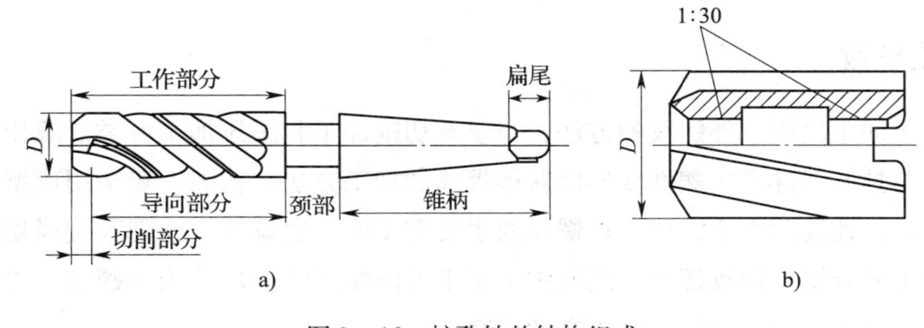

图 2—46　扩孔钻的结构组成

（2）导向性好。扩孔钻刀刃数多，一般有3~4个刀齿，没有横刃，刀具周边的棱边数增多，导向作用相对增强。

（3）切削条件较好。扩孔钻无横刃参加切削，切削轻快，可采用较大的进给量，生产效率较高；又因切屑少，排屑顺利，不易刮伤已加工表面。

因此扩孔与钻孔相比，加工精度高，表面粗糙度值较低，且可在一定程度上校正钻孔的轴线误差。

2. 扩孔的工艺

根据孔的加工精度要求和加工工艺方案，确定扩孔钻的直径大小。扩孔加工余量一般为0.5~4 mm。常用的基孔制IT7级精度孔的加工余量推荐值见表2—10。

表2—10　　孔加工余量推荐值　　mm

加工孔直径	直径					
	钻		镗孔后	扩孔钻	粗铰	精铰
	第1次	第2次				
5	4.8	—	—	—	—	5H7
6	5.8	—	—	—	—	6H7
8	7.8	—	—	—	7.96	8H7
10	9.8	—	—	—	9.96	10H7
12	11.0	—	—	11.85	11.95	12H7
13	12.0	—	—	12.85	12.95	13H7
14	13.0	—	—	13.85	13.95	14H7
15	14.0	—	—	14.85	14.95	15H7
16	15.0	—	—	15.85	15.95	16H7
18	17.0	—	—	17.85	17.94	18H7
20	18.0	—	19.8	19.8	19.94	20H7

三、攻螺纹

在工件上加工出内、外螺纹的方法，主要有切削加工和滚压加工两类。滚压加工是指用成形滚压模具使工件产生塑性变形以获得螺纹的加工方法。切削一般指用成型刀具或磨具在工件上加工螺纹的方法，加工外螺纹的主要有车削、套螺纹、磨削和旋风切削等，加工内螺纹的主要有铣削和攻螺纹。用丝锥加工工件内螺纹的方法称为攻螺纹。攻螺纹最适合加工直径、螺距小的内螺纹，其生产效率高。

1. 攻螺纹刀具选择

丝锥是攻螺纹并能直接获得螺纹尺寸的刀具，一般由合金工具钢或高速钢制成。丝锥的基本结构如图 2—47 所示，是一个轴向开槽的外螺纹。丝锥前端切削部分制成圆锥，有锋利的切削刃；中间为导向校正部分，起修光和引导丝锥轴向运动的作用；柄部都有方头，用于连接工具。常用的丝锥分为机用丝锥和手用丝锥两种，手用丝锥由两支或三支（头锥、二锥和三锥）组成一种规格，机用丝锥每种规格只有一支。

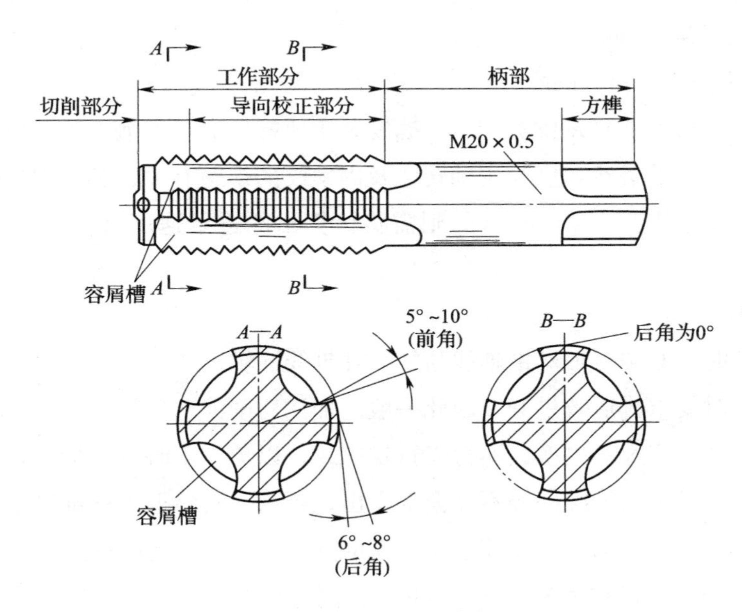

图 2—47 丝锥的基本结构

2. 攻螺纹的工艺

攻螺纹时，当主轴转一转，Z 轴的进给总量应该等于丝锥的螺距。即：

$$P = F/S$$

式中 P——丝锥的螺距，mm；

F——Z 轴的进给量，mm/min；

S——主轴转速，r/min。

如果数控铣床主轴的转速和 Z 轴的进给是独立控制，应由配备弹簧的攻螺纹夹头对轴向送给量进行补偿，以完成攻螺纹，即为传统的浮动攻螺纹。

如果主轴的旋转和 Z 轴的进给可以同步控制，攻螺纹夹头也不需要弹簧结构，螺距精度提高，这种方法称为“刚性攻螺纹”。若数控铣床不能实现 Z 轴每转进给，就不能使用刚性攻螺纹的方法。因此，数控铣床刚性攻螺纹时，Z 轴每转进给量 F 应该等于丝锥导程。

在加工中心上攻螺纹的方法如下。

（1）确定螺纹底孔直径与深度，并选择麻花钻加工出相应直径的底孔。

攻盲孔时，由于丝锥切削部分不能攻到孔底，所以孔的深度要大于螺纹长度，孔深可按下式计算：

$$L = l + 0.7d$$

式中 L——孔的深度，mm；

l——螺纹长度，mm；

d——螺纹公称直径，mm。

（2）根据丝锥尺寸选择丝锥夹套，正确安装于攻螺纹夹头刀柄上进行攻螺纹加工。

（3）攻螺纹加工的进给速度与主轴转速及内螺纹的螺距有关，编程中有的直接给定螺距，机床可自动计算其进给速度；有的则需将计算出的进给速度（$F = S \times P$）写入程序中。

3. 注意事项

（1）攻螺纹时，必须保证丝锥轴线与螺纹孔轴线同轴。

（2）攻螺纹时要求排屑效果好，因此一般应加注切削液。

（3）丝锥用钝后应及时更换，不得强行攻螺纹，以免加工时发生折断。

（4）机攻时，丝锥的校准部分不能全部露出，否则在反转退出丝锥时会产生乱牙。

（5）机攻时的切削速度，一般钢料为6～15 m/min；调质钢或较硬的钢料为5～10 m/min；不锈钢为2～7 m/min；铸铁为8～10 m/min。在同样材料时，丝锥直径小取较高值，丝锥直径大取较低值。

四、镗孔

镗孔是利用镗刀对工件上已有尺寸较大孔的加工，特别适合于加工分布在同一或不同表面上的孔距和位置精度要求较高的孔系。镗孔加工精度等级可达到IT7级，表面粗糙度为 $Ra0.8 \sim 1.6$ μm，应用于高精度加工场合。镗孔时，要求镗刀和镗杆必须具有足够的刚性；镗刀夹紧牢固，装卸和调整方便；具有可靠的断屑和排屑措施，确保切屑顺利折断和排出，精镗孔的余量一般单边小于0.4 mm。

1. 镗孔刀具选择

镗刀的种类很多，按刀头的固定形式分为整体式镗刀、机械固定式镗刀和浮动式镗刀。浮动式镗刀是由镗刀块及镗刀杆配合使用，是专门用于精镗孔的。镗刀的几何参数，一般根据工件材料及加工性质选择。表2—11可供选取时参考。

表 2—11　　镗刀几何参数选取参考数值

<table>
<tr><th>工件材料</th><th>前角</th><th>后角</th><th>刃倾角</th><th>主偏角</th><th>副偏角</th><th>刀尖圆弧半径</th></tr>
<tr><td>铸铁</td><td>5°～10°</td><td rowspan="5">6°～12°，粗镗时取小值，精镗时取大值；孔径大时取小值，孔径小时取大值</td><td rowspan="5">一般情况下取0°～5°；通孔精镗时取5°～15°</td><td rowspan="5">镗通孔时取60°～75°；镗阶梯孔时取90°</td><td rowspan="5">一般取15°左右</td><td rowspan="5">粗镗孔时 r_ε 取0.5～1 mm；精镗孔时 r_ε 取0.3 mm左右</td></tr>
<tr><td>40Cr</td><td>10°</td></tr>
<tr><td>45 钢</td><td>10°～15°</td></tr>
<tr><td>1Cr18Ni9Ti</td><td>15°～20°</td></tr>
<tr><td>铝合金</td><td>25°～30°</td></tr>
</table>

铣床上常用的两种镗刀结构如图 2—48、图 2—49 所示。直装刀排镗刀杆主要用来镗通孔。微调式镗刀，调整螺母刻度每转过一格，镗刀刀尖半径实际调整量为0.01 mm。

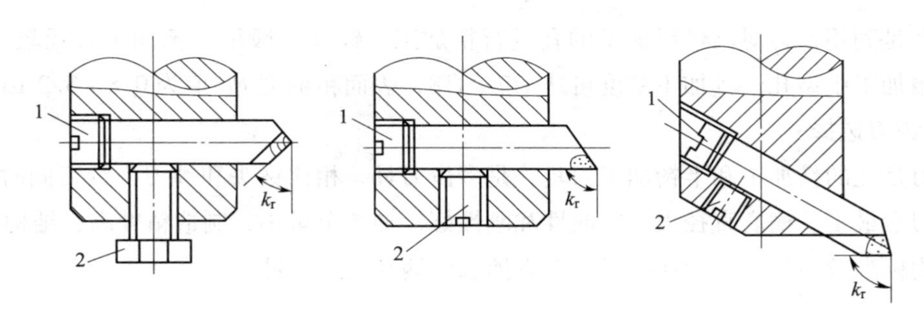

图 2—48　单刃镗刀

a）通孔镗刀　b）阶梯孔镗刀　c）盲孔镗刀

1—调节螺钉　2—紧固螺钉

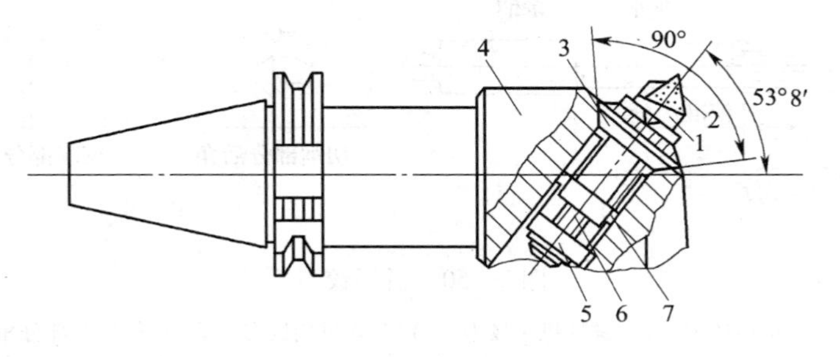

图 2—49　微调镗刀

1—刀体　2—刀片　3—调整螺母　4—刀杆

5—螺母　6—拉紧螺钉　7—导向键

2. 镗孔的工艺

（1）钻孔。根据孔径大小和镗孔余量选择合适大小的钻头先钻孔。

（2）选择镗刀杆直径和刀体尺寸。

（3）选择切削用量。镗孔的切削用量与铣平面相比，要适当减小。

（4）镗孔时要保证铣床主轴轴线与镗出的孔的轴线重合。在数控铣床上则要求加工时主轴定位要准，主要是靠编程坐标点计算准确和对刀准确来保证。

（5）控制孔径尺寸。镗孔的孔径尺寸是依靠调整刀具来保证的。常用敲刀法来调整。需经过几次在孔口试镗才能获得准确的尺寸。在经常镗孔的数控铣床上，为能较快、准确地控制尺寸，一般都应备有可调节镗刀头或微调式镗刀杆。

（6）孔口倒角。用主偏角为45°的镗刀对孔口倒角。

镗孔与铰孔相比，镗孔的效率低，但孔轴线的直线度好。

五、铰孔

铰孔是利用铰刀对已经粗加工的孔进行精加工。铰孔一般用于精加工直径较小的孔，或成批精加工中型孔。其加工精度可达 IT7 ~ IT8，表面粗糙度 Ra 值为 0.8 ~ 3.2 μm。

1. 铰刀选择

铰刀是孔的精加工和半精加工刀具，是多齿刀具，相比钻头和镗刀，铰刀同时参加切削的刀刃数最多。槽底直径大，导向性和刚性好，加工余量小，制造精度高、结构完善。

通用标准铰刀如图 2—50 所示，有直柄、锥柄和套式三种。

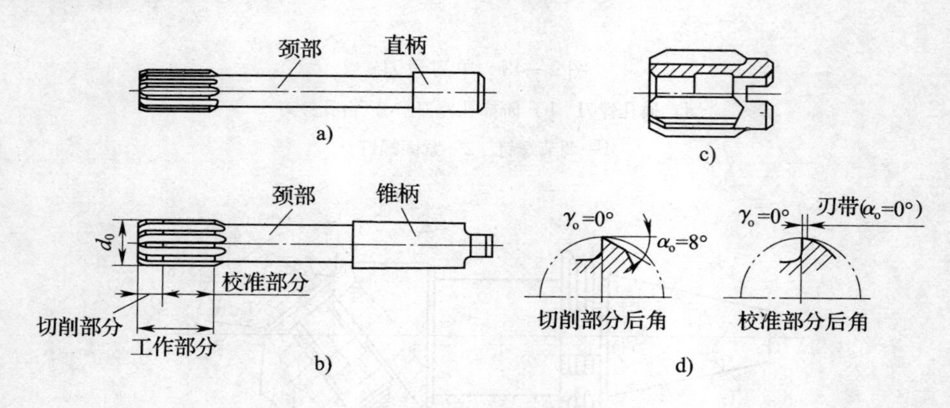

图 2—50　机用铰刀

a）直柄机用铰刀　b）锥柄机用铰刀　c）套式机用铰刀　d）切削校准部分角度

铰孔加工质量较高的原因，除了具有扩孔的优点之外，还由于铰刀结构和切削条件比扩孔更为优越。

（1）铰刀具有修光部分，用于校准孔径、修光孔壁，从而进一步提高了孔的加工质量。

（2）铰孔的余量小，切削力较小；铰孔时的切削速度一般较低，产生的切削热较少。

对于中等尺寸以下较精密的孔，在生产中，钻—扩—铰都是经常采用的典型工艺。钻、扩、铰只能保证孔本身的精度，而不易保证孔与孔之间的尺寸精度及位置精度。铰刀加工的切削层很薄，几乎集中在刃口上，因此其前角的作用不大，为制造方便，一般精铰刀的前角为0°，粗铰刀的前角稍大些。

铰孔的精度主要决定于铰刀的尺寸精度。由于新的标准圆柱铰刀，直径上会留有研磨余量，且其表面粗糙度也较差，所以在铰削 IT8 级精度以上孔时，应先将铰刀的直径研磨到所需的尺寸精度。铰孔后，孔径会扩张或缩小，目前对孔的扩张或缩小量尚无统一规定，一般铰刀的直径多采用经验数值：铰刀直径的基本尺寸 = 孔的基本尺寸；上偏差 = 2/3 被加工孔的直径公差；下偏差 = 1/3 被加工孔的直径公差。即铰刀的公差选择被加工孔公差带中间 1/3 左右的尺寸。

如铰削 $\phi12H7\ (^{+0.027}_{0})$ 的孔，则选用的铰刀直径：铰刀基本尺寸 = $\phi12$ mm，上偏差 = $2/3 \times 0.027$ mm = 0.018 mm，下偏差 = $1/3 \times 0.027$ mm = 0.009 mm，所以选用的铰刀直径尺寸为 $\phi12^{+0.018}_{+0.009}$ mm。

铰刀是多刃刀具，铰刀齿数取决于孔径及加工精度，标准铰刀有 4 ~ 12 齿。铰刀齿数可参照有关参数表选取。为了测量直径的方便，一般选用偶数齿铰刀。铰刀材料通常是高速钢、钴合金或带焊接硬质合金刀尖的硬质合金刀具。硬质合金铰刀耐磨性较好，加工质量和精度高；高速钢铰刀较经济实用，耐磨性较差。

2. 铰孔的工艺

铰孔之前，一般先经过钻孔或扩孔。要求较高的孔，需先扩孔或镗孔。对精度高的孔，还需分粗铰和精铰。铰孔余量的大小直接影响铰孔的质量。余量太小，往往不能把上道工序所留下的加工痕迹全部铰去；余量太大，会使孔的精度降低，表面粗糙度值变大。

所以选择铰孔余量时，应考虑到铰孔的精度、表面粗糙度、孔径的大小、材料的软硬和铰刀的类型等。铰削余量的一般数值为：对高速钢铰刀，粗铰时可取 0.15 ~ 0.3 mm；精铰时可取 0.05 ~ 0.15 mm。对硬质合金铰刀，粗铰时可取 0.15 ~ 0.35 mm；精铰时可取 0.06 ~ 0.3 mm。孔径小的取小值，孔径大的取大值，精度高的取较小值。

铰孔时由于铰削量一般均比较小，而铰刀在安装时的刚性又差，在铰削时都以孔的原来位置均匀地切去余量。因此，铰孔不能修正孔的轴线误差。

铰孔的方法如下。

（1）铰刀尺寸的选择。一般工具厂出产的标准铰刀，按直径尺寸的精度以及被铰孔的基本偏差和标准公差等级不同，分为 H7、H8、H9 三种。对于精度高的孔，新铰刀需研磨至所要求的尺寸后才能使用，以保证铰孔的尺寸精度。

（2）铰孔时的切削用量。在数控铣床上采用机铰时，切削速度一般在 5 m/min 左右，进给量一般取 0.4 mm/r 左右。

（3）切削液。铰孔时细碎的切屑容易黏附在刀刃上，将已加工表面刮毛。另外，因铰刀在半封闭状态下工作，热量不容易散出。为了能获得较小的表面粗糙度值和延长刀具的使用寿命，所选用的切削液应具有一定的流动性，以冲去切屑和降低温度，并具有良好的润滑性。具体选择时，用高速钢铰刀加工钢件等韧性材料时可采用乳化液或极压切削油；加工铸铁等脆性材料时，用清洗性、渗透性较好的煤油或煤油与机油混合为宜。

3. 注意事项

（1）加工中心安装铰刀时可采用浮动连接和固定连接。如采用固定连接时，必须要防止铰刀的偏摆，否则铰出的孔径会超差。

（2）退出工件时不能停车，要等铰刀退离工件后再停车，铰刀不能倒转。

（3）铰刀的轴线与钻、扩后孔的轴线要同轴，最好钻、扩、铰连续进行。

第3章

加工中心编程

第1节　加工中心编程准备知识　/116

第2节　加工中心编程方法　/136

第3节　加工中心刀具补偿　/175

第4节　加工中心的综合编程　/191

第 1 节　加工中心编程准备知识

学习单元 1　加工中心编程入门

学习目标

- ➤ 了解编程的一般步骤
- ➤ 了解程序的结构
- ➤ 学会计算基点与节点

知识要求

一、编程的一般步骤

在加工中心上加工零件时，要把零件的全部工艺过程、工艺参数及其他辅助动作，按动作顺序，根据加工中心规定的指令格式编写加工程序，记录于控制介质，然后输入数控装置，从而指挥机床。这种将从零件图样到获得加工中心所需的控制介质的全过程，称为程序编制即编程。数控加工中心加工零件的过程如图 3—1 所示。编程的一般步骤如下。

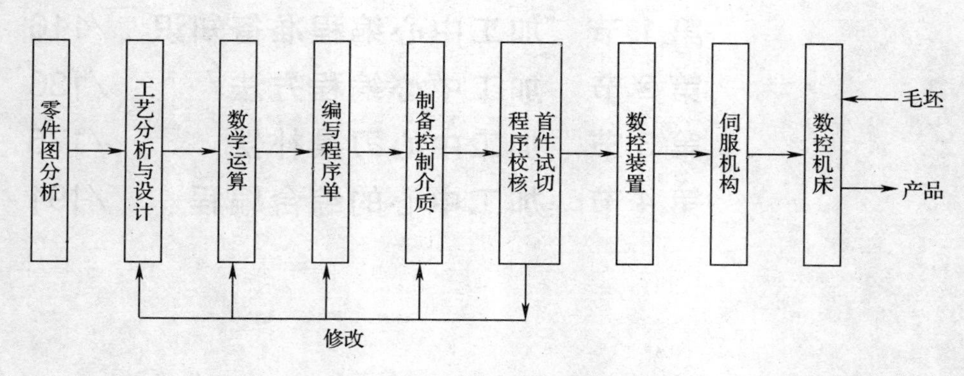

图 3—1　数控加工中心加工零件的过程

1. 分析零件图样和制定工艺过程及工艺路线

对零件图样要求的形状、尺寸、精度、材料及毛坯形状和热处理进行分析，明确加工内容和要求；确定工件的定位基准；选用刀具及夹具；确定对刀方式和选择对刀点；确定合理的走刀路线及选择合理的切削用量等。

2. 数值处理

根据零件的几何尺寸、加工路线，计算出零件轮廓线上几何元素的有关坐标。

3. 编写加工程序

数控加工中心进行零件加工前，须把加工过程转换为程序，即编写加工程序。按照数控系统规定使用的功能指令代码及程序段格式，逐段编写加工程序单。程序编制人员应对数控机床的性能、程序指令及代码非常熟悉，才能编写出正确的加工程序。

4. 程序输入

程序的输入可以通过键盘直接将程序输入数控系统，称为MDI方式输入。也可以先制作控制介质（如穿孔带、磁带、磁盘等），再将控制介质上的程序通过计算机通讯接口R232输入数控系统。数控程序最早的控制介质是穿孔纸，它带有一排纵向导向孔和一系列横向八孔位的程序信息孔，穿孔纸带的穿孔信息包括检验位信息。数控程序目前用得最多的控制介质是数控机床读写存储器。

5. 程序检验

对有图形显示功能的数控机床，可进行图形模拟，检查轨迹是否正确。但这只能表示轨迹形状的正确性，不能决定被加工零件的精度。因此，需要对工件进行首件试切，当发现误差时，应分析误差产生的原因，加以修正。

二、程序的基本构成

每种数控系统，根据其本身的特点及编程需要，都有一定的程序格式，对于不同的机床，程序的格式也有所不同。

1. 程序结构

一个完整的加工程序由若干个程序段组成，开头是程序名，中间是程序内容，最后是结束指令。以下为一个加工中心的加工程序，由18个程序段组成。

```
O1234;                          程序号
N10  G91 G28 Z0;
N20  M06 T01;
N30  G90 G54 G00  X0 Y0;
N40  G43 G00 Z5. H01;                程序内容
```

```
N50   M03 S800;
N60   G00 Z100.;
N70   X40. Y40.;
N80   Z5.;
N90   G01 Z-3. F20;
N100  G41 X30. Y10. D01 F80;
N110  G01 Y0.;
N120  G02 I-20.;
N130  G01 Y-10.;
N140  G40 X40. Y-40.;
N150  Z5.;
N160  G00 Z50.;
N170  M05;
N180  M30;                 程序结束
%                          程序结束符
```

（1）程序号。即为程序的开始部分，每个程序都要有编号，在编号前采用编号地址码。如在 FANUC 和 HAAS 系统中一般用字母 O 表示，其后的号码可为 0001 ~ 9999 中的任意一组整数数字。

（2）程序内容。这是整个程序的核心，由许多程序段组成，每个程序段由一个或多个指令组成，表示加工中心要完成的全部动作。

（3）程序结束。以程序结束指令 M02 或 M30 作为整个程序的结束，在该指令后有"%"作为程序的结束符来结束整个程序。

2. 程序段格式

一个程序段是由若干个指令字组成的，一个程序段中含有执行所需的全部功能。指令字通常是由英文字母表示的地址符和地址符后面的数字和符号组成。

目前，使用最多的是字地址程序段格式，这种格式是以地址符开头，后面跟随数字或符号组成程序字，每个程序字根据地址来确定其含义。因此，不需要的程序字或与上一程序段相同的程序字都可以省略。各字也可以不按顺序。

通常字地址程序段中程序字的顺序及形式如图 3—2 所示。

（1）程序段号字。用以识别程序段的编号，是转移、调用时的地址入口。由地址码 N 和后面的若干位数字组成，如用 N20 表示。程序段号在某些系统中可以省略。

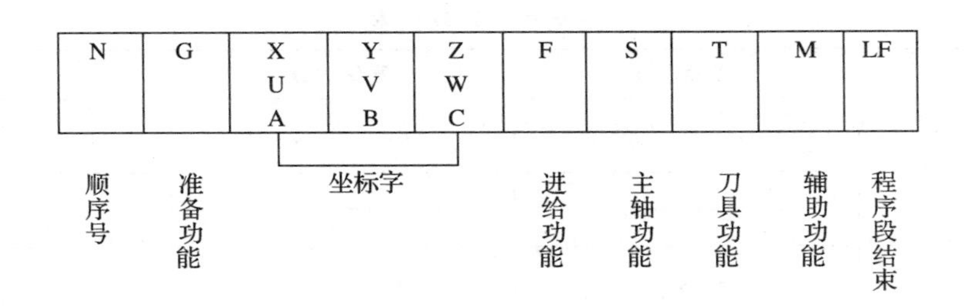

图 3—2　程序段的主要内容

（2）准备功能字（G 功能）。G 功能是使数控机床做好某种操作准备的指令。用地址 G 和两位数字表示，如 G00 ~ G99。

（3）坐标字。坐标字由地址码、符号及绝对（或增量）数值构成。坐标字的地址码有 X、Y、Z、U、V、W、P、Q、R、I、J、K、D 等，如 X20. Y－40.，坐标字“＋”可省略。

（4）进给功能字 F。表示刀具的进给速度。由地址码 F 和后面若干位数字构成。如 F100 表示进给速度为 100 mm/min。

（5）主轴功能字 S。由地址码 S 和若干位数字构成，如 S800 表示主轴转速为 800 r/min。

（6）刀具功能字 T。由地址码 T 和若干位数字构成。有换刀功能，一般就有 T 功能。

（7）辅助功能字（M 功能）。表示机床的一些辅助动作的指令，由地址码 M 和若干位数字构成，如 M00 ~ M99。

（8）程序段结束符。表示一段程序结束，FANUC 系统和 HAAS 系统都为“;”。

三、基点与节点

1. 基点

加工中心编程时，首先计算各几何元素之间的交点坐标。各个几何元素间的连接点称为基点，如直线与直线的交点，直线与圆弧的交点或切点，圆弧与圆弧的交点或切点等。基点的坐标是编程中需要的主要数据，比较容易求得，常用的计算方法见表 3—1。

2. 节点

当被加工零件轮廓形状与机床的插补功能不一致时，如在只有直线和圆弧插补功能的数控机床上加工双曲线、椭圆等曲线时，就要采用逼近法加工，用直线或圆弧去逼近被加工曲线。这时，逼近线段与被加工曲线的交点，称为节点。即在一个几何元素上为了能用直线或圆弧插补逼近该几何元素而人为分割的点称为节点。

表 3—1　　基点常用计算方法

图示	直角边 *a*	直角边 *b*	斜边 *c*
A, α, b, c, C, a, B	$a=\sqrt{c^2-b^2}$	$b=\sqrt{c^2-a^2}$	$c=\sqrt{a^2+b^2}$
	$a=b\times \mathrm{tg}\alpha$	$b=\dfrac{a}{\mathrm{tg}\alpha}$	$c=\dfrac{a}{\sin\alpha}$
	$a=c\times \sin\alpha$	$b=c\times\cos\alpha$	$c=\dfrac{b}{\cos\alpha}$
	特殊角度三角函数值		
	$\sin30°=\dfrac{1}{2}=0.5$	$\sin45°=\dfrac{\sqrt{2}}{2}=0.707$	$\sin60°=\dfrac{\sqrt{3}}{2}=0.866$
	$\cos30°=\dfrac{\sqrt{3}}{2}=0.866$	$\cos45°=\dfrac{\sqrt{2}}{2}=0.707$	$\cos60°=\dfrac{1}{2}=0.5$
	$\mathrm{tg}30°=\dfrac{\sqrt{3}}{3}=0.577$	$\mathrm{tg}45°=1$	$\mathrm{tg}60°=\sqrt{3}=1.732$

如图 3—3 所示的曲线用直线逼近时，其交点 *A*、*B*、*C*、*D* 等就是节点。节点的计算一般采用宏程序编程形式，利用所逼近的直线或圆弧插补变量，由该曲线公式来进行各节点运算插补而完成的，在《加工中心操作工（三级）》中加以介绍。

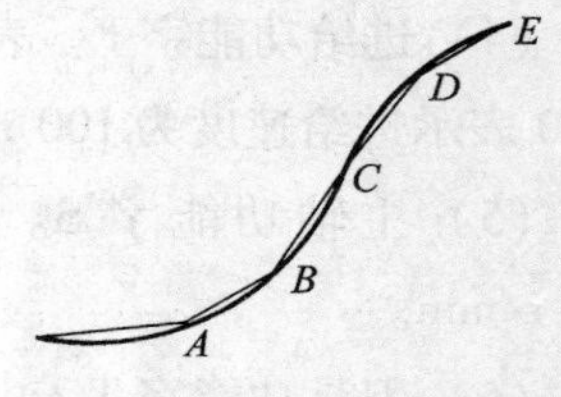

图 3—3　零件轮廓的节点

技能要求

基点坐标计算

【例 3—1】　计算图 3—4 中 *C*、*D*、*E*、*F* 基点的 *X*、*Y* 坐标值。

操作准备

图样、函数计算机、笔、尺等。

操作步骤

步骤 1　分析图样

以 *D*、*E*、*F*、*G* 各个基点作与水平中心线相交的垂直线，得到各自计算用的辅助直角三角形，其斜边为各自相交圆的半径，直角边即为所要计算的 *X*、*Y* 坐标值，再利用表 3—1 的计算公式进行相应计算。

步骤 2 计算基点

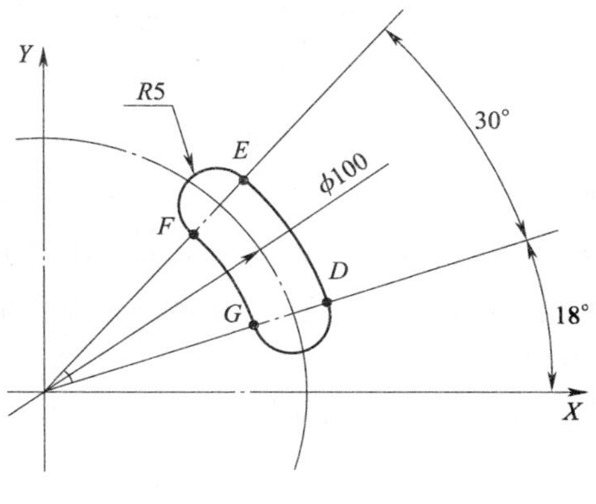

图 3—4 基点计算

$X_D=\left(\frac{100}{2}+5\right)\times\cos18°=52.308$，$Y_D=\left(\frac{100}{2}+5\right)\times\sin18°=16.996$

$X_E=\left(\frac{100}{2}+5\right)\times\cos48°=36.802$，$Y_D=\left(\frac{100}{2}+5\right)\times\sin48°=40.873$

$X_F=\left(\frac{100}{2}-5\right)\times\cos48°=30.111$，$Y_F=\left(\frac{100}{2}-5\right)\times\sin48°=33.442$

$X_G=\left(\frac{100}{2}-5\right)\times\cos18°=42.798$，$Y_G=\left(\frac{100}{2}-5\right)\times\sin18°=13.906$

注意事项

所计算的基点坐标保留小数点后三位即可，对于复杂的基点计算可以通过列方程方法，当零件轮廓再复杂时，可以使用计算机辅助编程系统。

学习单元 2 认识计算机辅助编程

学习目标

- 了解计算机辅助设计（CAD）作用
- 了解计算机辅助制造（CAM）作用
- 熟悉计算机辅助制造（CAM）工艺内容

知识要求

一、CAD 与 CAM 系统

数控程序的编制目前有两种基本手段：手工编程和计算机自动编程。手工编程适用零件不太复杂、计算较简单、程序较短的场合，经济性较好。当加工相当复杂，特别是曲面零件程序编制，一般可采用由计算机来完成自动程序编制，也称作计算机辅助编程。

1. 计算机辅助设计（CAD）

计算机辅助设计（Computer Aided Design，CAD）是指计算机辅助设计一个单独的零件或一个系统，CAD 系统是一个设计工具，它支持设计过程的所有阶段——方案设计、初步设计和最后设计。常用的 Auto CAD 软件是典型的 CAD 操作系统。

设计目标的显示是 CAD 系统最有价值的特征之一，计算机图形学使设计人员能够在计算机屏幕上显示、放大、缩小、旋转设计目标，对其进行研究。

2. 计算机辅助制造（CAM）

计算机辅助制造（Computer Aided Manufacturing，CAM）是指使用计算机辅助制造一个零件。CAM 的应用有两种类型：一是联机应用，使用计算机实时控制制造系统，即 DNC 加工方式。二是脱机应用，使用计算机进行生产计划的编制和非实时地辅助制造零件，如模拟显示刀具轨迹等。

编程人员既能在 CAM 软件包中建立零件几何模型，也能直接从 CAD/CAM 数据库中提取几何模型。指定所使用刀具、加工方式和数据系统后，编程软件会自动产生符合数控系统要求的数控程序，并能进行刀具运动轨迹校验。

3. CAD/CAM 系统

CAD/CAM 是一个统一的软件系统，其中 CAD 系统在计算机内部与 CAM 系统相连接，用于设计和制造全过程，通常 CAM 系统是既有 CAD 功能又有 CAM 功能的集成系统，交互式图形编程就是通常所说的利用 CAD/CAM 软件进行编程，它们包括指定产品规格、方案设计、最后设计、绘图、制造和检验。

二、计算机辅助编程的一般流程

从 20 世纪 80 年代后期开始，计算机硬件技术、计算机图形学以及数学中计算几何的发展，以图形学为基础的计算机辅助设计和辅助制造技术（CAD/CAM）迅速发展，它从三维造型开始，实际设计、数控编程一体化。经过近 20 年发展，已经成为一门较成熟的技术。

目前，常用的 CAM 软件有 CAITA、CimatronE、Pro/Engineer、Master CAM、Unigraphics（简称 UG）、SolidWorks + SolidCAM、CAXA 等。其中 CAXA 为具有自主知识产权的国产系统；UG 属于高端的 CAD/CAM 系统；SolidCAM 是完全关联于 SolidWorks 模型的计算机辅助制造软件，是一种插件形式的嵌入式系统。

1. CAM 操作的一般步骤

CAM 操作的一般步骤为：造型—加工—仿真—编程，其基本流程如图 3—5 所示。

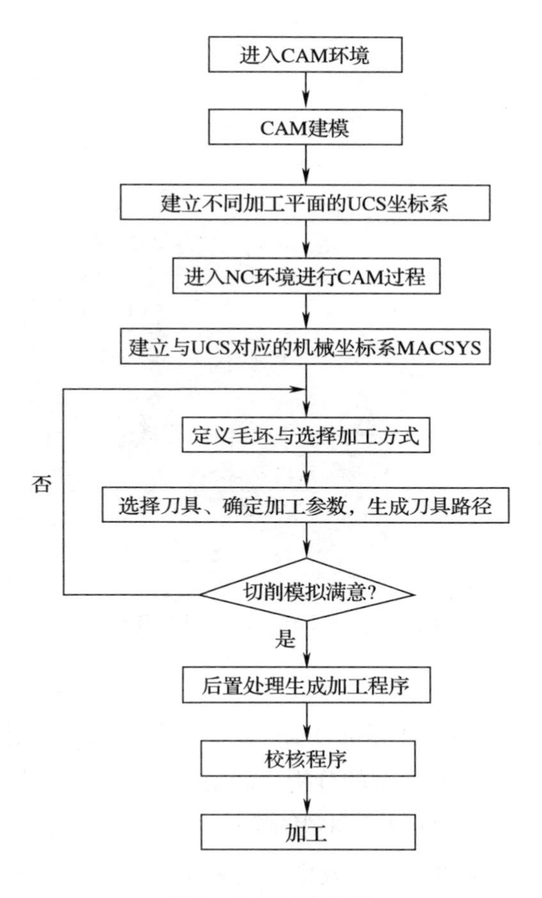

图 3—5　CAM 流程

2. CAM 建模

利用软件编程的第一步，必须获得 CAD 模型，CAD 模型是 NC 编程的前提和基础，任何 CAM 的程序编制必须由 CAD 模型为加工对象进行编程。通常获得 CAD 模型的方法通常有以下两种。

（1）直接造型。一般 CAM 软件都带有与之同步使用的 CAD 模块，因此可以利用该模块对所需要加工的零件进行造型。如实体键槽属于成形特征建模方式，旋转体属于扫描特征建模方式。如图 3—6 所示为 SolidWorks 软件的建模。

（2）数据转换。CAM 可以使用其他软件集成的 CAD 所创建的模型。但首先要利用软件的数据接口将其导入到所使用的 CAM 软件中。常用的 CAD 文件转换格式有 IGES、STEP、VDA、Parasolid 等。

不一定只有实体模型才可作为 CAM 的加工对象，回转类零件可以是二维线框。

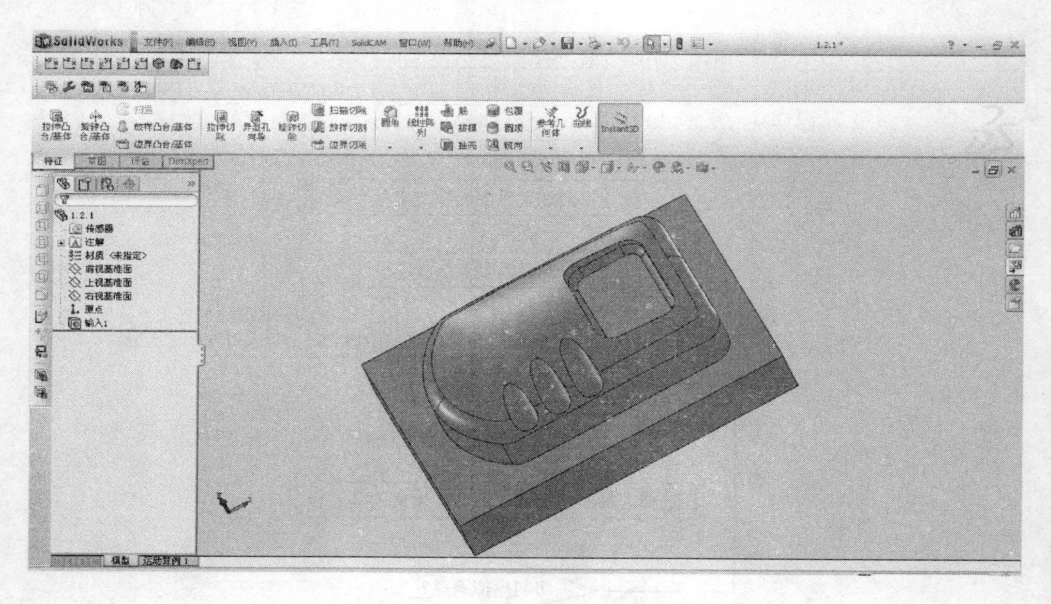

图 3—6　SolidWorks 软件的建模

3. 加工工艺分析

CAM 加工的工艺参数不是由计算机自动确定，而是由操作者根据工艺知识设定的。

（1）确定加工对象。通过对模型的分析，确定这一工件的哪些部位需要在加工中心上加工。数控铣削的工艺适应性也是有一定限制的，对于尖角部位、细小的筋条等部位是不适合加工的，应使用线切割或者电火花成型加工来加工；而回转体加工，可以使用车床进行加工；一般型腔和曲面则属于 CAM 铣削工艺加工范围。

（2）划分加工区域。对加工对象进行分析，按其形状特征、功能特征及精度、粗糙度要求将加工对象分成数个加工区域。对加工区域进行合理规划可以达到提高加工效率和加工质量的目的。

（3）确定加工工艺。确定粗加工、半精加工、精加工的流程及加工余量分配。

（4）加工参数设置。参数设置可视为对工艺分析和规划的具体实施，它构成了利用 CAD/CAM 软件进行 NC 编程的主要操作内容，直接影响 NC 程序的生成质量。

1）切削方式（走刀路径）设置用于指定刀轨的类型及相关参数。

2）加工对象设置是指用户通过交互手段选择被加工的几何体或其中的加工分区、毛坯、避让区域等。

3）刀具及机械参数设置是针对每一个加工工序选择适合的加工刀具并在 CAD/CAM 软件中设置相应的机械参数，包括主轴转速、切削进给、切削液控制、安全高度等。

4）加工程序参数设置包括进退刀位置及方式、切削用量、行间距、加工余量、安全高度等。

在完成上述参数设置后，即可进行刀路的计算。软件可自动生成刀具参考点的运动曲线，非常直观地判断出刀路是否满足零件加工及加工效率要求，若不满足要求，可修改相应参数后重新计算刀路，直到满足要求为止。

学习单元3　加工中心的坐标系

学习目标

- 掌握加工中心标准坐标系的命名规则
- 掌握机床坐标系和工件坐标系的关系，理解工件坐标系的建立原理
- 掌握加工中心参考点含义
- 掌握加工中心刀具刀位点含义与对刀方法

知识要求

一、加工中心标准坐标系

为了便于编程时描述机床的运动，简化程序的编程及保证程序的通用性，国际标准化组织对数控机床的坐标和方向制定了统一的标准即 ISO441 标准。规定直线运动的坐标轴用 X、Y、Z 表示，围绕 X、Y、Z 轴旋转的圆周进给坐标轴分别用 A、B、C 表示。

1. 标准坐标系规定原则

在数控机床上，机床的动作是由数控装置来控制的，为了确定机床上的成形运动和辅助运动，必须先确定机床上运动的方向和运动的距离，这就需要一个坐标系才能实现，这个坐标系就称为机床坐标系。

机床坐标系中 X、Y、Z 轴的关系，采用右手直角笛卡尔坐标系，也称右手直角坐标系，如图 3—7 所示。用右手的拇指、食指和中指分别代表 X、Y、Z 三轴，三个手指互相垂直，所指方向分别为 X、Y、Z 轴的正方向。围绕 X、Y、Z 各轴的回转运动分别用 A、B、C 表示，其正向用右手螺旋定则确定。与 $+X$、$+Y$、$+Z \cdots +C$ 相反的方向用带“$'$”的 $+X'$、$+Y'$、$+Z' \cdots +C'$表示。

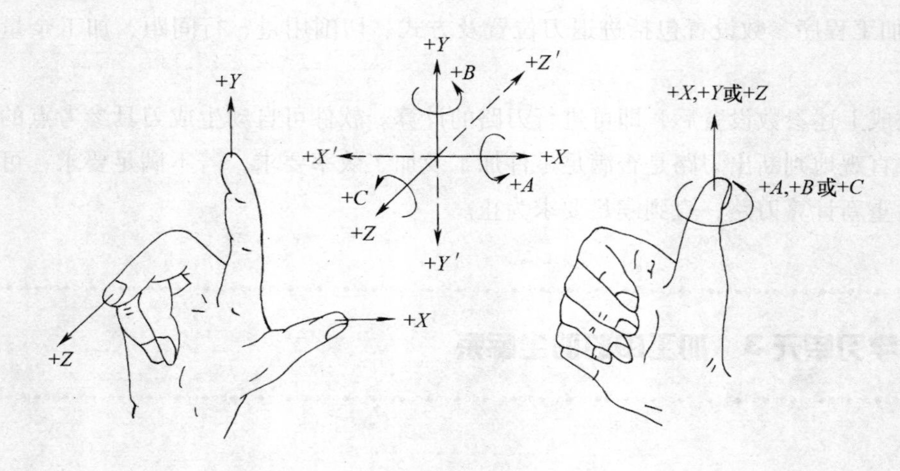

图 3—7　右手直角笛卡儿坐标系

2. 刀具相对于静止工件而运动的原则

这一原则使编程人员在编程时不必考虑是刀具移向工件，还是工件移向刀具的情况下，就可以依据零件图样，确定机床加工过程及编程。该原则规定：永远假定工件是静止的，而刀具是相对于静止的工件运动。如果在坐标轴命名时，把刀具看作相对静止不动，工件移动，那么工件移动的坐标系就是 $+X'$、$+Y'$、$+Z'$等。

3. 运动方向的确定

确定机床坐标轴时，一般是先确定 Z 轴，再确定 X 轴，最后确定 Y 轴。机床的某一运动部件的运动正方向规定为增大工件与刀具之间距离的方向。即刀具靠近工件表面为负方向，刀具远离工件表面为正方向。

（1）Z 轴坐标的运动。一般取产生切削力的轴线（即主轴轴线）为 Z 轴。主轴带动刀具旋转的机床有铣床、镗床、钻床等，如图 3—8 所示。

Z 坐标的正方向是增加刀具和工件之间距离的方向，如在钻镗加工中，钻入或镗入工件的方向是 Z 的负方向。

（2）X 轴坐标的运动。X 轴一般位于平行工件装夹面的水平面内，是刀具或工件定位平面内运动的主要坐标，如图 3—8、图 3—9 所示。

对刀具做回转切削运动的机床（如铣床、镗床），当 Z 轴水平（卧式）时，则刀具向左移动为正 X 方向，如图 3—9a 所示，当 Z 轴竖直（立式）时，人面对主轴，刀具向右移动为正 X 方向，如图 3—9b 所示。

（3）Y 轴坐标的运动。正向 Y 坐标的运动，根据 X 和 Z 的运动，按照右手直角笛卡儿坐标系来确定。

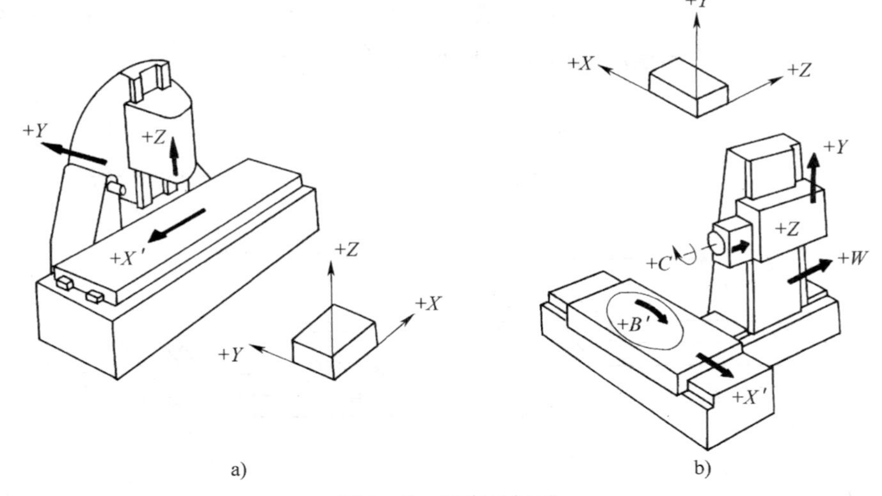

a) b)

图 3—8 机床坐标系

a）立式 b）卧式

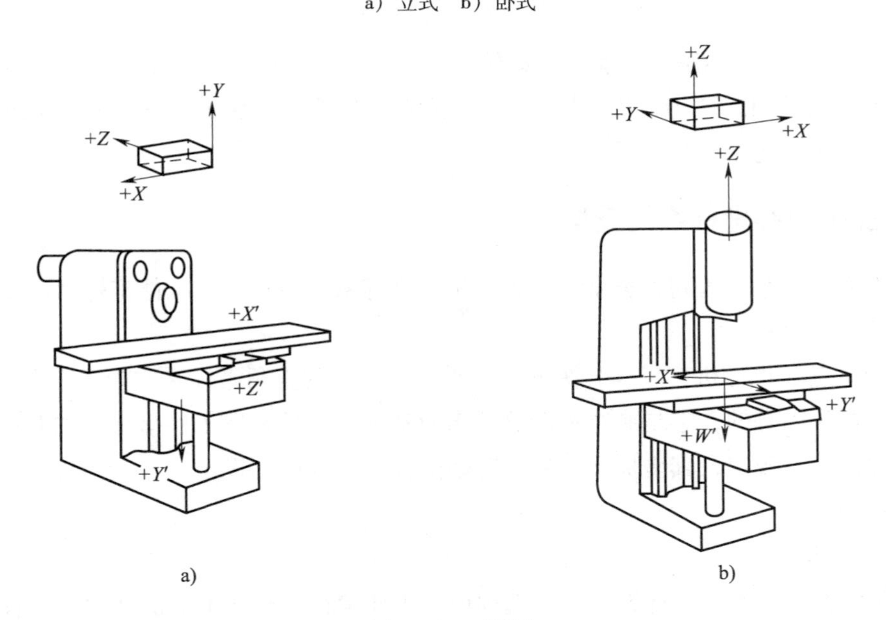

a) b)

图 3—9 升降台

a）卧式 b）立式

（4）回转进给运动坐标。如图 3—7 所示，+*A*、+*B*、+*C* 用来表示轴线与 +*X*、+*Y*、+Z 平行的旋转运动坐标。其正向用右手螺旋定则确定。

（5）工件的运动与附加运动坐标。对于移动部分是工件而不是刀具的机床，如图 3—10 所示的升降台加工中心，必须将前面所介绍的移动部分是刀具的各项规定，在理论上作相反的安排。此时，用“′”的字母表示工件正向运动。如 $+X'$、$+Y'$、$+Z'$表示工件相对于刀具相对工件正向运动的指令，二者所表示的运动方向恰好相反。

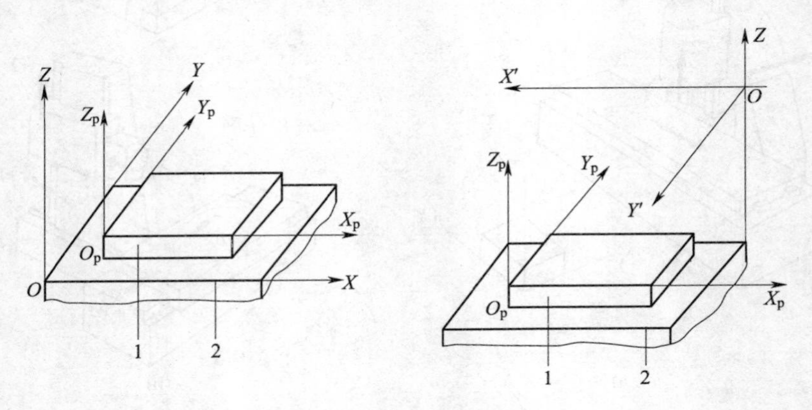

图 3—10　加工中心的两种坐标系

1—工件　2—工作台

一般称 X、Y、Z 为第一坐标系，如有平行于第一坐标的第二组和第三组坐标，则分别指定为 U、V、W 和 P、Q、R。所谓第一坐标系是指靠近主轴的直线运动，稍远的为第二坐标系，更远的为第三坐标系。

二、加工中心坐标系的类型

加工中心坐标系分为两种类型：一种是机床坐标系，另一种是工件坐标系。

1. 机床坐标系

以机床原点（也称机床零点）为坐标原点建立起来的直角坐标系称为机床坐标系。机床坐标系是机床固有的，它是制造和调整机床的基础，也是设置工件坐标系的基础。其坐标轴及方向按标准规定，其坐标原点的位置则由各机床生产厂设定，一般情况下，不允许用户随意变动。

2. 工件坐标系

工件坐标系也称编程坐标系，专供编程用。为使编程人员在不知道是“刀具移动”还是“工件移动”的情况下，可根据图纸确定机床加工过程，规定工件坐标系是“刀具相对于工件而运动”的刀具运动坐标系。

三、加工中心的零点与参考点

1. 机床零点

机床零点也称为机床原点，为机床上设置的一个固定点，是机床坐标系的零点。对于不同时期或不同厂家制造的数控机床，其零点也不尽相同。在加工中心上机床零点一般取在接近 X、Y、Z 三个直线坐标正方向极限的位置。

2. 工件零点

工件零点也称为工件编程原点，俗称“对刀点”，是工件坐标系的零点。对于操作人员来说，应在装卡工件、调试程序时，确定工件原点的位置，并在数控系统中给予设定（即给出原点设定值），这样数控机床才能按照准确的工件坐标系位置开始加工。工件零点可以随意设定。但为了编程的方便确定以下原则。

（1）工件零点应选在零件图标注的尺寸基准上。

（2）对称零件，工件零点应选在对称中心上。

（3）一般零件，工件零点应选在轮廓的基准角上。

（4）Z 方向的零点，一般设在工件上表面。

3. 机床参考点

机床参考点是设置机床坐标系的一个测量基准点。在使用绝对脉冲编码器作为测量反馈元件的数控机床中，机床调试前第一次开机后，通过参数设置配合机床回参考点操作调整到合适的参考点后，只要绝对脉冲编码器的后备电池有效，此后的每次开机，不必进行回参考点操作。在使用增量脉冲编码器的系统中，回参考点有两种模式，一种为开机后在回参考点模式下各轴手动回参考点，每一次开机后都要进行手动回参考点操作；另一种为使用过程中，在存储器模式下的用 G 代码指令回原点。因此，在使用绝对脉冲编码器的数控机床上参考点是没有必要的，而在使用增量脉冲编码器的数控机床上参考点则是必需的。

对于采用了增量脉冲编码器的数控机床而言，机床参考点通常位于机床正向极限点附近。机床参考点在机床坐标系中的坐标值由数控机床的系统参数设定，若该坐标值为零则表示机床参考点和机床原点重合，则机床开机回参考点后显示的机床坐标系的值即为零，此时“回参考点”也可称为“回零”；若该坐标值不为零，则机床开机回参考点后显示的机床坐标系的值即为数控机床的系统参数中设定的坐标值。注意：机床坐标系的设定是通过用手动返回机床参考点的操作来完成的，只要不断电就一直保持。因此，数控机床开机时，必须先确定机床参考点。机床参考点在以下三种情况下必须重新设定。

（1）机床关机以后重新接通电源开关时。

（2）机床解除急停状态后。

（3）机床超程报警信号解除以后。

四、加工中心常用刀具的编程刀位点

刀位点是指在加工程序编制中，用以表示刀具特征的点，也是对刀和加工的基准点，即在数控加工中代表刀具在坐标系中位置的理论点。

对于铣刀，立铣刀和端铣刀的刀位点为刀具底面与刀具轴线的交点；球头铣刀的刀位点为球心；盘（片）铣刀的刀位点为刀具对称中心平面与其圆柱面上切削刃的交点；麻花钻的刀位点是刀具轴线与横刃的交点，如图 3—11 所示。

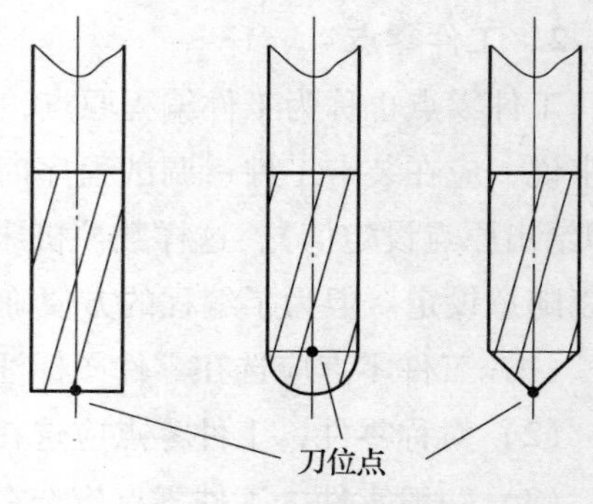

图 3—11　一般铣刀的刀位点

五、加工中心工件坐标系的建立

零件轮廓是按照编程坐标系来进行编程的，轮廓基点的坐标为编程坐标系中的坐标值。而加工中心要控制刀具沿零件轮廓加工，就必须知道刀位点在沿轨迹运动时刀位点在机床坐标系的值。但是，机床坐标系和编程坐标系之间运动的基准点不同，因此获取机床坐标系和编程坐标系的相对位置关系就显得至关重要。

建立工件坐标系的过程实际上就是获取工件坐标系原点与机床坐标系原点相互位置关系的过程，数控装置会自动将此位置关系与零件轮廓基点在编程坐标系中的坐标值相叠加，计算出零件轮廓基点在机床坐标系中的坐标值，从而实现控制刀具沿轮廓轨迹运动和保证加工精度的目的。

建立工件坐标系的目的就是建立机床坐标系与编程坐标系之间的联系，这样编程人员就不必按机床坐标系去编程，使编程变得简单易行。

学习单元 4　数控编程的准备功能与辅助功能

学习目标

- 熟悉加工中心准备功能的分组与含义
- 熟悉加工中心辅助功能的含义
- 掌握加工中心常用辅助功能指令及使用方法

➢ 掌握加工中心常用其他功能（F、S、D）指令及使用方法

知识要求

一、准备功能

准备功能即 G 功能或 G 指令。它是用来指令机床进行加工运动和插补方式的功能。不同的数控系统，G 指令的含义不同，FANUC、HAAS 数控系统常用 G 代码及功能见表 3—2。

表 3—2　　G 功能表

FANUC 0i mate MC			HAAS		
代码	组别	功能	代码	组别	功能
* G00	01	快速点定位	* G00	01	快速点定位
G01	01	直线插补	G01	01	直线插补
G02	01	顺时针圆弧/螺旋线插补	G02	01	顺时针圆弧/螺旋线插补
G03	01	逆时针圆弧/螺旋线插补	G03	01	逆时针圆弧/螺旋线插补
G04	00	暂停	G04	00	暂停
* G15	17	取消极坐标编程	G12	00	顺时针圆周槽铣削循环
G16	17	极坐标方式编程	G13	00	逆时针圆周槽铣削循环
* G17	02	选择 *XY* 平面	* G17	02	选择 *XY* 平面
G18	02	选择 *ZX* 平面	G18	02	选择 *ZX* 平面
G19	02	选择 *YZ* 平面	G19	02	选择 *YZ* 平面
G20	06	用英制尺寸输入	G20	06	用英制尺寸输入
G21	06	用公制尺寸输入	G21	06	用公制尺寸输入
G28	00	自动返回参考点	G28	00	自动返回参考点
G29	00	从参考点移出	G29	00	从参考点移出
G30	00	返回第 2、3、4 参考点	/	/	/
* G40	07	刀具半径补偿注销	* G40	07	刀具半径补偿注销
G41	07	刀具半径左补偿	G41	07	刀具半径左补偿
G42	07	刀具半径右补偿	G42	07	刀具半径右补偿
G43	08	正向长度补偿	G43	08	正向长度补偿

续表

FANUC 0i mate MC			HAAS		
代码	组别	功能	代码	组别	功能
G44	08	负向长度补偿	G44	08	负向长度补偿
* G49	08	取消长度补偿	* G49	08	取消长度补偿
* G50	11	比例缩放取消	* G50	11	取消比例编程
G51	11	比例缩放有效	G51	11	比例编程
* G50. 1	22	可编程镜向取消	G100	00	取消镜向
G51. 1	22	可编程镜向有效	G101	00	允许镜向
G52	00	局部坐标系设定	G52	00	局部坐标系
G53	00	选择机床坐标系	G53	00	选择机床坐标系
* G54 ~ G59	14	选择工件坐标系 1 ~ 6	* G54 ~ G59	12	选择工件坐标系 1 ~ 6
G65	00	宏程序调用指令	G65	00	宏程序调用指令
G66	12	宏程序模态调用	/	/	/
* G67	12	取消宏程序模态调用	/	/	/
G68	16	坐标系旋转指令	G68	16	坐标系旋转指令
* G69	16	坐标系旋转取消	* G69	16	坐标系旋转取消
G73	09	深孔钻削循环	G73	09	深孔钻削循环
G74	09	攻左旋螺纹循环	G74	09	攻左旋螺纹循环
G76	09	精镗孔	G76	09	精镗孔
* G80	09	取消固定循环	* G80	09	取消固定循环
G81	09	钻孔循环	G81	09	钻孔循环
G82	09	钻孔循环	G82	09	钻孔循环
G83	09	深孔钻削循环	G83	09	深孔钻削循环
G84	09	攻右旋螺纹循环	G84	09	攻右旋螺纹循环
G85	09	镗孔循环	G85	09	镗孔循环
G86	09	镗孔循环	G86	09	镗孔循环
G87	09	背镗孔循环	G87	09	人工退出镗孔循环
G88	09	人工退出镗孔循环	G88	09	停顿后人工退出镗孔循环
G89	09	镗孔循环	G89	09	镗孔循环
* G90	03	绝对值编程	* G90	03	绝对值编程

续表

FANUC 0i mate MC			HAAS		
代码	组别	功能	代码	组别	功能
G91	03	增量值编程	G91	03	增量值编程
G92	00	设定工件坐标系	G92	00	设定工件坐标系
* G94	05	每分钟进给量	* G94	05	每分钟进给量
G95	05	每转进给量	G95	05	每转进给量
* G98	10	固定循环返回到起始点	* G98	10	*Z* 轴返回到起始点
G99	10	固定循环返回到 *R* 点	G99	10	*Z* 轴返回到 *R* 平面

* 为数控系统通电后状态

1. 绝对值与增量值编程

编程时作为指令轴移动量的方法，有绝对值指令和增量值指令两种方法，根据需要可选择使用。绝对值指令用 G90 指令，增量值指令用 G91 指令。这是一对模态指令，在同一程序段内只能用一种，不能混用。

如图 3—12 所示，快速从始点 *A* 移动到终点 *B*，用绝对值指令编程和增量值指令编程的情况如下。

（1）绝对值指令 G90。G90 G00 X50.0 Y60.0。

（2）增量值指令 G91。G91 G00 X－70.0 Y40.0。

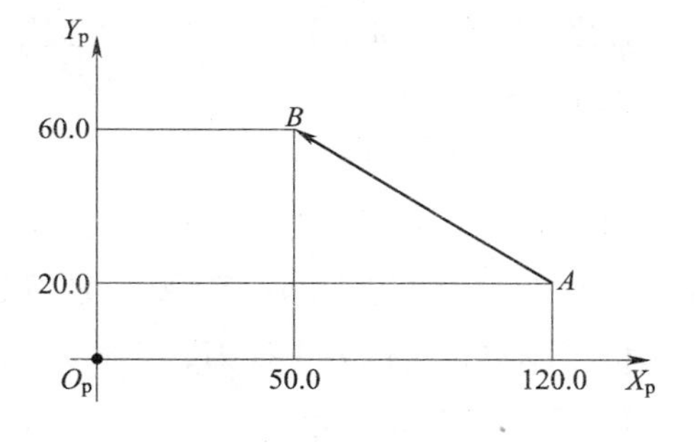

图 3—12　G90 与 G91

用增量值指令编程，坐标值有正负值之分，终点坐标值大于始点坐标值为正值，终点坐标值小于始点坐标值为负值。

2. 米制与英制编程

编程时输入单位是米制，用 G21 指令，输入单位是英制，用 G20 指令。米制、英制 G 代码的切换，要在程序开始设定工件坐标系之前，用单独的程序段指令。

3. 模态与非模态

准备功能 G 代码按其功能不同分为若干组。G 代码有两种：模态式 G 代码和非模态 G 代码。00 组的 G 代码属于非模态 G 代码，也称一次性 G 代码，只在被指令的程序段中有效，其余组的 G 代码属于模态式 G 代码。

FANUC 和 HAAS 中在同一个程序段中可以指定几个不同组的 G 代码，如果在同一个程序段中指令了两个以上的同组 G 代码时，只有最后一个 G 代码有效。

4. 小数点编程

一般的数控系统允许使用小数点输入数值，也可以不用。小数点是否可用视功能字性质、格式的规定而确定，小数点一般用于距离、时间和速度等单位。

（1）距离的小数点单位是 mm 或 in。对于时间，小数点的单位是 s。如 X35.0 表示 X 为 35 mm 或 35 in；F1.5 表示 F1.5 mm/min 或 F1.5 in/min。G04 X2.0 表示暂停 2 s。

（2）有无小数点含义不同。小数点输入中指令值单位为 mm 或 in；无小数点时的指令值为最小设定单位。如 G21 X1. 表示 X1 mm；G21 X1 表示 X0.001 mm 或 0.01 mm（因参数设定而异）。G20 X1. 表示 X1 in；G20 X1 表示 X0.0001 in 或 X0.001 in（因参数设定而异）。

（3）小数点有无可混合使用。如 X1000 Y5.7 表示 X1 mm，Y5.7 mm。

（4）P 参数后不能有小数点。可以使用小数点指令的常用地址：X、Y、Z、A、B、C、I、J、K、R、F。小数点输入不允许用于地址 P。

二、辅助功能

辅助功能代码用地址字 M 及两位数字表示，也称 M 功能或 M 指令。它用来指令加工中心辅助装置的接通和断开，如换刀辅助装置的启用、主轴的启停、切削液的开关等。常用的 M 指令功能如下。

1. 换刀功能 M06

M06 为换刀指令功能，大致分为两种使用情况，一种是与 T 指令在同一程序段中，例如，G91 G28 Z0 T12 M06；其中 12 号刀是下次要换的刀具。另一种情况是与 T 指令不在同一程序段中，先选刀再换刀，不容易混淆。例如，G91 G28 Z0 T10；M06；。

2. 切削液开关指令

（1）M07 切削液开（第一冷却液）。

（2）M08 切削液开（第二冷却液）。

（3）M09 切削液关。

3. 程序结束指令

（1）M02 程序结束。该指令用于加工程序或子程序全部结束。执行该指令后，机床便停止自动运转，切削液关，机床复位。

（2）M30 程序结束。在完成程序段所有指令后，使主轴、进给和切削液都停止，机床及控制系统复位，光标和屏幕显示自动返回程序的开头处。

4. 主轴控制指令

（1）M03 主轴正转。对于立式铣床，正转设定为由 Z 轴正方向向负方向看去，主轴顺时针方向旋转。

（2）M04 主轴反转。主轴逆时针方向旋转。

（3）M05 主轴停止。

5. 程序暂停与选择暂停指令

（1）M00 程序暂停。当执行有 M00 指令的程序段后，不执行下段。相当于执行单程序段操作。当按下操作面板上的循环启动按钮后，程序继续执行。该指令可应用于自动加工过程中，停车进行某些手动操作，如手动变速、换刀、关键尺寸的抽样检查等。

（2）M01 程序选择暂停。该指令的作用和 M00 相似，但它必须在预先按下操作面板上“选择停止”按钮的情况下，当执行有 M01 指令的程序段后，才会停止执行程序。如果不按下“选择停止”按钮，M01 指令无效，程序继续执行。

6. 子程序指令

（1）M98 调用子程序。

（2）M99 子程序结束并返回到主程序。

注意：在一个程序段中只能指令一个 M 代码，如果在一个程序段中指令了两个或两个以上的 M 代码时，有的机床只有最后一个 M 代码有效，其余的 M 代码均无效；有的机床格式不允许。另外，移动指令和 M 指令在同一程序段中时，先执行 M 指令后执行移动指令，如：N10 G91 G01 X50.0 Y－50.0 M03 S800；主轴正转指令开始执行，再执行移动指令。

三、其他功能

1. 进给功能代码 F

（1）切削进给速度。在直线插补 G01，圆弧插补 G02，G03 中用 F 代码及其后面数值来指令刀具的进给速度，单位为 mm/min（米制）或 in/min（英制）。例如：米制 F80.0 表示进给速度为 80 mm/min。加工中心一般不用 mm/r 来表示进给速度单位。

（2）快速进给。用点定位指令 G00 进行快速定位。快速进给的速度每个轴由参数来设定，所以在程序中不需要指定。

2. 主轴功能代码 S

表示主轴转速。用 S 代码及其后面数值来指令主轴转速，单位为 r/min。如 S600 表示主轴转速为 600 r/min。

3. 刀具功能代码 T

表示选刀功能。用在加工中心中，在进行多道工序加工时，必须选取合适的刀具。每把刀具应安排一个刀号，刀号在程序中指定。刀具功能用 T 代码及其后面的两位数字来表示。如 T06 表示选取第 6 号刀具。

4. 刀具补偿功能代码 D（或 H）

用 D 表示半径补偿、用 H 表示长度补偿代码及其后面的两位数字表示。该两位数字为存放刀具补偿量的存储器地址字。如 D01（或 H01）表示刀具补偿量用第 1 号。

第 2 节　加工中心编程方法

学习单元 1　工件坐标系设定

学习目标

- 掌握加工中心编程坐标平面选择指令的格式与使用
- 掌握加工中心工件坐标系设定指令 G54～G59 的格式与使用
- 熟悉加工中心工件坐标系设定指令 G92 的格式与含义

知识要求

一、平面选择（G17、G18、G19）

坐标平面选择指令用于选择圆弧插补平面和刀具半径补偿平面。如图 3—13 所示，G17 选择 *XOY* 平面，G18 选择 *XOZ* 平面，G19 选择 *YOZ* 平面。

移动指令与平面选择无关，如 G17　Z __，*Z* 轴不存在 *XOY* 平面上，但这条指令可使机床在 *Z* 轴方向上产生移动。该组指令为模态指令，在加工中心上，数控系统初始状态一般默认为 G17 状态。若要在其他平面上加工则应使用坐标平面选择指令。

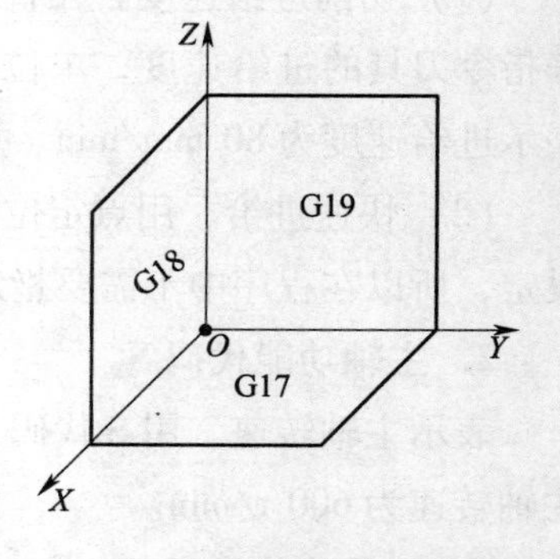

图 3—13　插补平面选择

二、G54～G59 设定坐标系及局部坐标系指令 G52

1. G54～G59 格式

格式：G54；G55；G56；G57；G58；G59。

指令：G54～G59 是采用工件原点在机床坐标系内的坐标值来设定工件坐标系的位置。

2. G54～G59 使用说明

如图 3—14 所示，工件坐标系原点 O_P 在机床坐标系中坐标值为 X－60.，Y－60.，Z－10.，将此数值寄存在 G54 的存储器中，刀具快速移动到图示位置，则执行以下指令：

N10　G54；

N20　G90　G00　X0　Y0　Z20.0；

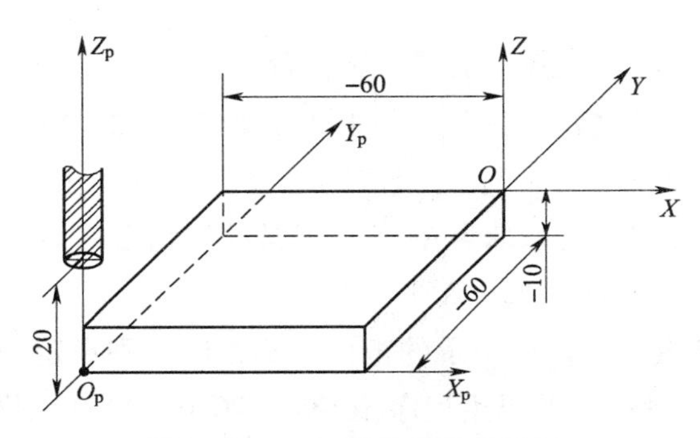

图 3—14　G54 设定工件坐标系

以上程序执行后，所有坐标字指定的尺寸都是设定的工件坐标系中的位置。

G54～G59 一经设定，工件坐标原点在机床坐标系中的位置是不变的，它与刀具的当前位置无关，除非更改，在系统断电后并不破坏，再次开机回参考点后仍有效。

若在工作台上同时加工多个相同零件或不同的零件，它们都有各自的尺寸基准，在编程过程中，有时为了避免尺寸换算，可以建立多个工件坐标系，其坐标原点设在便于编程的某一固定点上，当加工某个零件时，只要选择相应的工件坐标系编制加工程序。

3. 局部坐标系指令 G52

格式：G52　X＿　Y＿；

指令：在 G54～G59 工件坐标系设定的基础上，设定工件坐标系的子坐标系，即局部坐标系。该局部坐标系的原点设定在工件坐标系中以 *X*、*Y* 坐标指定的位置。当局部坐标系设定生效时，以绝对方式（G90）指定的坐标值均为局部坐标系中的坐标值。

注意：局部坐标系的设定不会改变工件坐标系和机床坐标系。若要取消 G52 设定的局部坐标系，应使工件坐标系原点与局部坐标系原点一致，可输入执行程序段“G90 G52 X0 Y0;”。

三、G92 设定坐标系

1. G92 格式

格式：G92　X__ Y__ Z__;

该指令用于设定起刀点即程序开始运动的起点与工件坐标系原点的相对距离，来建立工件坐标系。执行 G92 指令后，也就确定了起刀点与工件坐标系坐标原点的相对距离。

如图 3—15 所示，工件坐标系程序如下：G92　X30.0　Y40.0　Z20.0。

2. G92 使用说明

该指令只是设定坐标系，机床（刀具或工作台）并未产生任何运动。G92 指令执行前的刀具位置，需放在程序所要求的位置上，如果刀具在不同的位置，所设定出的工件坐标系的坐标原点位置也会不同。

如图 3—16 所示，工件坐标系原点在 O_P，刀具起刀点在 A 点，则设定工件坐标系 $X_P O_P Y_P$的程序段为：G92　X20.0　Y20.0。

当刀具起刀点在 B 点，要建立图示的工件坐标系时，则设定该工件坐标系的程序段为：G92 X10.0 Y10.0。这时，若仍用程序段 G92 X20.0 Y20.0 来设置坐标系，则所设定的工件坐标系为 $X_P'O_P'Y_P'$，因此，G92 设定工件坐标系时，所设定的工件原点与当前刀具所在位置有关。

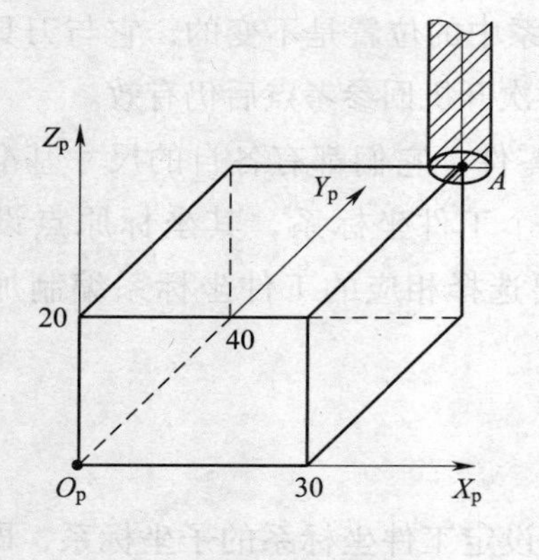

图 3—15　G92 设定工件坐标系

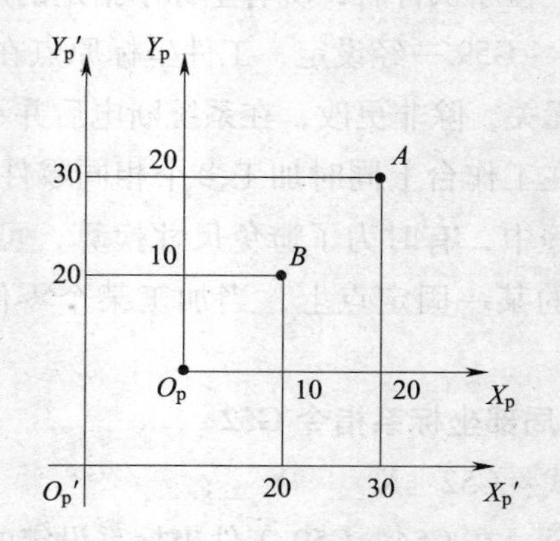

图 3—16　G92 设定工件坐标系说明

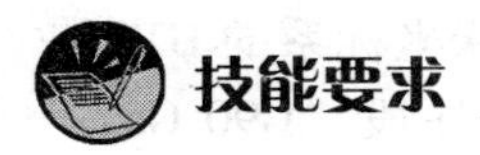

技能要求

平面选择

【例3—2】 如图3—17所示为半径 SR 50 mm的球面，球心位于坐标原点 O，试编写刀心轨迹 $A \to B \to C \to A$ 的圆弧插补程序。

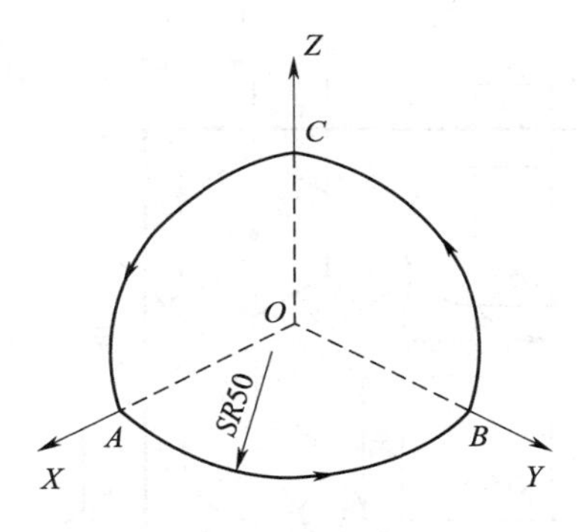

图3—17 球面加工轨迹

操作步骤

编程见表3—3。

表3—3 **例3—2的程序编写（FANUC系统）**

程序	说明
N10 G17 G90 G03 X0 Y50. R50. F100;	在 XOY 平面 $A \to B$
N20 G19 G03 Y0 Z50. R50.;	在 YOZ 平面 $B \to C$
N30 G18 X50. Z0 R50.;	在 XOZ 平面 $C \to A$

工件坐标系的设置

【例3—3】 加工如图3—18所示四个图形，用中心钻运行轨迹，切深为 -1 mm。

操作步骤

步骤1 分析图样

G54 ~ G57 工件加工坐标系的坐标原点分别设在 O_1，O_2，O_3，O_4，设刀位点与 O_1 点重合时，机床坐标系的坐标值分别为 X－300.，Y－100.，Z－60.，机床坐标系的 G17 平面 *XOY* 如图 3—17 所示（图中 *Z* 轴略），G54～G57 设置如下：

G54 设置　X－295.0　Y－100.0　Z－60.0

G55 设置　X－260.0　Y－90.0　Z－60.0

G56 设置　X－260.0　Y－60.0　Z－60.0

G57 设置　X－295.0　Y－70.0　Z－60.0

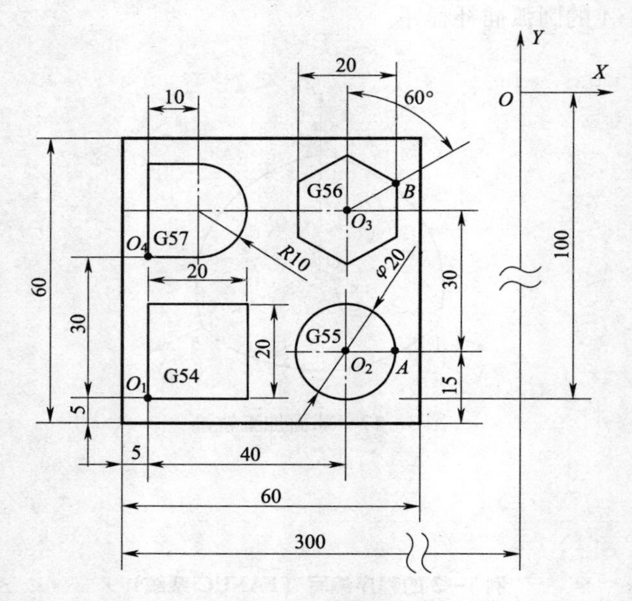

图 3—18　例 3—3 选择工件坐标系

步骤 2　程序编写程序编写（见表 3—4）

表 3—4　　**例 3—3 编写程序（FANUC 系统）**

程序	说明
O0303;	程序名
N10　G54;	选择 G54
N20　M03　S1000;	主轴正转，转速 1 000 r/min
N30　G90　G00　X0　Y0　Z6.0;	刀具快速进至 O_1 点上方 6 mm 处
N40　G01　Z－1.0　F100;	*Z* 方向加工，进给速度为 100 mm/min
N50　X20.0;	加工左下方图形
N60　Y20.0;	加工左下方图形

续表

程序	说明
N70 X0;	加工左下方图形
N80 Y0;	加工左下方图形
N90 G00 Z6.0;	Z 方向快退
N100 G55;	选择 G55
N110 G00 X0 Y0;	刀具快速进至 O_2 点上方 6 mm 处
N120 X10.0;	快进至 A 点
N130 G01 Z-1.0 F100;	Z 方向进给
N140 G02 I-10.0;	加工右下方图形
N150 G00 Z6.0;	Z 方向快退
N160 G56;	选择 G56
N170 G00 X0 Y0;	刀具快速进至 O_3 点上方 6 mm 处
N180 X10. Y5.77;	快进至 B 点
N190 G01 Z-1.0 F100;	Z 方向进给
N200 X0 Y11.55;	加工右上方图形
N210 X-10. Y5.77;	加工右上方图形
N220 Y-5.77;	加工右上方图形
N230 X0 Y-11.55;	加工右上方图形
N240 X10.0 Y-5.77;	加工右上方图形
N250 Y5.77;	加工右上方图形
N260 G00 Z6.0;	Z 方向快退
N270 G57;	选择 G57
N280 G00 X0 Y0;	刀具快速进至 O_4 点上方 6 mm 处
N290 G01 Z-1.0 F100;	Z 方向进给
N300 X10.0;	加工左上方图形
N310 G03 Y20. I0 J10.0;	加工左上方图形
N320 G01 X0;	加工左上方图形
N330 Y0;	加工左上方图形
N340 G00 Z6.0;	Z 方向快退
N350 M05;	主轴停止
N360 M30;	程序结束

学习单元 2　参考点及自动换刀指令

学习目标

➢ 掌握参考点返回指令的格式与使用

➢ 掌握自动换刀指令的格式与使用

➢ 熟悉加工中心编程中设定参考点与换刀的意义

知识要求

一、返回参考点

FANUC 系统格式：G28　X__　Y__　Z__　S；

执行 G28 指令，使各轴快速移动到设定的坐标值为 X、Y、Z 中间点位置，返回到参考点定位。指令轴的中间点坐标值，可用绝对值指令或增量值指令。

【例 3—4】　如图 3—19 所示的 G28 程序段

绝对方式：G90　G28　X350.　Y200.；

增量方式：G91　G28　X250.　Y50.；

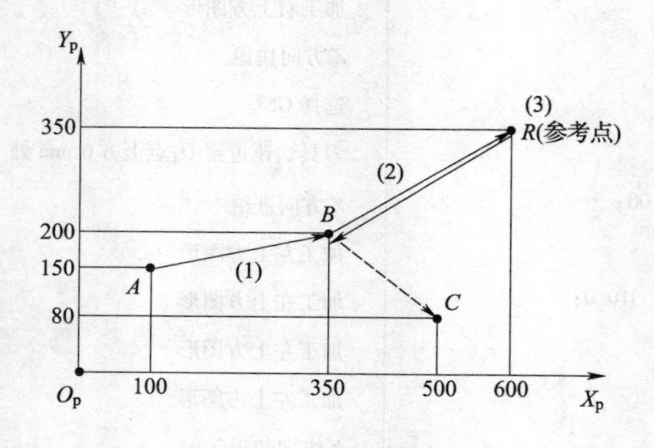

图 3—19　返回参考点

G28 程序段的动作顺序如下。

（1）快速从当前位置定位到指令轴的中间点位置（A 点→B 点）。

（2）快速从中间点定位到参考点（B 点→R 点）。

（3）若机床非锁住状态，返回参考点完毕时，回零指示灯亮。

这个指令一般在自动换刀时使用。所以使用这个指令时，原则上要取消刀具半径补偿和刀具长度补偿。

二、从参考点返回

FANUC 系统格式：G29　X＿　Y＿　Z＿;

执行 G29 指令，首先使各轴快速移动到 G28 所设定的中间点位置，然后再移动到 G29 所设定的坐标值为 X，Y，Z 的返回点位置上定位。增量指令时，其值为中间点增量值的返回。

如图 3—19 所示，在执行 G29 前，轴从 R 点移到 C 点，程序段如下：

绝对方式：G90　G29　X500.　Y80.；　　参考点 $R \to B \to C$

增量方式：G91　G29　X150.　Y－120.；　　参考点 $R \to B \to C$

通常 G28 和 G29 指令应配合使用，使机床换刀直接返回到加工点 C，而不必计算中间点 B 与参考点 R 之间的实际距离。

三、自动换刀指令

1. 装刀

刀具装入刀库。加工中心常见的装刀方式一般有以下两种。

（1）刀具必须经主轴装入刀库。即刀具必须先装在主轴内孔中，然后执行整个换刀过程，刀具才能被装入刀库中。如斗笠式刀库装刀。

（2）刀具可以直接装入刀库刀座内。即可将刀具直接安装在刀库的任意刀座或指定刀座内，无须经过中转环。如链式刀库装刀。

2. 选刀

从刀库中选出指定刀具的操作。

3. 换刀

将主轴上的刀具放入刀库，将所选刀具装入主轴的过程称为换刀，主轴上的刀具放入刀库与所选刀具装入主轴的动作可能顺序进行，也可能同时进行。

4. 换刀点

多数加工中心换刀点规定在机床 Z 轴零点（Z0），要求在换刀前用准备功能指令（G28）使主轴自动返回 Z0 点。个别加工中心规定在机床的第二参考点上，要求在换刀前用准备功能指令（G28）使主轴自动返回第二参考点。

5．程序编制

（1）主轴返回参考点和刀库选刀同时进行，选好刀具后进行换刀。

N10　G28 Z0 T02；*Z* 轴回零，选 2 号刀。

N20　M06；换上 2 号刀。

（2）在 *Z* 轴回零换刀前就选好刀。

N10 G01 X＿　Y＿　Z＿　F＿　T02；直线插补，选 2 号刀。

N11 G28 Z0 M06；*Z* 轴回零，换 2 号刀。

N20 G01 Z＿　F＿　T03；直线插补，选 3 号刀。

学习单元 3　基本移动指令

学习目标

- 掌握加工中心快速定位指令的格式与使用
- 掌握加工中心直线插补指令的格式与使用
- 掌握加工中心圆弧插补半径参数法的格式与使用
- 掌握加工中心圆弧插补圆心参数法的格式与使用

知识要求

一、快速定位（G00）

1．G00 格式

格式：G00　X＿　Y＿　Z＿；

快速定位 G00 指令为刀具相对于工件分别以各轴快速移动速度由始点快速移动到终点定位。G00 是基本运动指令，不是加工中心的插补指令。

2．G00 使用说明

G00 运动速度及轨迹由数控系统决定。运动轨迹在一个坐标平面内是先按比例沿 45°斜线移动，再移动剩下的一个坐标方向上的直线距离。如果是要求移动一个空间距离，则先同时移动三个坐标，即空间位置的移动一般是先走一段空间的直线，再走一条平面斜线，最后沿剩下的一个坐标方向移动达到终点。可见，G00 指令的运动轨迹一般不是一条直线，而是三条或两条直线段的组合。忽略这一点，就容易发生碰撞，相当危险。

如图 3—20 所示，刀具从 *A* 点到 *C* 点快速定位，程序为：

G90　G00　X45.0　Y25.0；或 G91　G00　X35.0　Y20.0；

则刀具的移动路线为一折线，即刀具从始点 *A* 先沿斜线移动至 *B* 点，然后再沿 *X* 轴移动至终点 *C*。

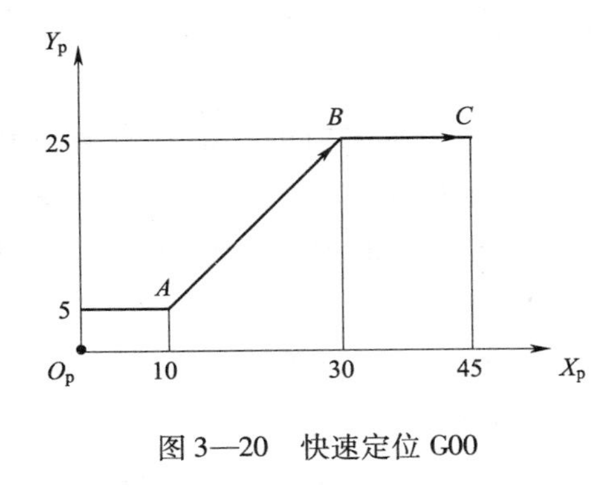

图 3—20　快速定位 G00

二、直线插补（G01）

1. G01 格式

格式：G01　X __　Y __　Z __　F __；

2. G01 使用说明

直线插补 G01 指令用于刀具相对于工件以 F 指令进给速度，从当前点向终点进行直线移动。刀具沿 *X*、*Y*、*Z* 方向执行单轴移动，或在各坐标平面内执行任意斜率的直线移动，也可执行三轴联动，刀具沿指定空间直线移动。F 代码是进给速度指令代码，在没有新的 F 指令以前一直有效，不必在每个程序段中都写入 F 指令。

3. 进给速度

进给速度 F 是数控机床切削用量中的重要参数，主要根据零件的加工精度和表面粗糙度要求以及刀具、工件的材料性质选取。最大进给速度受机床刚度和进给系统的性能限制。斜线进给速度是斜线上各轴进给速度的矢量和，圆弧进给速度是圆弧上各点的切线方向。

在轮廓加工中，由于速度惯性或工艺系统变形在拐角处会造成“超程”或“欠程”现象，即在拐角前其中一个坐标轴的进给速度要减小而产生欠程，而另一坐标轴要加速，则在拐角后产生超程。因此，轮廓加工中，在接近拐角处应适当降低进给量，以克服“超程”或“欠程”现象。有的数控机床具有自动处理拐角处的“超程”或“欠程”现象。

三、圆弧插补（G02、G03）

1. G02、G03 判断

圆弧插补 G02 指令刀具相对于工件在指定的坐标平面（G17、G18、G19）内，以 F

指令的进给速度从始点向终点进行顺时针圆弧插补，圆弧插补 G03 则是逆时针圆弧插补。

圆弧顺、逆方向的判断：沿着不在圆弧平面内的坐标轴由正方向向负方向看去，顺时针方向为 G02，逆时针方向为 G03，如图 3—21 所示。

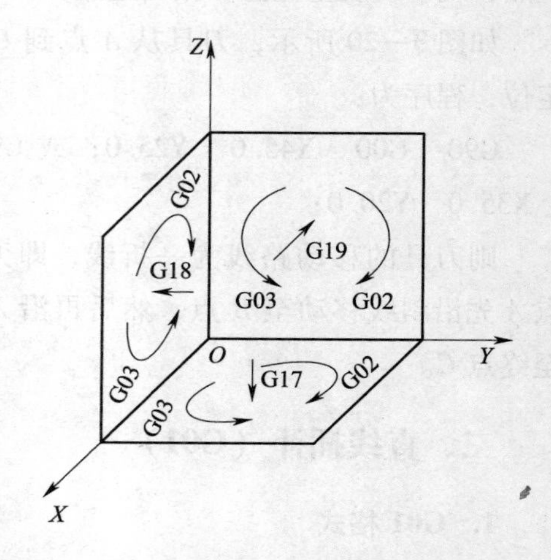

图 3—21　圆弧顺、逆时针方向的判断

2. G02、G03 格式

在 XOY 平面内格式：

$$G17\begin{Bmatrix}G02\\G03\end{Bmatrix}\ X\_\ \ Y\_\ \ \begin{Bmatrix}I\_\ J\_\\R\_\end{Bmatrix}\ F\_;$$

式中 X、Y、Z 是圆弧终点坐标值，对应于 G90 指令的是用绝对值表示，对应于 G91 指令是用增量值表示。增量值是从圆弧的始点到终点的距离值。

其他 G18、G19 平面形式虽然不同，但原则一样，这时特别要注意判别 G02、G03 时，朝着不在补偿平面内的坐标轴由正方向向负方向看。

3. G02、G03 使用说明

圆弧中心用地址 I、J、K 指定，如图 3—22 所示。它们是圆心相对于圆弧起点，分别在 *X*、*Y*、*Z* 轴方向的坐标增量，是带正负号的增量值，圆心坐标值大于圆弧起点的坐标值为正值，圆心坐标值小于圆弧起点坐标值为负值。当 I、J、K 为零时可以省略；在同一程序段中，如 I、J、K 与 R 同时出现时，R 有效，I、J、K 无效。

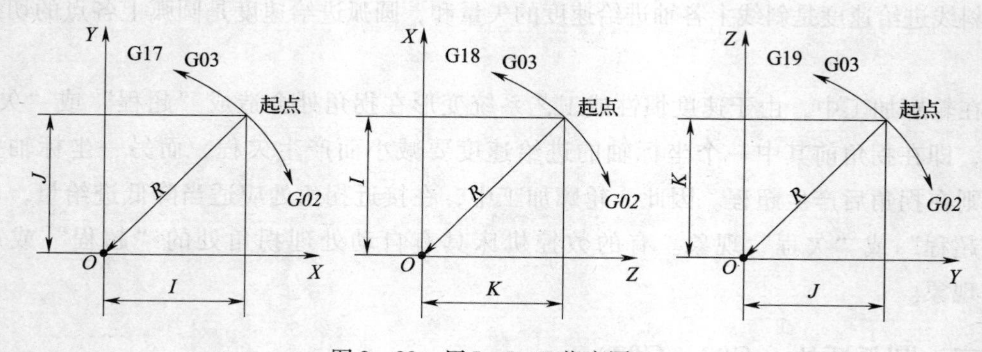

图 3—22　用 I、J、K 指定圆心

圆弧中心也可用半径指定，在 G02、G03 指令的程序段中，可直接指令圆弧半径，指令半径的尺寸字地址一般是 R。在相同半径的条件下，从圆弧起点到终点有两个圆弧的可能性，即圆弧所对应的圆心角小于180°，用+R表示，圆弧所对应的圆心角大于180°，用-R表示，对于180°的圆弧，正负号均可。

4．G02、G03使用样例

如图3—23所示的圆弧程序段见表3—5。

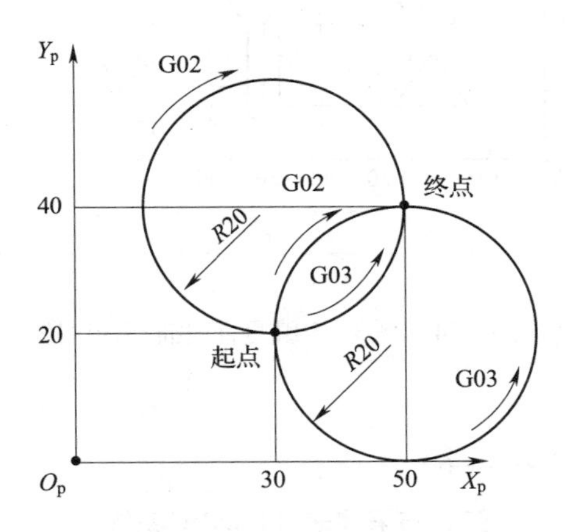

图3—23　用半径指定圆心

表3—5　　**圆弧插补程序**

系统	圆弧角度	圆弧方向	增量方式	绝对方式
FANUC	≤180°	顺圆	G91 G02 X20. Y20. R20. F100；	G90 G02 X50. Y40. R20. F100；
		逆圆	G91 G03 X20. Y20. R20. F100；	G90 G03 X50. Y40. R20. F100；
	≥180°	顺圆	G91 G02 X20. Y20. R-20. F100；	G90 G02 X50. Y40. R-20. F100；
		逆圆	G91 G03 X20. Y20. R-20. F100；	G90 G03 X50. Y40. R-20. F100；

技能要求

编写直线插补程序

【例3—5】　加工如图3—24所示图形，用$\phi 6$铣刀铣出X、Y、Z三个字母（中心轨迹），深度为1 mm，试分别用绝对方式与增量方式编程。

操作步骤

步骤1　工件坐标系设置（见图3—24）

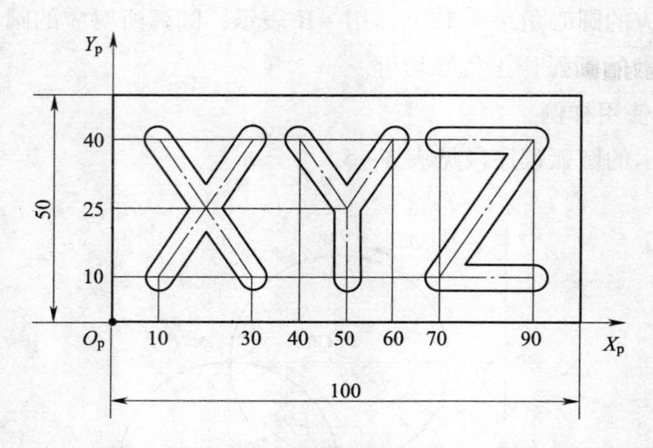

图 3—24　例 3—5 编写直线插补程序段

步骤 2　编写程序（见表 3—6）

表 3—6　　　　**例 3—5 程序表（FANUC 系统）**

绝对值编程	增量值编程
O3051；	O3052；
N10　G54；	N10　G54；
N20　M03　S1000；	N20　M03　S1000；
N30 G90 G00 X0 Y0 Z6. 0；	N30 G90 G00 X0 Y0 Z6. 0；
N40　X10.　　Y10. 0；	N40　G91　X10　Y10. 0；
N50　G01　Z－1. 0　F100；	N50　G01　Z－7. 0　F100；
N60　X30. 0　Y40. 0；	N60　X20. 0　Y30. 0；
N70　G00　Z6. 0；	N70　G00　Z7. 0；
N80　X10. 0；	N80　X－20. 0；
N90　G01　Z－1. 0　F100；	N90　G01　Z－7. 0　F100；
N100　X30. 0　Y10. 0；	N100　X20. 0　Y－30. 0；
N110　G00　Z6. 0；	N110　G00　Z7. 0；
N120　X50. 0；	N120　X20. 0；
N130　G01　Z－1. 0　F100；	N130　G01　Z－7. 0　F100；
N140　Y25. 0；	N140　Y15. 0；
N150　X40. 0　Y40. 0；	N150　X－10. 0　Y15. 0；

续表

绝对值编程	增量值编程
N160 G00 Z6.0；	N160 G00 Z7.0；
N170 X60.0；	N170 X20.0；
N180 G01 Z－1.0 F100；	N180 G01 Z－7.0 F100；
N190 X50.0 Y25.0；	N190 X－10.0 Y－15.0；
N200 G00 Z6.0；	N200 G00 Z7.0；
N210 X70.0 Y40.0；	N210 X20.0 Y15.0；
N220 G01 Z－1.0 F100；	N220 G01 Z－7. F100；
N230 X90.0；	N230 X20.0；
N240 X70.0 Y10.0；	N240 X－20.0 Y－30.0；
N250 X90.0；	N250 X20.0；
N260 G00 Z6.0；	N260 G00 Z7.0；
N270 M05；	N270 M05；
N280 M30；	N280 M30；

编写圆弧插补程序

【例3—6】 编制如图3—25所示的圆弧轨迹程序，设 Z 向深1.0 mm。

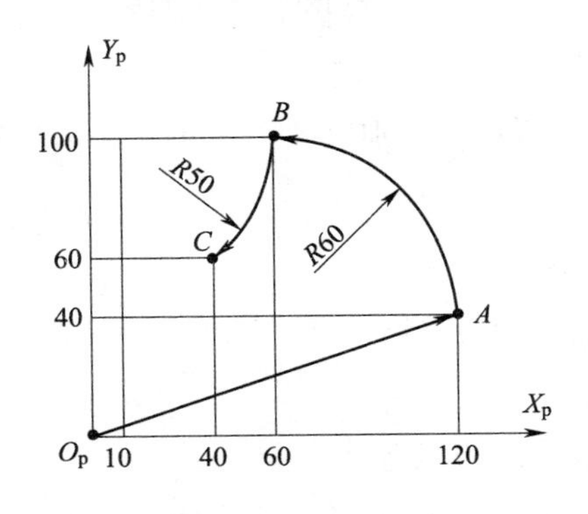

图3—25 例3—6圆弧插补编程

操作步骤

步骤1 工件坐标系设置（见图3—25）

步骤 2　编写程序（见表 3—7）

表 3—7　　**例 3—6 圆弧指定圆心方式编程（FANUC 系统）**

程序	说明
O0306;	程序名
N10　G91 G28 Z0.;	返回参考点
N20　M06 T01;	换刀指令
N30　G54 G17 G90;	工件坐标系零点为 O_P
N40　M03 S1000;	主轴正转
N50　G90 G00 Z10.;	绝对编程，快速移动至 Z10 mm
N60　X0 Y0 ;	点定位 O_P
N70　G00 X120. Y40.;	点定位 $O_P \rightarrow A$
N80　G01 Z-1. F100 ;	直线进给 Z 为 -1 mm
N90　G03 X60. Y100. R60. ;	圆弧插补 $A \rightarrow B$
N100　G02 X40. Y60. R50. ;	圆弧插补 $B \rightarrow C$
N110　G01 Z3.;	Z 向退出
N120　G00 Z10.;	Z 向快速退回
N130　X0 Y0;	移至工件坐标原点
N140　M05;	主轴停转
N150　M30;	程序结束

编写整圆插补程序

【例 3—7】　如图 3—26 所示，分别以 A、B、C、D 作为起始点，编制全圆的加工程序。

操作步骤

步骤 1　工件坐标系设置（见图 3—26）

步骤 2　选用指令方式

当 X、Y、Z 同时省略表示终点和始点是同一位置，用 I、J、K 指令圆心时，为 360°的整圆弧，使用 R 时，表示 0°的圆，所以整圆应使用圆心参数法编程。

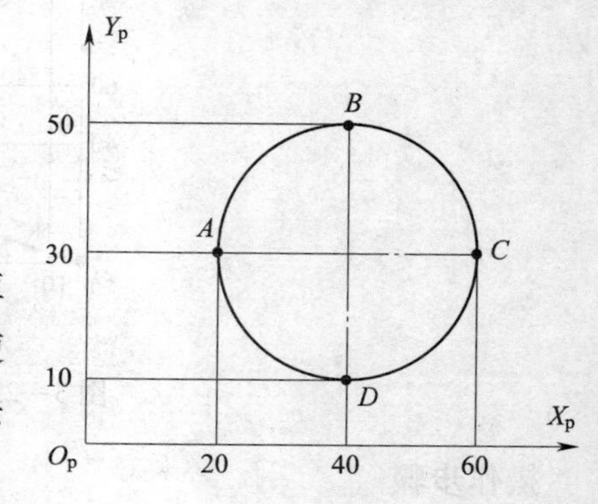

图 3—26　例 3—7 全圆编程

步骤 3　编写整圆程序段

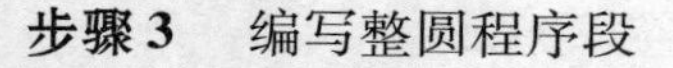

圆弧起始点为 A：G02（或 G03）I20. F100。

圆弧起始点为 B：G02（或 G03）J－20. F100。

圆弧起始点为 C：G02（或 G03）I－20. F100。

圆弧起始点为 D：G02（或 G03）J20. F100。

学习单元4　孔加工固定循环

学习目标

➢ 掌握加工中心孔加工固定循环的格式以及各指令的含义

➢ 熟悉加工中心孔加工固定循环的动作顺序

➢ 掌握加工中心孔加工常用固定循环的使用方法

知识要求

固定循环通常是用含有 G 功能的一个程序段完成用多个程序段指令完成的加工动作，使程序得以简化，缩短程序的长度，减少程序所占内存。

一、编程格式

格式：

$\begin{Bmatrix} \text{G90} \\ \text{G91} \end{Bmatrix} \begin{Bmatrix} \text{G99} \\ \text{G98} \end{Bmatrix}$ G□□ X__ Y__ Z__ R__ Q__ P__ F__;

说明：

G90，G91：数据方式。G90 绝对值方式；G91 增量值方式。

G99，G98：返回点平面。在返回动作中，G99 指令返回到 R 点平面 G98 指令返回到初始点平面。通常最初的孔加工用 G99，最后加工的孔用 G98，可以减少辅助时间。用 G99 状态加工时，初始点平面也不变化。

G□□：孔加工方式。孔加工方式对应的指令见表 3—8。

X，Y：孔位置坐标。刀具以快速进给方式到达（X，Y）点。

Z：孔加工轴方向切削进给最终位置坐标值，在采用绝对方式时，Z 值为孔底坐标值；当采用增量方式时，Z 值为 R 点平面相对于孔底的增量值。

表 3—8　　孔加工固定循环指令表

G 指令	加工动作（－Z 方向）	孔底动作	退刀动作（＋Z 方向）	主要用途
G73	间歇进给	暂停	快速进给	高速深孔钻
G74	切削进给	暂停、主轴正转	切削进给	反攻螺纹（左螺纹）
G76	切削进给	主轴准停	快速进给	精镗
G80	—	—	—	取消循环
G81	切削进给	—	快速进给	钻、点钻
G82	切削进给	暂停	快速进给	钻、锪钻
G83	间歇进给	暂停	快速进给	深孔钻
G84	切削进给	暂停、主轴反转	切削进给	攻螺纹
G85	切削进给	—	切削进给	镗孔
G86	切削进给	主轴停	快速进给	镗孔
G87	切削进给	主轴准停	快速进给	背镗
G88	切削进给	暂停后主轴停止	手动	镗孔
G89	切削进给	暂停	切削进给	镗孔

R：绝对方式 G90 时，为 R 点平面的绝对坐标；在增量方式 G91 时，R 值为初始点相对于 R 点平面的增量值。

Q：在高速深孔加工循环 G73，G83 中，规定每次切削深度，它始终是一个增量值。在镗孔循环 G87 中，规定为偏移量，一般总为正值。

P：孔底暂停时间，用整数表示，以 ms（毫秒）为单位。

F：切削进给速度，以 mm/min 为单位。

上述孔加工数据不一定全部都写，根据需要可省去若干地址和数据。

固定循环指令是模态指令，一旦指定，就一直保持有效，直到用 G80 取消指令为止。此外，G00，G01，G02，G03 也起取消固定循环指令的作用。在固定循环方式中，如果指令了刀具长度补偿（G43，G44，G49）则 R 点平面定位时进行偏移，如图 3—27 中动作（2）所示。

二、动作顺序组成

当孔加工方式建立后，一直有效，不需要在执行相同孔加工的每一个程序段中重复指定，除非被新的孔加工方式所更换或撤销。

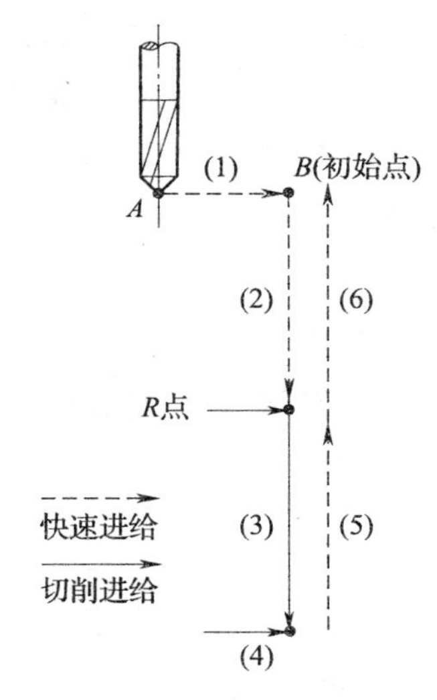

图 3—27　固定循环动作

如图 3—27 所示，固定循环常由六个动作顺序组成。

1. X 轴和 Y 轴定位，起刀点 A→初始点 B。
2. 快速进给到 R 点。
3. 孔加工（钻孔或镗孔等）。
4. 孔底的动作（暂停、主轴停等）。
5. 退回到 R 点。
6. 快速运行到初始点位置。

初始点平面是表示从取消固定循环状态到开始固定循环状态的孔加工轴方向的绝对值坐标位置。

三、常用循环使用

1. 钻孔循环（G81）

钻孔循环是一种常用的钻孔加工方式，其循环动作如图 3—28 所示。

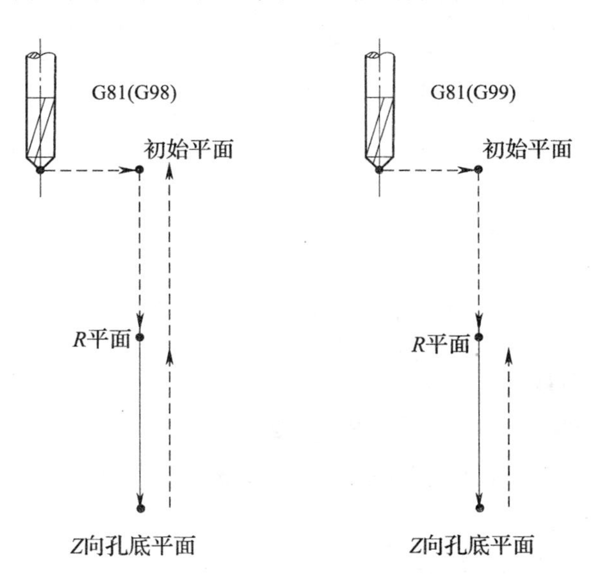

图 3—28　G81 钻孔循环

2．中心钻孔循环（G82）

G82 与 G81 基本相同，只是 G82 在孔底暂停后上升。由于在孔底暂停，在盲孔及中心钻定点加工中，可提高孔深的精度。

3．深孔钻削循环（G83）

深孔钻削循环指令 G83 如图 3—29 所示。其有一个加工数据 Q，为每次切削深度，当钻削深孔时，须间断进给，有利于断屑、排屑，钻削深度到 Q 值时，退回到 R 点平面，当第二次以后切入时，先快速进给到距刚加工完的位置 d 处，然后变为切削进给。钻削到要求孔深度的最后一次进刀量是进刀若干个 Q 之后的剩余量，它小于或等于 Q。Q 用增量值指令，必须是正值，即使指令了负值，符号也无效。d 用系统参数设定，不必单独指令。

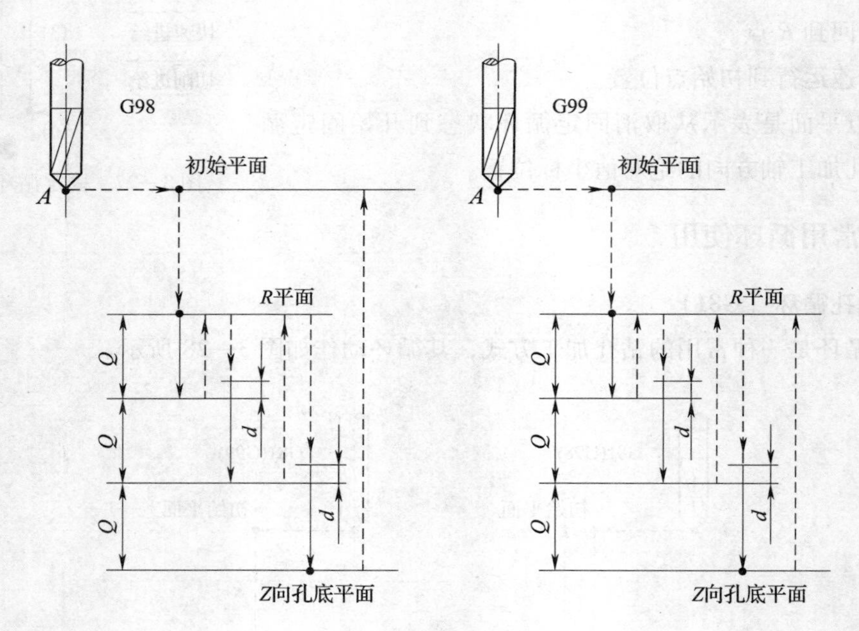

图 3—29　G83 深孔钻削循环

4．攻右旋螺纹（G84）

编程格式：G84 G98（G99）X＿ Y＿ Z＿ （R＿）P＿ F＿；攻右旋螺纹的特点是主轴正转切入，反转退出，其动作循环如图 3—30 所示。

5．镗孔循环（G85）

编程格式：G85 G98（G99）X＿ Y＿ Z＿ （R＿）F＿；为基本的镗孔循环。动作循环如图 3—31 所示。

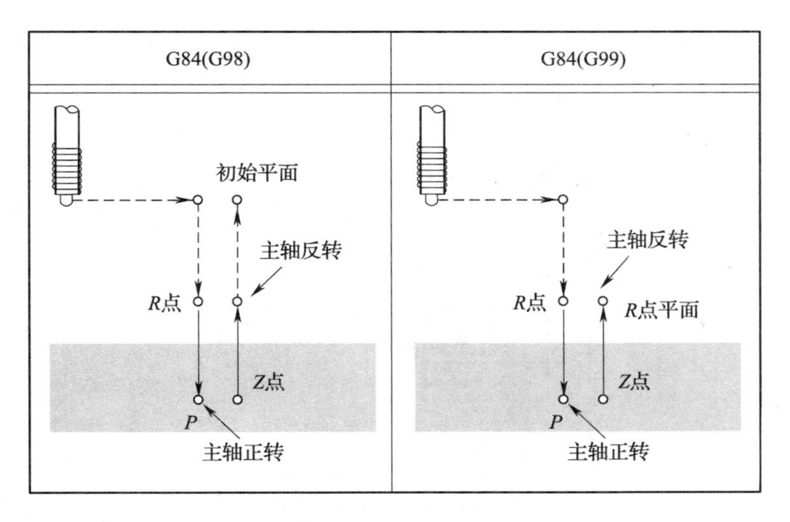

图 3—30　G84 攻螺纹循环

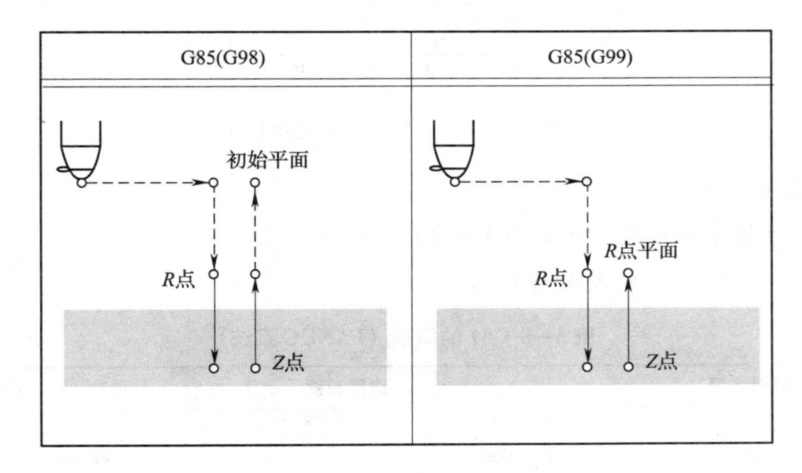

图 3—31　G85 镗孔循环

技能要求

编写钻孔程序

【例 3—8】　如图 3—32 所示零件，3 个孔在 *X* 向、*Y* 向等距离分布，用 G81 指令编写孔加工程序。

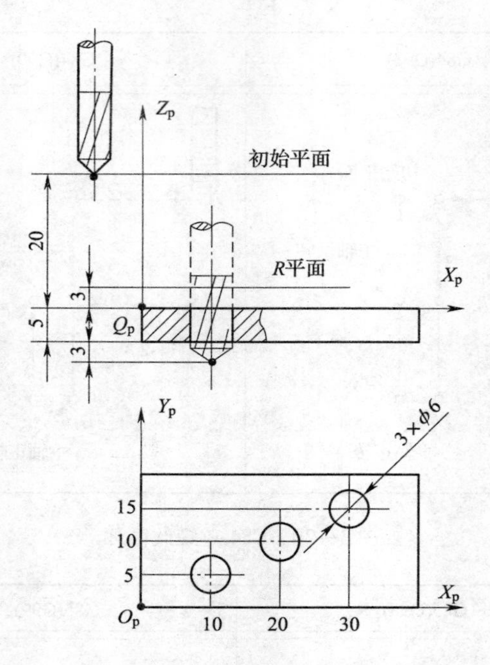

图 3—32　例 3—8 的 G81 定点钻孔

操作步骤

步骤 1　工件坐标系设置（见图 3—32）

步骤 2　编写程序（见表 3—9）

表 3—9　　　　　　　　　**例 3—8 G81 的编程（FANUC 系统）**

绝对编程	增量编程	说明
O3081；	O3082；	程序名
N10 G91 G28 Z0；	N10 G91 G28 Z0；	返回参考点
N20 M06 T02；	N20 M06 T02；	换刀指令
N30 G54 G17 G90；	N30 G54 G17 G90	设定工件坐标系
N40 M03 S1000；	N40 M03 S1000；	主轴正转
N50 G90 G00 Z20.；	N50 G90 G00 Z20.；	刀具移至 O_P 点上方
N60 X0 Y0；	N60 X0 Y0；	重新定位
N70 G81 G99 X10. Y5. Z－8. R3. F80；	N70 G91 G81 G99 X10. Y5. Z－11. R－17. F80；	钻孔，返回 R 平面
N80 X20. Y10.；	N80 X10. Y5.；	返回到初始平面

续表

绝对编程	增量编程	说明
N90 G98 X30. Y15.;	N90 G98 X10. Y5.;	
N100 G00 X0. Y0.;	N100 G90 G00 X0. Y0.;	
N110 M05;	N110 M05;	主轴停
N120 M30;	N120 M30;	程序结束

编写深孔钻削程序

【例 3—9】 如图 3—33 所示零件，钻削 2 个 $\phi5$ mm 深孔，用深孔循环指令编写孔加工程序。

操作步骤

步骤 1 工件坐标系设置（见图 3—33）

步骤 2 指令参数设定

设定 $Q=15$ mm，R 点的 Z 向绝对坐标值为 2 mm，d 由系统参数设定为 2 mm。

步骤 3 编写程序（见表 3—10）

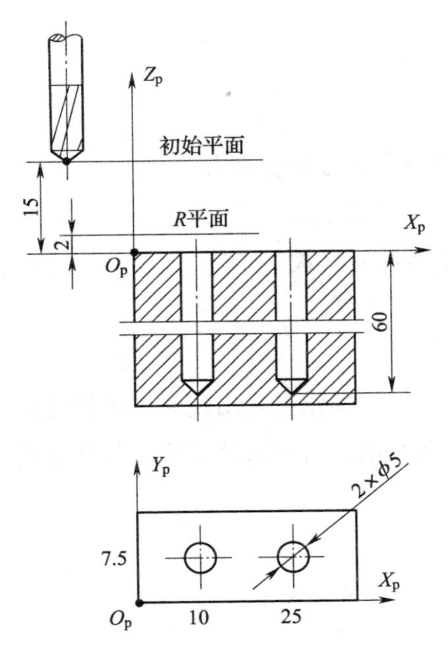

图 3—33 例 3—9 的 G83 深孔编程

表 3—10　　例 3—9 编程（FANUC 系统）

程序	说明
O0309；	程序名
N10 G91 G28 Z0；	
N20 M06 T02；	换刀指令
N30 G54 G17 G90；	设定工件坐标系
N40 M03 S1000；	主轴正转
N50 G90 G00 Z15.；	
N60 X0 Y0 ；	
N70 G99 G83 X10. Y7.5 Z－60. R2. Q15. F80；	钻左边孔，间断钻削，返回 *R* 平面
N80 G98 X25.；	钻右边孔，间断钻削，返回初始平面
N90 G00 X0 Y0；	返回工件原点
N100 M05；	主轴停
N110 M30；	程序结束

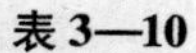

学习单元 5　子程序使用

学习目标

- 了解加工中心子程序的个数与嵌套要求
- 掌握加工中心子程序的调用方法
- 掌握加工中心子程序的编写格式

知识要求

在程序中，若某一固定的加工操作重复出现时，可把这部分操作编成子程序，事先存入到存储器中，然后根据需要调用，这样可使程序变得非常简单。

一、调用子程序

格式 1：M98 P ×××× ×××× ；

↑ 循环次数　↑ 子程序号

格式 2：M98 P ×××× L×××× ；

↑ ↑

子程序号 循环次数

说明：省略循环次数时，默认循环次数为一次。子程序可以由主程序调用，并且已被调用的子程序还可调用其他的子程序。从主程序调用的子程序称为 1 重，一共可以调用 4 重，如图 3—34 所示。子程序的个数没有限制，子程序嵌套层数有限制。

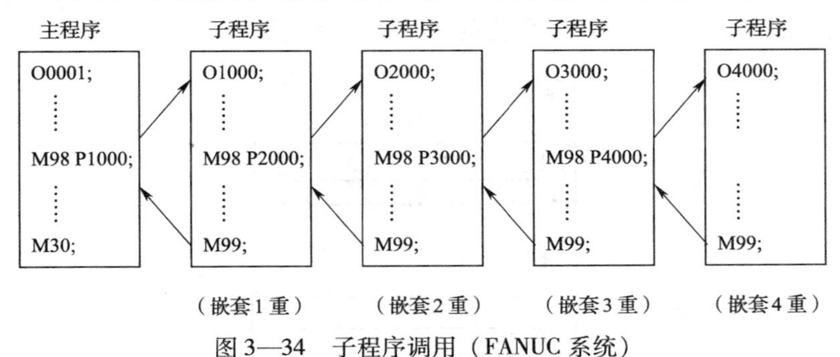

图 3—34 子程序调用（FANUC 系统）

如：M98 P51002 此条指令表示子程序号为 1002 的子程序连续被调用 5 次。也可把 M98 P __与移动指令放在同一个程序段中。又如：X100. 0 M98 P1200；此条指令表示 X 移动结束后，调用子程序号为 1200 的子程序 1 次。

二、子程序格式

格式：O××××； 子程序号

……

M99； 程序结束

说明：M99 也可以不作为一个单独的程序段，例如，X100. 0 Z100. 0 M99。

M99 指令为子程序结束并返回主程序 M98 的下一程序段，继续执行主程序，如图 3—35所示。

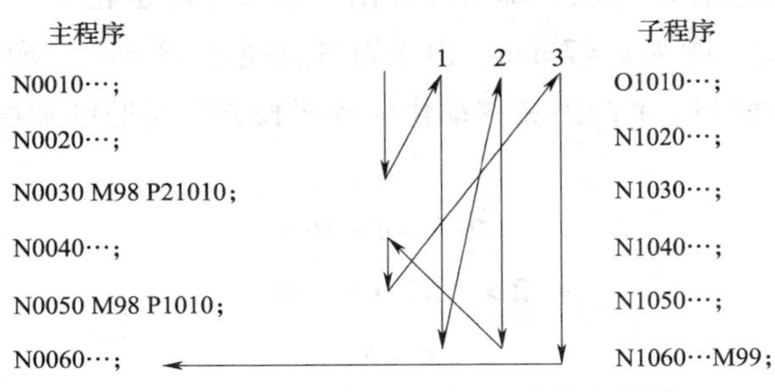

图 3—35 主程序调用子程序的执行顺序

技能要求

用子程序格式编写程序

【例3—10】 加工如图3—36所示零件，粗铣长方形型腔，深度12 mm，每次切深为2 mm，刀具直径8 mm，用FANUC系统调用子程序格式编程。

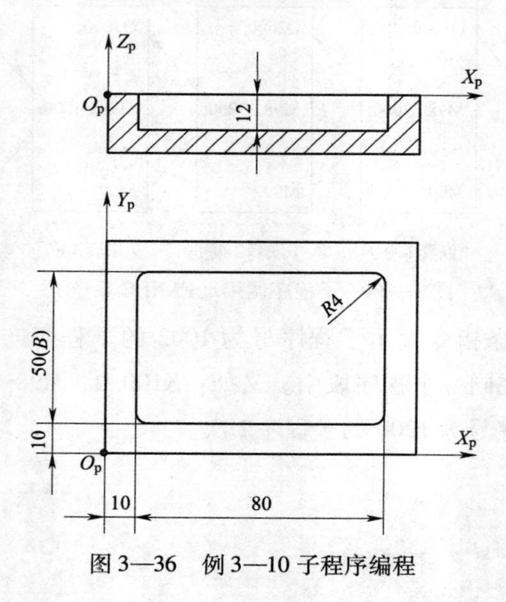

图3—36　例3—10子程序编程

操作步骤

步骤1　分析子程序调用

用两重调用子程序编程。第一重子程序设为长方形型腔切削深度为2 mm的程序。第二重子程序为同一切削深度时的刀心轨迹，如图3—37所示。刀心轨迹 $A \rightarrow B \rightarrow C \rightarrow D \rightarrow E$ 作为一个循环单元，重复循环三次，即可加工出一层长方形型腔。

现设 Y 向刀具移动步距为 $b=7$ mm，由于刀具直径 $d=8$ mm，所以 AB 与 CD 的切削轨迹有 $d-b=1$ mm的重叠量。Y 向刀具移动量应等于长方形型腔的宽度 $B-d$。如循环次数为 n，则计算公式为：

$$2nb+d=B$$

则
$$2 \times n \times 7+8=50$$

得：
$$n=3$$

如图3—38所示为调用一次子程序O1和O2的刀具中心移动轨迹。

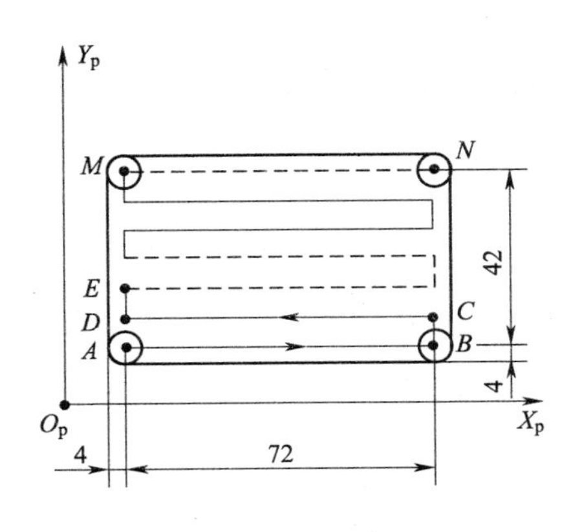

图 3—37　刀心轨迹

子程序O1刀具轨迹
子程序O2刀具轨迹

图 3—38　刀心轨迹合成

步骤 2　工件坐标系设置（见图 3—36）

步骤 3　程序编写（见表 3—11）

表 3—11　　**例 3—10 编程（FANUC 系统）**

程序	说明
O310;	主程序名
N10 G91 G28 Z0;	
N20 M06 T01;	换刀指令
N30 G54 G17 G90;	设定工件坐标系
N40 M03 S1000;	主轴正转
N50 G90 G00 Z10.;	
N60 X14. Y14.;	
N70 G00 Z2.;	快速移动到 *A* 点上方 2 mm 处
N80 M98 P60001;	1 号子程序调用 6 次，加工出 12 mm 深腔
（M98 0001 L0006）	（HAAS 系统调用子程序）
N90 G90 G01 Z2.;	退回至 2 mm 处
N100 G00 Z10.;	快速退至 10 mm 处
N110 X0 Y0;	移到工件原点
N120 M05;	主轴停
N130 M30;	程序结束
O1;	第一重子程序名
N10 G91 G01 Z-4. F100;	在 *A* 点切深 2 mm
N20 M98 P30002;	第二重子程序调用 3 次

续表

程序	说明
N30 X72.; N40 G00 Z2.; N50 X-72. Y-42.; N60 M99;	$M\rightarrow N$ 快退 2 mm $N\rightarrow A$ 子程序结束
O2; N10 G91 G01 X72. F100; N20 Y7.; N30 X-72.; N40 Y7.; N50 M99;	第二重子程序名 $A\rightarrow B$ $B\rightarrow C$ $C\rightarrow D$ $D\rightarrow E$ 子程序结束，回第一重子程序

学习单元 6　宏程序

学习目标

- 熟悉宏程序的运算指令，并能正常使用
- 熟悉并能正常使用宏程序的控制语句

知识要求

一、宏程序运算指令

1. 宏程序的概念

在数控编程中，用户宏程序是数控系统中的特殊编程功能。所谓用户宏程序其实是把一组带有变量的子程序事先存储在系统存储器中，并通过主程序中的宏程序调用指令调用并执行这一组程序。由于数控系统的指令功能有限，而宏程序功能可以显著地增强机床的加工能力，同时可精简程序，所以宏程序编程是加工编程的重要补充。

2. 运算指令

变量可以进行的运算见表 3—12。

表 3—12　运算指令

功能	格式	说明
定义	#i = #j	
和 差 积 商	#i = #j + #k; #i = #j - #k; #i = #j*#k; #i = #j/#k;	
正弦 余弦 正切 反正切	#i = SIN [#j]; #i = COS [#j]; #i = TAN [#j]; #i = ATAN [#j/#k];	角度用角度单位指令，如：90°30′为 90.5°

3. 运算规则

（1）运算的优先级

1）函数。

2）乘、除类运算（*，/，AND，MOD）。

3）加、减类运算（+，-，OR，XOR）。

例如：#1 = #2 + #3 * SIN [#4]；运算顺序为：先函数 SIN [#4]；后乘 #3 *…；最后加#2 +…。

（2）括号的嵌套。当要变更运算的优先顺序时使用括号。包括函数的括号在内，括号最多可用到 5 重，超过 5 重时则出现报警。例如：#1 = SIN [[[#2 + #3] * #4 + #5] * #6]；这里要重点指出的是：EMCO - TURN 345 所配的 GE - FANUC 21i - T 系统的运算指令范围只有定义“=”和“+”、差“-”、积“*”和商“/”，其他运算指令不能使用。

二、宏程序控制语句

在程序中使用 GOTO，IF 语句可以改变程序的流程。转移与循环有以下 3 种，即 GOTO 语句（无条件转移），IF 语句（条件转移，如果……），WHILE 语句（循环，当……）。

1. 无条件转移（GOTO 语句）

无条件转移到顺序号为 n 的程序段。

格式：GOTO n ;

说明：n 为顺序号，可取 1 ~ 99999；另外，顺序号可用表达式表示。

如：GOTO 1；

GOTO #10；

2. 条件转移（IF 语句）

IF 后面是条件式。如果条件成立，则转移到顺序号为 *n* 的程序段，否则，执行下一个程序段。如：如果#1 值比 10 大，则转移到顺序号 N60 的程序段。格式：IF ［ #1GT10 ］ GOTO60；条件不成立→按程序顺序执行；条件成立→执行 N60 程序段。

说明：

（1）条件式是在比较的两个变量之间，或一个常量与一个变量之间，写上比较运算符，然后再用方括号［］全部括起来而构成的。不用变量，也可用运算式。

（2）运算符是由两个英文字母构成，用来判断大、小或相等的，见表 3—13。

表 3—13　　运算符

运算符	意义	运算符	意义
EQ	等于（=）	GE	大于或等于（≥）
NE	不等于（≠）	LT	小于（<）
GT	大于（>）	LE	小于或等于（≤）

3. 循环（WHILE 语句）

在 WHILE 语句后必须指定一个条件表达式。

格式：WHILE［条件式］DO *m*；（*m* = 1，2，3）

…

END *m*；

…

说明：

（1）在条件成立期间，执行 WHILE 之后的 DO 到 END 间的程序。条件不成立时，执行 END 的下一个程序段。条件式和运算符与 IF 语句相同。DO 和 END 后的 *m* 数值是指定执行范围的识别号，可使用 1，2，3；非 1，2，3 时报警。

（2）嵌套。在 DO ~ END 的循环识别号（1 ~ 3）可使用任意次，但是不能执行交叉循环，否则要报警，见表 3—14。

4. 注意事项

如果省略 WHILE 语句，只指令了 DO *m*，则从 DO 到 END 之间形成无限循环。

在 GOTO 语句中，转移到顺序号时，要进行检索，因此，反向进行的处理时间要比顺方向长，为了缩短处理时间，应使用循环 WHILE 语句。

在条件式中，只有使用 EQ、NE 时，〈空〉和“0”是不同的，在其他条件中，把〈空〉和“0”都视为相同。

表 3—14　　WHILE 语句的嵌套

识别号（1～3）可多次使用	DO 的范围不能交叉	DO 的多重数最多可到 3 重
WHILE [⋯] DO 1; ⋯ END 1; ⋯ WHILE [⋯] DO 1; ⋯ END 1; （正确）	WHILE [⋯] DO 1; ⋯ WHILE [⋯] DO 2; END 1; ⋯ END 2; （正确）	WHILE [⋯] DO 1; ⋯ WHILE [⋯] DO 2; WHILE [⋯] DO3; ⋯ END 3; ⋯ END 2; ⋯ END 1;　（正确）
不能跳出循环体	程序不能转移到循环体中	
WHILE [⋯] DO 1; IF [⋯] GOTO n; END 1; Nn⋯; （错误）	IF [⋯] GOTO n; ⋯ WHILE [⋯] DO 1; Nn⋯; END 1; （错误）	

学习单元 7　其他功能指令

学习目标

➢ 熟悉比例缩放、镜像、旋转、极坐标、暂停和型腔铣削等指令格式和功能应用，并能正确应用在编程中

一、比例（缩放）指令

加工某些等比例缩放的图形时，为了避免重复编制类似的程序，缩短加工程序，可采用比例缩放功能。

格式：G51　X＿　Y＿　Z＿　I＿　J＿　K＿；

⋮

说明：　　　　G50；

G51：比例（缩放）设定。

G50：比例（缩放）取消。

X，Y，Z：比例的中心坐标值。

I，J，K：对应 X，Y，Z 的比例系数，I，J，K 不能带小数点，比例为 1 时，应输入 1 000，不能省略。

二、镜像功能

当加工某些对称图形时，为了避免重复编制相类似的程序，缩短加工程序，可采用镜像加工功能。如图 3—39a、图 3—39b、图 3—39c 所示分别是 Y 轴、X 轴和原点对称图形，编程轨迹为一半图形，另一半图形可通过镜像加工指令完成，有时可由外部开关来设定镜像功能。

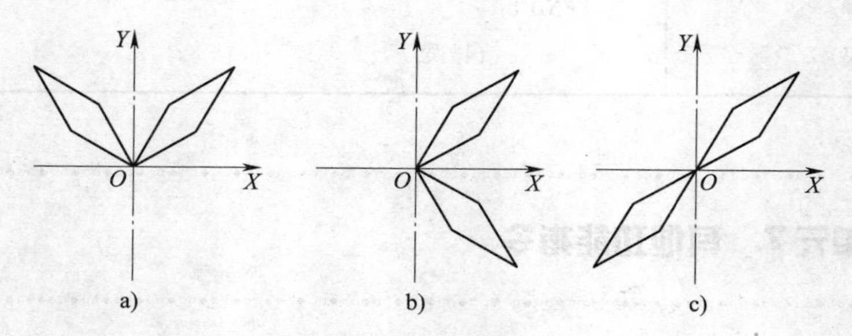

图 3—39　对称图形

a）关于 Y 轴对称　b）关于 X 轴对称　c）关于原点对称

FANUC 系统镜像功能指令格式如下。

镜像功能设定：G51. 1 X＿　Y＿　I＿　J＿；

镜像功能关：G50. 1 ；

HAAS 系统镜像功能指令格式如下。

镜像功能设定：G101　X＿　Y＿　I＿　J＿；

镜像功能关：G100；

在指令格式中，I、J、K 后面跟 1 000，或者是 -1 000，表示镜像的对称轴。如程序段 G51. 1 X0 Y0 I -1000 J1000；表示开启 *X* 坐标轴镜像，对称轴为 *Y* 轴。G50. 1 表示关闭 *X* 轴镜向。

当镜向仅仅对 *X* 轴或 *Y* 轴一个轴对称时，程序实际运行时 G02、G03 圆弧方向相反，G41、G42 半径补偿方向相反，顺铣与逆铣相反。

三、旋转功能指令

G68、G69 指令可使编程图形按指定旋转中心及旋转方向旋转一定的角度。G68 表示开始坐标旋转，G69 用于撤销旋转功能。

格式：G68　X＿　Y＿　R＿；

　　　　⋮

　　　G69；

说明：

X，Y：旋转中心的坐标值（可以是 X，Y，Z 中的任意两个，由当前平面选择指令确定）。当 X，Y 省略时，G68 指令认为当前的位置即为旋转中心。

R：旋转角度。逆时针旋转定义为正向，反之为负向，一般取绝对坐标。旋转角度的范围 -360. 0° ~ +360. 0°，无小数点时的单位为 0. 001°。当 R 省略时，按系统参数确定旋转角度。

四、极坐标指令

直角坐标系有 *X*，*Y*，*Z* 三个相互垂直的坐标系，是数控加工的基本坐标类型。为了方便用户编程，数控系统也允许用一个角度和一个长度表示平面内的一个点 *P*（*a*，r）。这种坐标系称为极坐标。它的角度称为极角，长度称为极半径，极半径的起点称为极点。这三者是用极坐标指令编程时的三要素。

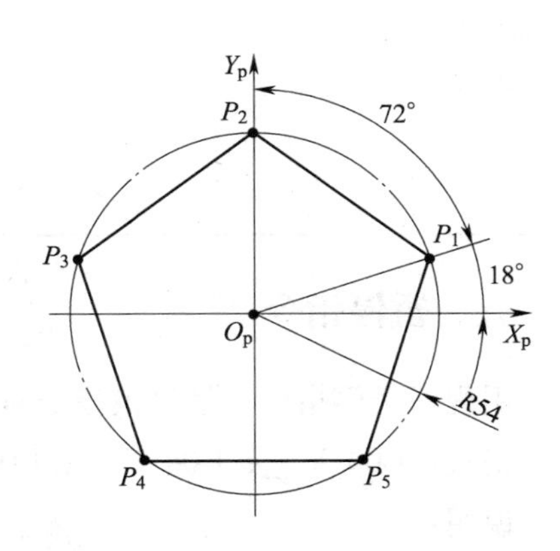

图 3—40　极坐标表示坐标位置

尺寸标注按一个圆周分布时，用极坐标表示坐标位置可以避免换算。如图 3—40 所示，五边形的五个顶点 P_1 ~ P_5 的极坐标分别表示：P_1（18，54），

P_2（90，54），P_3（162，54），P_4（234，54），P_5（306，54）。

用 G16 来指定极坐标方式编程，G15 取消极坐标编程。绝对方式编程：极半径是当前工件坐标系的原点到终点的距离；增量方式编程：极半径是当前位置到终点位置的距离。其极角值是相对于当前位置的增量。极角的正负区分为：在工作平面内的水平轴逆时针旋转为正，顺时针旋转为负。极半径与极角的表示见表 3—15。

表 3—15　　极半径与极角的表示

所在平面	半径值	极角值
G17	X	Y
G18	Z	X
G19	Y	Z

如图 3—40 所示，用 FANUC 系统极坐标的方式编程，其程序段见表 3—16。

表 3—16　　极坐标编程（FANUC 系统）

程序	说明
…	
N20　G00　X0　Y0；	
N30　G16；	采用极坐标编程
N40　G01　X54.　Y18.；	极半径 54 mm，极角 18°
N50　Y90.；	极角 90°
N60　Y162.；	极角 162°
N70　Y234.；	极角 234°
N80　Y306.；	极角 306°
N90　Y18.；	极角 18°
N100　G15；	取消极坐标编程
…	

五、暂停指令

用程序暂停指令，经过被指令时间的暂停之后，再执行下一个程序段。

格式：G04 X __； G04 U __； G04 P __；

说明：

X __：暂停时间，单位为 s。（可使用小数点）

U __：暂停时间，单位为 s。（可使用小数点）

P __：暂停时间，单位为 ms。（不能使用小数点）

F __：暂停时间，单位为 ms。（不能使用小数点）

S __：主轴暂停。

该指令可使刀具作短时间的无进给光整加工，常用于镗平面等场合，以提高表面粗糙度。采用 G04 指令时主轴不停、冷却液继续打开、刀具进给停留数秒。

如程序为：N30 G01 Z-10. F100；N40 G04 P10；N50 G01 Z-20.；N8 G04 X10.；总的暂停时间为 10.01 s。

六、型腔铣削指令（G150）

HAAS 数控系统中 G150 指令是一个非模态通用铣槽加工循环，可以加工凹槽内包含有凸台的复杂型腔。

编程格式：G150X __ Y __ Z __ F __ R __ Q __ I __ （J __）K __ P __ D __G41（G42）；

说明：

X、Y：循环起始点 *X*、*Y* 轴位置。

Z：型腔的深度。

F：进给速度。

R：参考平面位置。

Q：每次在 *Z* 方向的背吃刀量，必须是正值。

I：*X* 轴方向的切削增量，必须是正值。

J：*Y* 轴方向的切削增量，必须是正值。

K：精加工余量，必须是正值。

P：外形定义的子程序号。

D：刀具半径补偿号。

G41、G42：左、右偏置的刀具半径补偿选择。

型腔的形状由子程序中的一系列位移指令来确定。I 或 J 必须指定一个，如果选择了 I，则通过一系列 *X* 轴的位移来铣型腔；如果选择了 J，则通过一系列 *Y* 轴的位移来铣型腔。I 和 J 都必须是正值，且小于刀具直径。型腔宽度的精加工余量由 K 指定，必须是正值。

型腔一般采用键槽铣刀铣削，如果采用不能轴向进给的立铣刀加工型腔，用 G150 加工前需要预加工一个工艺孔，以便刀具进入。G150 程序段中的 *X*、*Y* 坐标值用于铣削型腔前的刀具中心定位，子程序的第一个位移就是从这个位置开始，运行到型腔的起始点，最后返回该起始点。

技能要求

运用比例（镜向）指令编写程序

【例 3—11】 用镜像功能指令加工如图 3—41 所示对称图形，刀具用 $\phi2$ mm 中心钻，切深 1 mm，试编程。

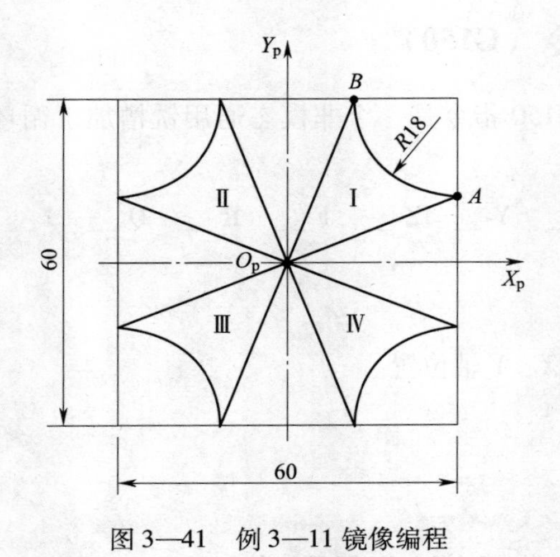

图 3—41 例 3—11 镜像编程

操作步骤

步骤 1 工件坐标系设置（见图 3—41）

步骤 2 基点计算

A，*B* 两点坐标：*A* 点：$X=30$，$Y=30-18=12$；*B* 点：$X=30-18=12$，$Y=30$。

步骤 3 程序编写（见表 3—17）

表 3—17 **例 3—11 镜像编程（FANUC 系统）**

程序	说明
O0311;	主程序名
N10 G91 G28 Z0;	换刀指令
N20 M06 T01;	
N30 G54 G90 G00 X0 Y0;	设定工件坐标系

续表

程序	说明
N40 M03 S1000;	主轴正转
N50 Z2.;	
N60 G01 Z-1. F100;	
N70 M98 P6000;	
N80 G51.1 X0 Y0 I-1000 J1000;	Z 向切削进给
N90 M98 P6000;	调用子程序，加工图形Ⅰ
N100 G51.1 X0 Y0 I-1000 J-1000;	镜像
N110 M98 P6000;	调用子程序，加工图形Ⅱ
N120 G51.1 X0 Y0 I1000 J-1000 ;	镜像
N130 M98 P6000;	调用子程序，加工图形Ⅲ
N140 G50.1;	镜像
N150 G01 Z3.;	调用子程序，加工图形Ⅳ
N160 G00 Z10.;	镜像取消
N170 M05;	
N180 M30;	Z 向快退
	主轴停止
	程序结束
O6000;	子程序名
N10 G01 X30. Y12. F100;	$O \to A$
N20 G02 X12. Y30. R18.;	$A \to B$
N30 G01 X0 Y0;	$B \to O$
N40 M99;	

运用旋转指令编写程序

【例 3—12】 编写如图 3—42 所示刀具轨迹（深 2 mm）。

操作步骤

步骤 1 工件坐标系设置（见图 3—42）

步骤 2 程序编写（见表 3—18）

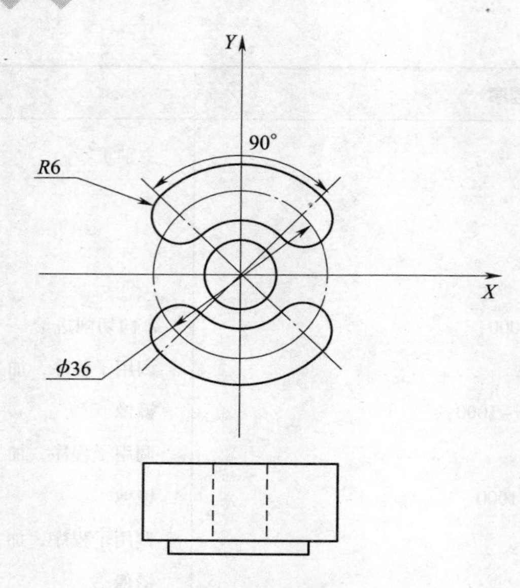

图 3—42　例 3—12 旋转与极坐标

表 3—18　　例 3—12 编写程序（FANUC 系统）

程序	说明
O0312；	程序名
G91 G28 Z0.；	
M06 T01；	
G16；	使用极坐标
G54 G90 G0 Y0 X0；	
M3 S1000；	
M8；	
G00 Z50.；	
G0 X18. Y60.；	
G00 Z5.；	
G1 Z－2. F80.；	
G41 G1X12. Y45. D01 F100.；	
G03 X24. Y45. R6.；	
G03 X24. Y135. R24.；	
G03 X12. Y135. R6.；	
G02 X12. Y45. R12.；	
G03 X24. Y45. R6.；	
G01 G40 X18. Y60.；	

续表

程序	说明
G00 Z5.;	
G68 X0 Y0 R180.;	
G00 X18. Y60.;	旋转指令，绕原点旋转 180°
G01 Z -2. F80.;	
G41 G01X12. Y45. D01 F100.;	
G03 X24. Y45. R6.;	
G03 X24. Y135. R24.;	
G03 X12. Y135. R6.;	
G02 X12. Y45. R12.;	
G03 X24. Y45. R6.;	
G01 G40 X18. Y60.;	
G15;	取消极坐标
G69;	取消旋转
G0 Z100.;	
M5;	
M9;	
M30;	

运用 HAAS 系统铣槽循环功能编写凹槽程序

【例 3—13】 用 G150 铣槽循环编写如图 3—43 所示的矩形槽铣削程序，采用键槽铣刀的刀具直径为 16 mm，矩形槽深为 6 mm。

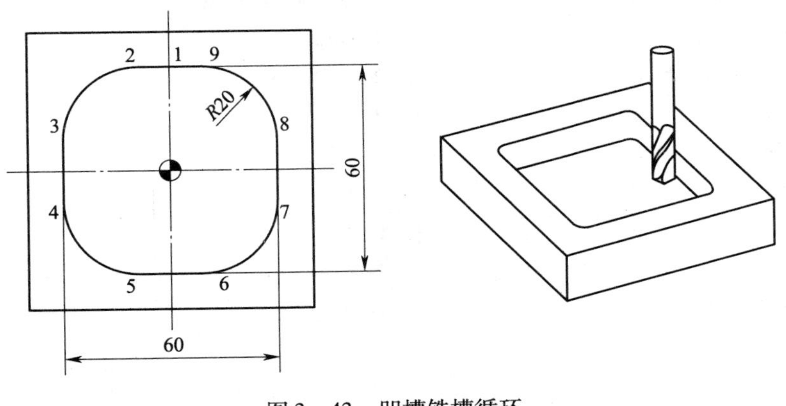

图 3—43 凹槽铣槽循环

操作步骤

步骤 1　工件坐标系设置

矩形槽铣削的刀具半径补偿方向取 G41，即逆时针方向运行矩形槽轨迹。工件坐标系如图 3—44 所示，上表面 Z_P为 0。

步骤 2　编写程序（见表 3—19。）

表 3—19　　凹槽铣槽循环程序

程序	说明
O0313;	程序名
N10 G91 G28 Z0;	
N20 M06 T01;	换刀指令
N30 G54 G90 G17;	工件坐标系设定
N40 M03S1000;	主轴正转
N50 G00 Z30.;	
N60 X0 Y0;	移至坐标原点
N70 G01 Z5. F100.;	
N80 G150 X0 Y0 Z-6. F50. R1. Q2. I8. K0.5 P1509 D01 G41;	铣槽循环，采用 X 向位移进行铣削，刀具半径左补偿，逆时针运行矩形轨迹，调用子程序 O1509
N90 G40 G01 X0 Y0;	刀具半径取消
N100 Z5.;	抬刀
N110 G00 Z30.;	
N120 M05;	主轴停
N130 M30;	程序结束
O1509;	子程序名
N10 G01 Y30.;	运行轮廓轨迹→1 点
N20 X-10.;	1→2 点
N30 G03 X-30. Y10. R20.;	2→3 点
N40 G01 Y-10.;	3→4 点
N50 G03 X-10. Y-30. R20.;	4→5 点
N60 G01 X10.;	5→6 点
N70 G03 X30. Y-10. R20.;	6→7 点
N80 G01 Y10.;	7→8 点
N90 G03 X10. Y30. R20.;	8→9 点
N100 G01 X0;	9→1 点
N110 M99;	子程序结束

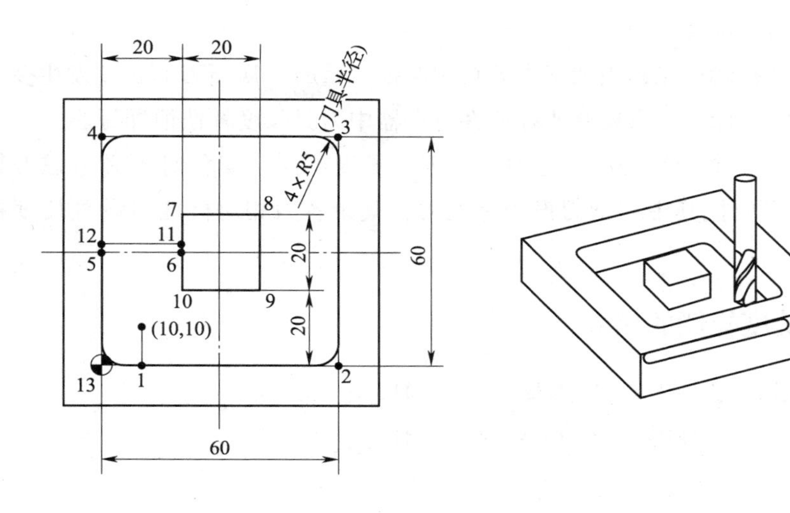

图 3—44　工件坐标系

第 3 节　加工中心刀具补偿

学习单元 1　刀具长度补偿

学习目标

- 了解加工中心刀具长度补偿的目的
- 熟悉加工中心刀具长度补偿的格式
- 掌握加工中心刀具长度补偿的使用

知识要求

一、刀具长度补偿的目的

刀具长度补偿功能用于在 Z 轴方向的刀具补偿，它可使刀具在 Z 轴方向的实际位移量大于或小于编程给定位移量。

有了刀具长度补偿功能，当加工中刀具因磨损、重磨、换新刀而长度发生变化时，可不必修改程序中的坐标值，只要修改存放在寄存器中刀具长度补偿值即可。

其次，若加工一个零件需用几把刀，各刀的长度不同，编程时不必考虑刀具长短对坐标值的影响，只要把其中一把刀设为标准刀，其余各刀相对标准刀设置长度补偿值即可。

二、刀具长度补偿的格式

FANUC 系统格式：G01/G00　G43　Z __　H __；

G01/G00　G44　Z __　H __；

⋮

G01/G00　G49；

说明：

G43：刀具长度正补偿。

G44：刀具长度负补偿。

G49：取消刀具长度补偿。

Z：程序中的指令值。

H：偏置号，后面一般用两位数字表示代号。H 代码中放入刀具的长度补偿值作为偏置量。这个号码与刀具半径补偿共用。

三、刀具长度补偿的使用

无论是采用绝对方式还是增量方式编程，对于存放在 H 中的数值，在 G43 时是加到 Z 轴坐标值中，在 G44 时是从原 Z 轴坐标中减去，从而形成新的 Z 轴坐标。

如图 3—45 所示，执行 G43 时：$Z_{实际值}=Z_{指令值}+H\times\times$

执行 G44 时：$Z_{实际值}=Z_{指令值}-H\times\times$

当偏置量是正值时，G43 指令是在正方向移动一个偏置量，G44 是在负方向上移动一个偏置量。偏置量是负值时，则按上述反方向移动。

如图 3—46 所示，H01 = 160 mm，当程序段为 G90　G00　G44　Z30　H01；执行时，指令为 A 点，实际到达 B 点。G43、G44 是模态 G 代码，在遇到同组其他 G 代码之前均有效。

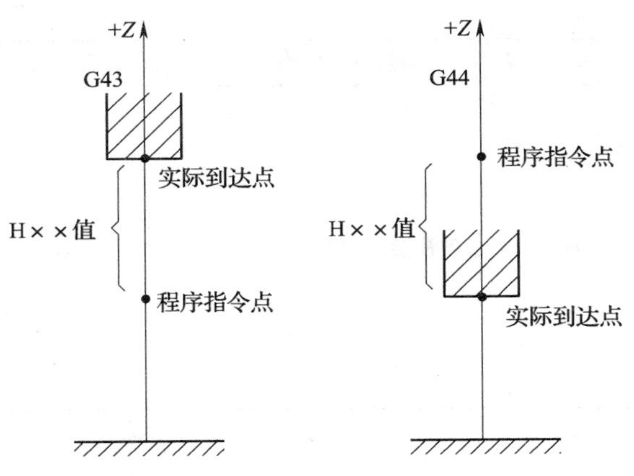

图 3—45　刀具长度补偿

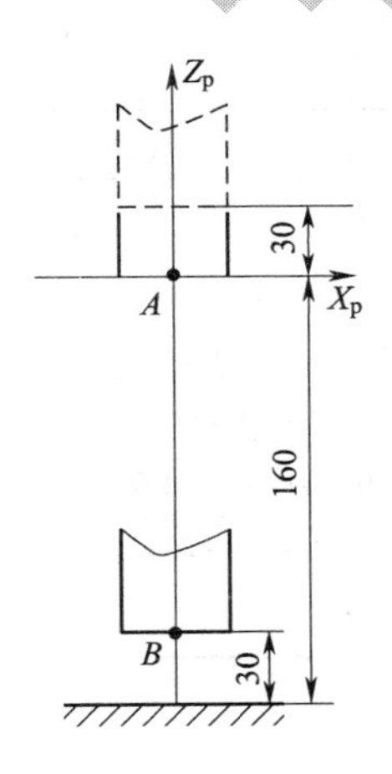

图 3—46　长度补偿编程

技能要求

运用刀具长度补偿编写孔加工程序

【例 3—14】　如图 3—47 所示，图中 *A* 点为刀具起点，加工路线为 1→2→3→4→5→6→7→8→9。要求刀具在工件坐标系零点 *Z* 轴方向向下偏移 3 mm，按增量坐标值方式编程（提示：把偏置量 3 mm 存入地址为 H01 的寄存器中）。

操作步骤

步骤 1　工件坐标系设置（见图 3—47）

步骤 2　程序编写（见表 3—20）

表 3—20　　　　**例 3—14 编写程序（FANUC 系统）**

程序	
O0314;	
N10 G91 G28 Z0;	换刀指令
N20 M06 T02;	
N30 G54 G17 G90;	设定工件坐标系
N40 M03 S1000;	
N50 G00 X70. Y45.;	
N60 G43 Z－22. H01;	建立刀具长度补偿
N70 G01 G01 Z－18. F100 M08;	

续表

程序	
N80 G04 X5.; N90 G00 Z18.; N100 X30. Y-20.; N110 G01 Z-33. F100; N120 G00 G49 Z0. M09; N130 X-100. Y-25.; N140 M30;	取消刀具长度补偿

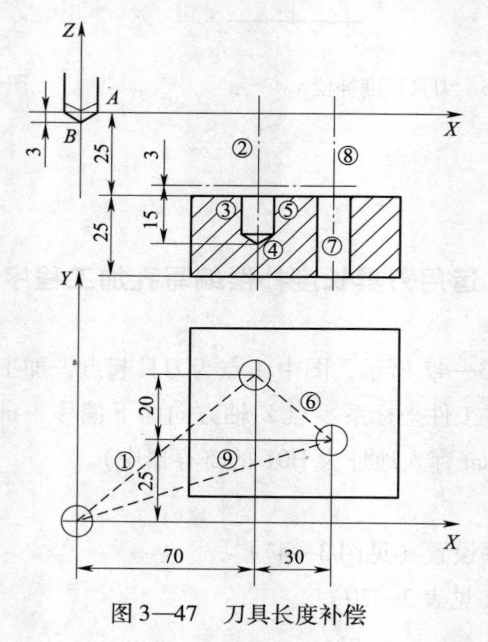

图 3—47　刀具长度补偿

学习单元 2　刀具半径补偿

学习目标

➤ 熟悉加工中心刀具半径补偿的目的

➤ 掌握加工中心刀具半径补偿的格式

➢ 掌握加工中心刀具半径补偿的应用

知识要求

一、刀具半径补偿的目的

在加工中心进行轮廓加工时，因为铣刀具有一定的半径，所以刀具中心（刀心）轨迹和工件轮廓不重合（见图3—48）。如不考虑刀具半径，直接按照工件轮廓编程是比较方便的，而加工出的零件尺寸比图纸要求小了一圈（外轮廓加工时）或大了一圈（内轮廓加工时），为此必须使刀具沿工件轮廓的法向偏移一个刀具半径，这就是所谓的刀具半径补偿。

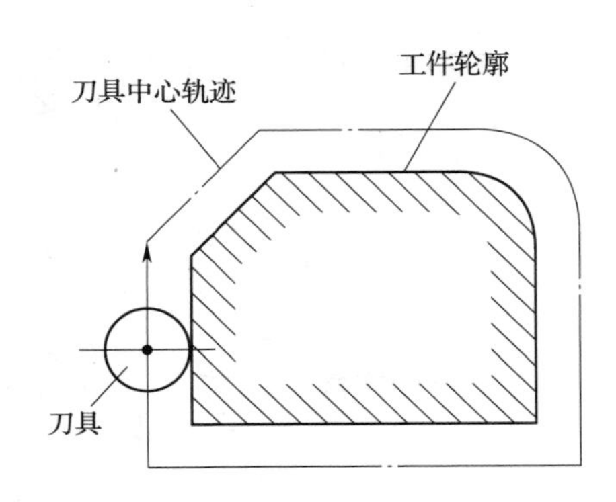

图3—48　刀具半径补偿

如果数控机床不具备刀具半径补偿功能时，编程前需要根据工件轮廓及刀具半径值来计算刀心的轨迹，即程序执行的不是工件轮廓轨迹，而是刀具的中心轨迹。计算刀具中心轨迹有时非常复杂，而且当刀具磨损、重新刃磨或更换刀具时，还要根据刀具半径的变化重新计算刀心轨迹，工作量很大。

近年来，加工中心均具备了刀具半径补偿功能，这时只需按工件轮廓轨迹进行编程，然后将刀具半径值储存在数控系统中，执行程序时，系统会自动计算出刀具中心轨迹，进行刀具半径补偿，从而加工出符合要求的工件形状。当刀具半径发生变化时，也无须更改加工程序，使编程工作大大简化。

二、刀具半径补偿的格式

格式：G17 $\begin{Bmatrix} G00 \\ G01 \end{Bmatrix} \begin{Bmatrix} G41 \\ G42 \end{Bmatrix}$ X __ Y __ D __ （F __）；

⋮

$\begin{Bmatrix} G00 \\ G01 \end{Bmatrix}$ G40 X __ Y __ （F __）；

说明：

G41：左偏刀具半径补偿，是指朝着不在补偿平面内的坐标轴由正方向向负方向看去，沿着刀具运动方向向前看（假设工件不动），刀具位于工件左侧的刀具半径补偿。这时相当于顺铣，如图 3—49a 所示。

G42：右偏刀具半径补偿，是指朝着不在补偿平面内的坐标轴由正方向向负方向看去，沿着刀具运动方向向前看（假设工件不动），刀具位于工件右侧的刀具半径补偿。此时为逆铣，如图 3—49b 所示。

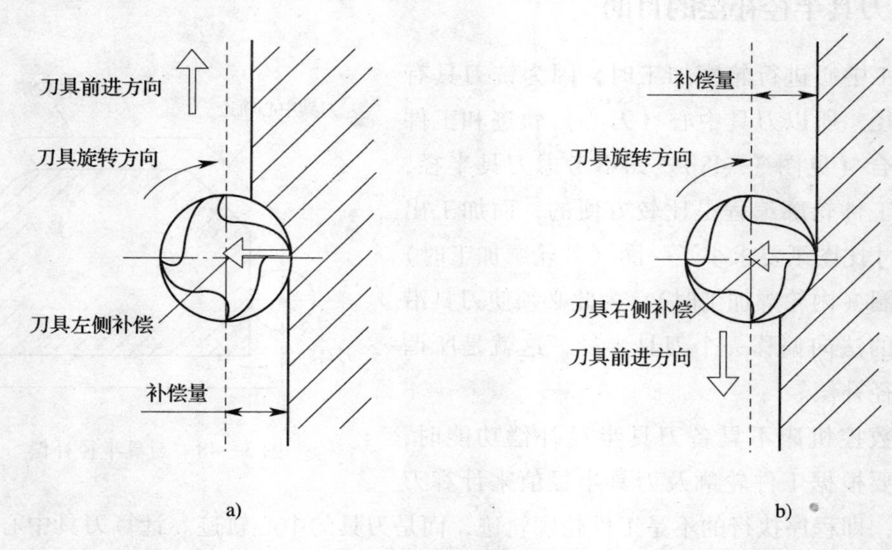

图 3—49　刀具补偿方向
a）左刀具补偿　b）右刀具补偿

G40：刀具半径补偿取消，使用该指令后，使 G41、G42 指令无效。

G17：*XOY* 平面内指定，其他 G18、G19 平面形式虽然不同，但原则一样，这时特别要注意判别 G41、G42 时，朝着不在补偿平面内的坐标轴由正方向向负方向看。

X，Y：建立与撤销刀具半径补偿直线段的终点坐标值。

D：刀具半径补偿寄存器的地址字，在对应刀具补偿号码的寄存器中存有刀具半径补偿值。刀具补偿寄存器内存入的是负值表示实际补偿方向取反。

三、刀具半径补偿的应用

数控机床上因具有进给传动间隙补偿的功能，所以在不考虑进给传动间隙影响的前提下，从刀具寿命、加工精度、表面粗糙度而言，一般顺铣效果较好，因而 G41 使用较多，如图 3—50 所示为在 *XOY* 平面时内侧切削和外侧切削时刀具补偿的应用。

刀具半径补偿在加工中心上的应用相当广泛，主要有以下几个方面。

1. 用轮廓尺寸编程

刀具半径补偿可以避免计算刀心轨迹，直接用零件轮廓尺寸编程。

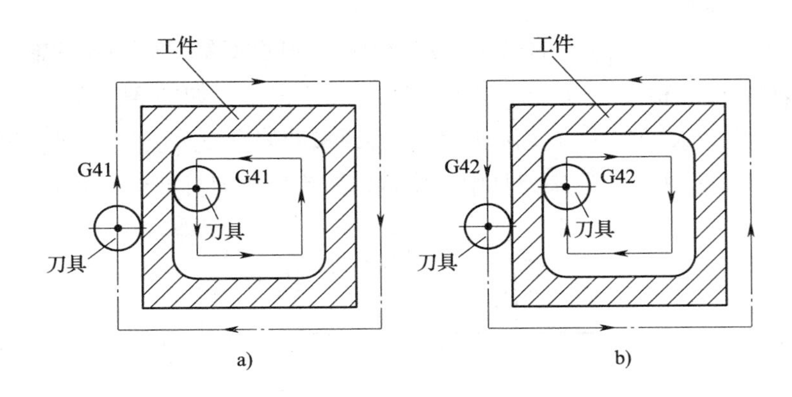

图 3—50　左、右偏刀具半径补偿

a）左偏刀具半径补偿　b）右偏刀具半径补偿

2. 适应刀具半径变化

刀具因磨损、重磨、换新刀而引起半径改变后，不必修改程序，只要输入新的补偿偏置量，其大小等于改变后的刀具半径。如图 3—51 所示，1 为未磨损刀具，2 为磨损后刀具，两者直径不同，只需将偏置量由 r_1 改为 r_2，即可适用同一程序。

3. 简化粗、精加工

用同一程序，同一尺寸的刀具，利用刀具补偿值，可进行粗、精加工。如图 3—52 所示，刀具半径 r，精加工余量 Δ。粗加工时，输入偏置量等于 $r+\Delta$，则加工出点画线轮廓，同一刀具，但输入偏置量等于 r，则加工出实线轮廓。图中，P_1 为粗加工刀具中心位置，P_2 为精加工刀具中心位置。

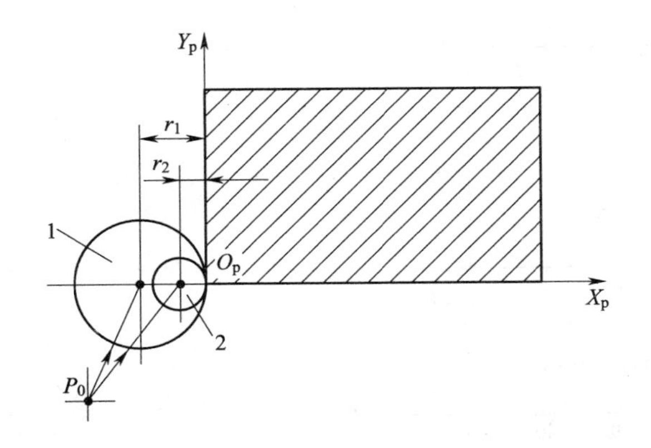

图 3—51　刀具直径变化的刀具补偿

1—未磨损刀具　2—磨损后刀具

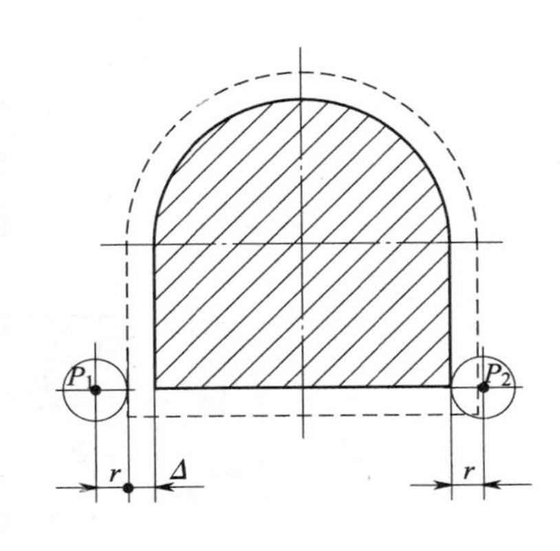

图 3—52　利用刀具补偿值进行粗、精加工

P_1—粗加工刀心位置　P_2—精加工刀心位置

4. 控制轮廓精度

利用刀具补偿值控制工件轮廓尺寸精度。因偏置量也就是刀具半径的输入值具有小数点后 3 位（0. 001）的精度，故可控制工件轮廓尺寸精度。如图 3—53 所示，单面加工，若实测得到尺寸 L 偏大了 Δ 值（实际轮廓），将原来的偏置量 r 该为 $r-\Delta$，即可获得尺寸 L（点画线轮廓），图中 P_1 为原来刀具中心位置，P_2 为修改刀具补偿值后的刀具中心位置。

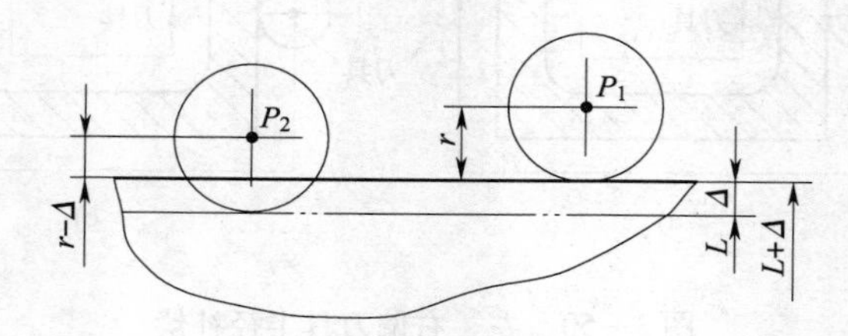

图 3—53　用刀具补偿值控制尺寸精度

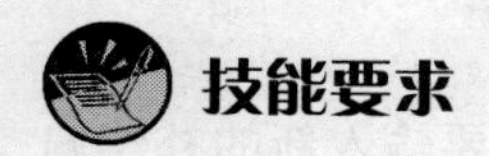

技能要求

刀具半径补偿的过程

【例 3—15】　用刀具半径补偿方法编制如图 3—54 所示加工程序（忽略 Z 向的移动）。

操作步骤

步骤 1　工件坐标系设置（见图 3—54）

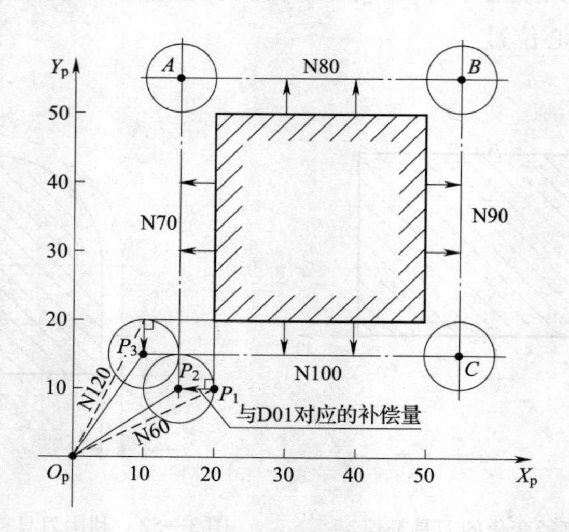

图 3—54　例 3—15 刀具半径补偿的编程

步骤 2　程序编写（见表 3—21）

表 3—21　**例 3—15 半径补偿编程（FANUC 系统）**

程序	说明
O0315；	程序名
N10 G91 G28 Z0；	
N20 M06 T01；	
N30 G54 G17 G90；	设定工件坐标系
N40 M03 S1000；	
N50 G00 X0 Y0 ；	刀具中心移至工件坐标系原点
N60 G41 X20. Y10. D01；	左刀具补偿建立，补偿量由刀具补偿 D01 指定
N70 G01 Y50. F100；	
N80 X50.；	刀具补偿进行状态
N90 Y20.；	
N100 X10.；	
N110 G40 ；	
N120 G00 X0 Y0；	给出撤销刀具补偿指令，但未执行
N130 M05；	在 G00 移动中执行撤销刀具补偿
N140 M30；	

步骤 3　刀具半径补偿过程分析

刀具半径补偿过程分为三个部分：刀具补偿的建立、刀具补偿进行和刀具补偿撤销。以例 3—15 来介绍刀具半径补偿过程。

1. 刀具半径补偿的建立

数控系统启动时，总是处在补偿撤销状态，上述程序中 N60 程序段指定了 G41 后，刀具就进入偏置状态，刀具从无补偿状态 O_P点，运动到补偿开始点 P_2点。

当系统运行到 N60 指定了 G41 和 D01 指令的程序段后，运算装置即同时先行读入 N70、N80 两段，在 N60 段的程序终点 P_1作出一个矢量，该矢量的方向与下一段 N70 的前进方向垂直向左，大小等于刀具补偿值（D01 的值）。也就是说，刀具中心在执行 N60 中的 G41 的同时，就与 G00 直线移动组合一起完成了该矢量的移动，终点为 P_2点。由此可见，尽管 N60 程序段的坐标为 P_1点，而实际上刀具中心移至 P_2点，左偏一个刀具半径值，这就是 G41 与 D01 的作用。

2. 刀具半径补偿进行状态

G41、G42 都是模态指令，一旦建立便一直维持该状态，直到 G40 撤销刀具补偿。

N70 开始进入刀具补偿状态，直到 N100 程序段，刀具中心运动轨迹始终偏离程序轨迹一个刀具半径的距离。

值得一提的是，B 功能刀具半径补偿只能计算出轮廓终点的刀具中心值，对于轮廓拐角处的转接没有考虑，而目前应用广泛的 C 功能刀具补偿具有自动处理轮廓拐角处的转接功能，一般采用直线或圆弧转接的方式进行。如图 3—54 所示，半径补偿后刀具中心线明显比实际轮廓线长，这是由于半径左补偿在向右拐角转接时是伸长型转接所致的。

3. 刀具半径补偿撤销

当刀具偏移轨迹完成后，就必须用 G40 撤销补偿，使刀具中心与编程轨迹重合。当 N110 中指令了 G40 时，刀具中心由 N100 的终点 P_3点开始，一边取消刀具补偿一边移向 N110 指定的终点 O_P点，这时刀具中心的坐标与编程坐标一致，无刀具半径的矢量偏移。

注意事项

（1）补偿建立只能用 G01、G00。G41 或 G42 只能用 G01、G00 来实现，不能用 G02 和 G03 及指定平面以外轴的移动来实现。

（2）补偿过程有偏移。在刀具补偿进行状态中，G01、G00、G02、G03 都可以使用。它也是每段都先行读入两段，自动按照启动阶段的矢量作法，做出每个沿前进方向左侧（G42 则为右侧），加上刀具补偿的矢量路径，如图 3—52 中的点画线所示。

（3）补偿撤销只能用 G01、G00。G40 的实现也只能用 G01 或 G00，而不能用 G02 或 G03 及非指定平面内的轴移动来实现。G40 必须与 G41 或 G42 成对使用，两者缺一不可。另外，若刀具补偿的偏置号为 0，即程序中指令了 D00，则也会产生取消刀具补偿的结果。

特别提示

在数控加工中心上使用刀具补偿时，必须特别注意其执行过程的原则，否则往往容易引起加工失误甚至报警，使系统停止运行或刀具半径补偿失效等。

1. 过切现象

在刀具半径补偿中，需要特别注意的是，在刀具补偿建立后的刀具补偿状态中，如果存在有连续两段以上没有移动指令或存在非指定平面轴的移动指令段，则有可能产生过切现象。现仍以例 3—15 来加以说明，现设加工起点距工件表面 $Z = 5$ mm 处，轨迹深度为 $Z = -3$ mm，编程见表 3—22。

以上程序在运行 N90 时，产生过切现象，如图 3—55 所示。其原因是当从 N60 刀具补偿建立后，进入刀具补偿进行状态后，系统只能读入 N70、N80 两段，但由于 Z 轴是非刀

表 3—22　　半径补偿过切编程

程序	说明
O3151;	程序名
N10 G91 G28 Z0;	换刀指令
N20 M06 T01;	
N30 G54 G90 G17;	工件坐标系设定
N40 M03 S1000;	
N50 G00 X0 Y0 ;	刀具中心移至工件坐标系原点
N60 G41 X20. Y10. D01;	左刀具补偿建立，补偿量由刀具补偿 D01 指定
N70 Z3.;	
N80 G01 Z-3. F100;	刀具补偿进行状态，连续两段 Z 轴移动
N90 Y50. ;	
N100 X50.;	
N110 Y20.;	
N120 X10.;	
N130 G40 X0 Y0;	撤销刀具补偿
N140 G00 Z50.;	
N150 M05;	
N160 M30;	

具补偿平面的轴，而且又读不到 N90 以后程序段，也就作不出偏移矢量，刀具确定不了前进的方向，此时刀具中心未加上刀具补偿而直接移动到了无补偿的 P_1 点。当执行完 N70、N80 后，再执行 N90 段时，刀具中心从 P_1 点移至交点 A，于是发生过切。

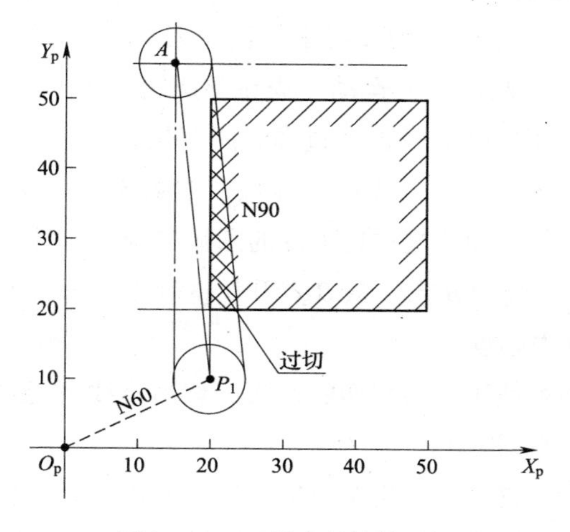

图 3—55　刀具半径补偿过切

为避免过切，可将上面的程序改成下述形式来解决，见表3—23。

表3—23　　半径补偿无过切编程

程序	说明
O3152;	程序名
N10 G91 G28 Z0;	
N20 M06 T01;	换刀指令
N30 G54 G17 G90;	工件坐标系设定
N40 M03 S1000;	
N50 G00 X0 Y0 ;	刀具中心移至工件坐标系原点
N60 Z3.;	
N70 G01 Z-3. F100;	
N80 G41 X20. Y10. D01;	左刀具补偿建立，补偿量由刀具补偿D01指定
N90 Y50.;	
N100 X50.;	
N110 Y20.;	
N120 X10.;	
N130 G40 X0 Y0;	撤销刀具补偿
N140 G00 Z50.;	
N150 M05;	
N160 M30;	

2. 切向切入、切向退出

在铣削内、外轮廓时，如图3—56a所示，当铣刀从工件中心起刀，以加工进给速度向下到B点，从B点开始铣圆，铣刀运动一周铣整圆再到B点，再从B点向上退出到起刀点，由于铣刀在B点停留的时间较长（过渡时间较长），会在B点产生明显的刀痕。为避免刀痕的产生，通常使用切入圆弧和切出圆弧，如图3—56b所示，切入、切出圆弧的半径需小于工件的圆弧半径，并使之接近工件的圆弧半径。刀具从工件中心起刀到切入圆弧的起点A，沿切入圆弧铣削到B点，从B点开始铣削整圆再回到B点，从B点沿切出圆弧的终点C，再回到工件中心点。

当铣削圆凸台时，则可使用与圆相切的切入、切出直线（见图3—57）。从A铣到B，开始铣整圆又回到B，沿BC退出。

综上所述，当进行轮廓铣削时，应避免法向切入工件轮廓和法向从工件轮廓退刀，必须设计、使用切入、切出的辅助轮廓段。

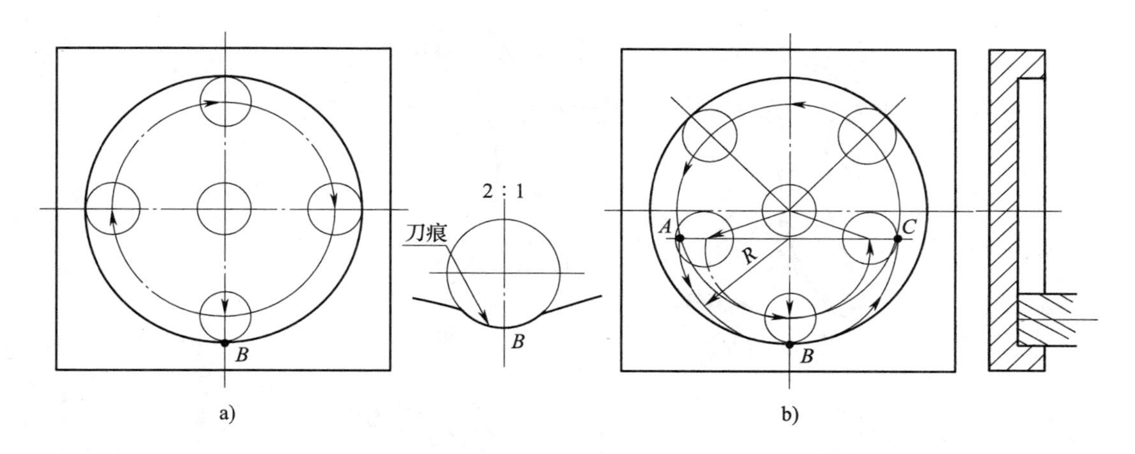

图 3—56 内轮廓的切向切入与切向退出

a）直接进退刀 b）过渡圆弧切出切入

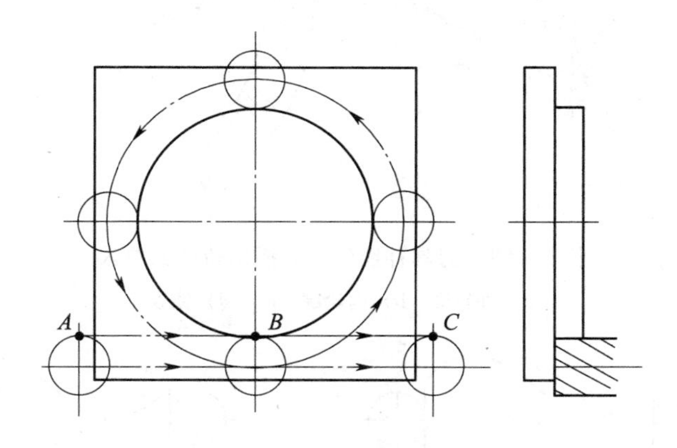

图 3—57 外轮廓的切向切入与切向退出

3. 刀具补偿建立与撤销轨迹方向

刀具补偿建立时程序轨迹与刀具补偿进行状态开始的前进方向密切相关。如图 3—58 所示，P_0为刀具补偿建立的始点，P_1P_2为轮廓在 P_2点的切向延长线。从图 3—58a、图 3—58b 来看，建立（或撤销）刀具补偿的程序轨迹 P_0P_1应向轮廓表面的外侧略微偏移，即图中 $\alpha \leqslant 180°$。而 $\alpha > 180°$有可能发生过切与碰撞，如图 3—59 所示。

另外，由于刀具补偿的矢量是与补偿开始的第一程序段开始的方向垂直，所以刀具补偿的建立与撤销不能取法向，即 $\alpha \neq 90°$。应从切向建立与撤销刀具补偿，才能更好地满足加工要求。

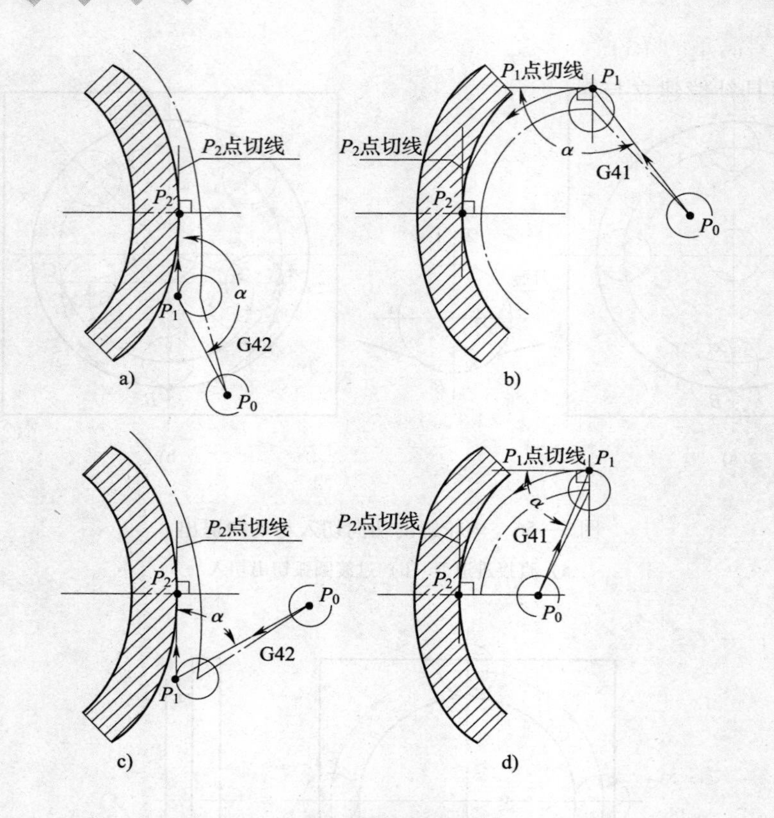

图 3—58　刀具补偿建立与撤销轨迹的要求

a）外轮廓　b）内轮廓　c）、d）错误

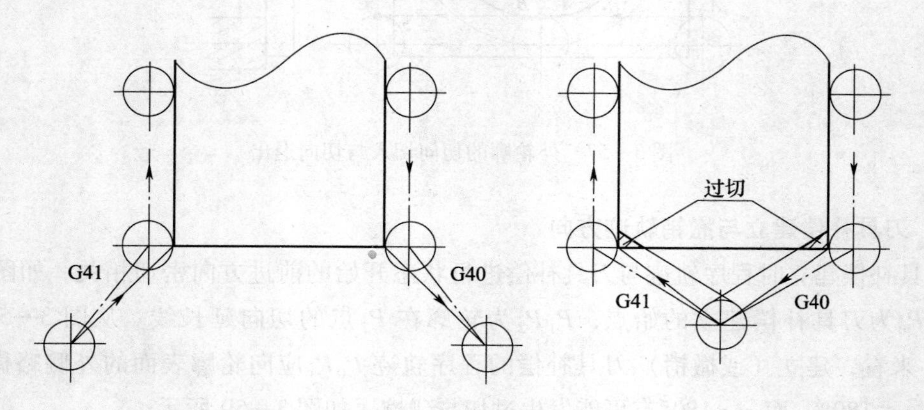

图 3—59　刀具补偿建立与撤销轨迹的过切

还要引起注意的是，α 不能小于 90°。如图 3—58c、d 的情况是错误的，可能引起刀具补偿失败。这是由于刀具补偿的建立（或撤销）方向与补偿开始后的前进方向相反。

总之，α 要满足的条件为：$90° < \alpha \leq 180°$。

另外，刀具补偿建立与撤销轨迹的长度距离必须大于刀具半径补偿值，否则系统会产生刀具补偿无法建立的情况，有时会产生报警。

球头铣刀半径补偿编程

【例 3—16】 编制如图 3—60 所示曲面的加工程序，用 ϕ10 mm 球头铣刀。

操作步骤

步骤 1 球头铣刀铣削方式选择

加工中心加工三坐标曲面零件时，常采用球头铣刀或者带圆角的立铣刀进行加工，这时需要分析是否可以使用刀具半径补偿。

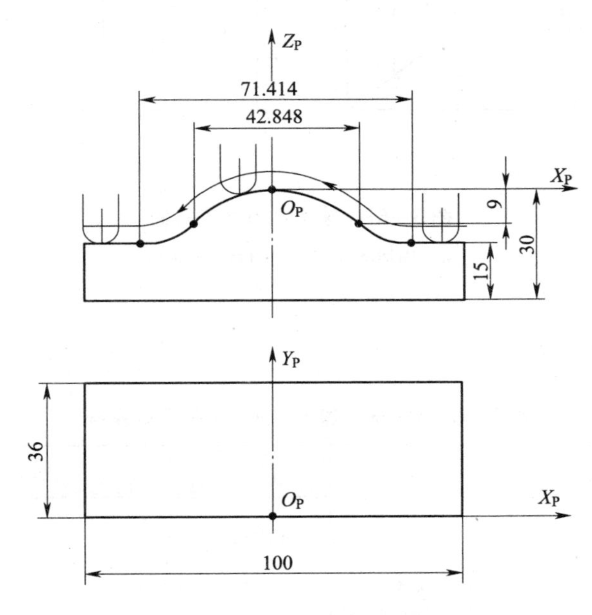

图 3—60 例 3—16 球头铣刀曲面

用球头铣刀加工如图 3—61 所示的斜面。当采用周切法加工时，以 Z 轴进行分层切削，每次切削循环过程中，刀具 Z 轴位置不变，在 XOY 平面内轨迹如图 3—61a 所示。显然球头刀刃在 A、B、C、D 四个斜面接触点的旋转半径（XOY 平面）是不相同的，如果使用刀具半径补偿按轮廓编程，则其半径补偿的值要随时调整，而目前的各种数控系统中都不允许在一段插补指令执行过程中半径补偿量变化，因此这种情况应采用刀具中心轨迹编程，通常可由计算机编程来完成。

另外，以上斜面如果采用行切法加工时，以 Y 轴进行分层切削，每次切削循环过程中，刀具 Y 轴位置不变，轨迹如图 3—61b 所示。这时在 XOZ 平面内，刀具中心与轮廓的偏移值（即球头刀具的半径值）不变。因此可以使用刀具半径补偿，按图形轮廓编程。为此本例采用行切法，Y 向行距取 0. 5 mm。

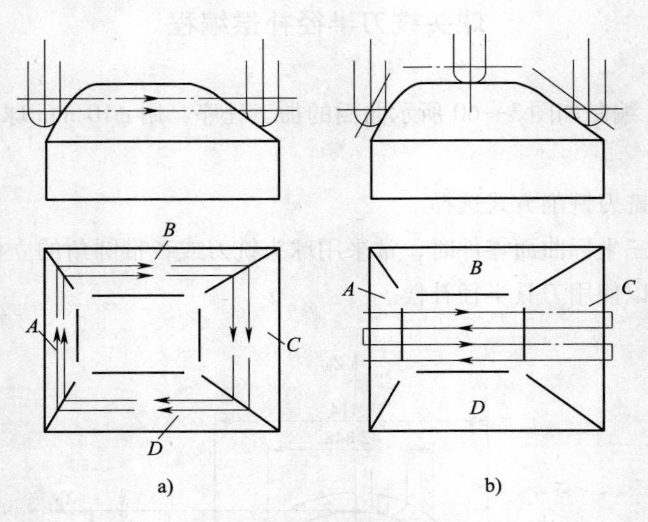

图 3—61　球头铣刀加工斜面

a）周切法加工　b）行切法加工

步骤 2　程序编写

FANUC 系统编程见表 3—24。

表 3—24　　**例 3—16 球头铣刀加工程序（FANUC 系统）**

程序	说明
O316；	程序名
N10　G91 G28 Z0；	换刀指令
N20　M06 T01；	
N30　G54 G18 G90；	指定 G18，XOZ 平面
N40　M03　S1000；	
N50　G00　Z20.；	
N60　Y－2.；	
N70　M98 P806000；	调用 6000 子程序 80 次
N80　M05；	
N90　M30；	

续表

程序	说明
O6000；	子程序
N10 G90 X75.；	快速移到刀具半径补偿起点
N20 G01 F100；	转换成 G01 方式
N30 G41 X55. Z-15. D01；	在 G18 平面建立刀具半径左补偿（朝 -Y 方向）
N40 X35.707；	运行曲面轨迹
N50 G03 X21.424 Z-9. R20.；	朝 -Y 方向看，逆圆 G03 插补
N60 G02 X-21.424 R30.；	朝 -Y 方向看，顺圆 G02 插补
N70 G03 X-35.707 Z-15. R20.；	
N80 G01 X-55.；	
N90 G40 X-75. Z20.；	刀具半径补偿取消
N100 G91 G00 Y0.5；	每次铣削增量 0.5 mm
N120 M99；	子程序结束

第 4 节　加工中心的综合编程

学习单元 1　编写板类零件的程序

学习目标

- 能够分析板类零件图样
- 能够熟练编制板类零件的数控加工工艺卡片及数控刀具卡片
- 能够熟练利用计算器进行简单基点坐标计算
- 能够熟练编制二维内、外轮廓数控加工程序
- 能够熟练编制钻孔数控加工程序

技能要求

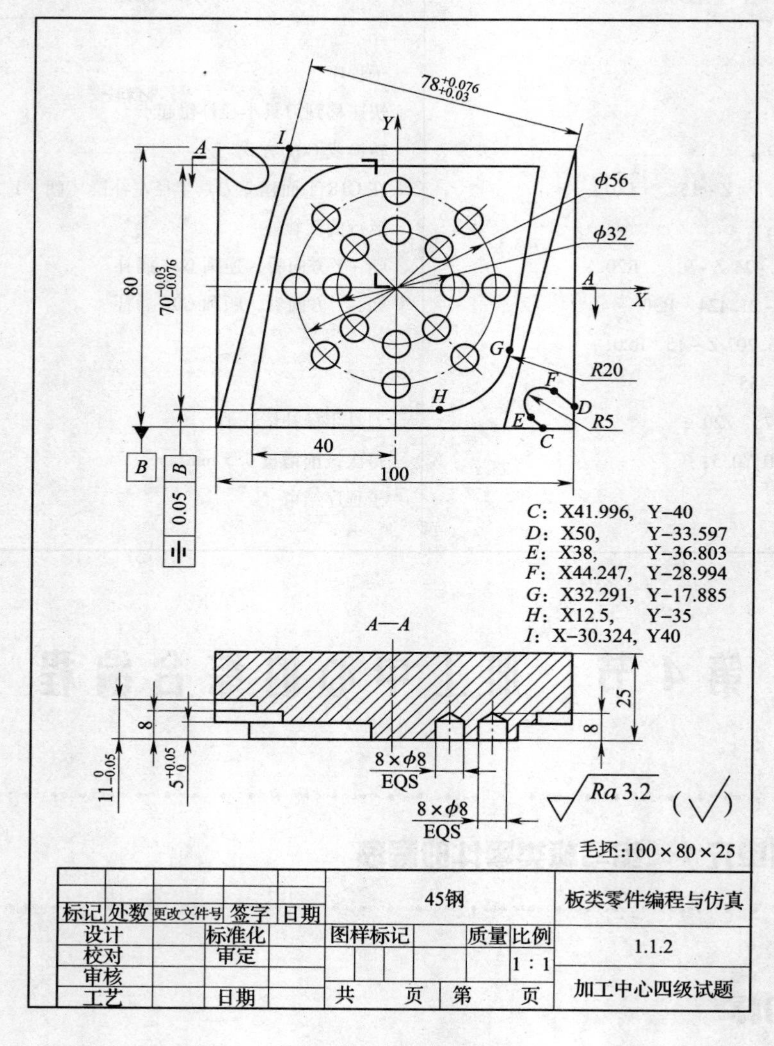

图 3—62　板类零件

操作准备

图样、空白工艺卡片、空白刀具卡片、笔、尺等。

操作步骤

步骤 1　分析板类零件图样

该零件为板类零件，为一长方体毛坯 100×80×25。主要由两个四边形、两个键槽和排孔组成。

步骤 2 数控加工工艺卡片及数控刀具卡片

编制数控加工工艺，填写工艺卡片，见表 3—25。

表 3—25 数控加工工艺卡片

数控加工工艺卡				零件代号		材料名称		零件数量
				1.1.2		45 钢		1
设备名称	加工中心	系统型号	FANUC	夹具名称		平口钳	毛坯尺寸	100×80×25
工序（工步）号	工序内容			刀具号	主轴转速 /(r/min)	进给量 /(mm /min)	背吃刀量 /mm	备注
一	装夹平口钳，位于工作台中间；测量刀具长度，完成刀具入库；装夹工件，建立工件坐标系，工件坐标系原点位于上平面中心							用 G54 设定
1	铣削外轮廓（*R*20）							
(1)	粗铣外轮廓			1	800	120	2（深度）	O1121
(2)	精铣外轮廓			1	1 000	80	0.2（侧面）	O1121
2	铣削外轮廓（78）							
(1)	粗铣外轮廓			1	800	120	2（深度）	O1121
(2)	精铣外轮廓			1	1 000	80	0.2（侧面）	O1121
3	铣削内轮廓（包含 2 个 *R*5 的圆弧）							
(1)	粗铣内轮廓			1	800	120	2（深度）	O1121
(2)	精铣内轮廓			1	1 000	80	0.2（侧面）	O1121
4	手动去除多余坯料			1				
5	钻孔			2	1 000			O1121
二	去毛刺							
编制		审核		批准		年 月 日	共 1 页	第 1 页

根据数控加工工艺，选择所用刀具，填写刀具卡片，见表 3—26。

表 3—26 数控刀具卡片

序号	刀具号	刀具名称	刀具规格	刀具材料	备注
1	1	键槽立铣刀	ϕ8 mm×110	高速钢	D01、D02、D03、H01
2	2	钻头	ϕ8 mm×100	高速钢	H02
编制		审核		批准		年 月 日	共 1 页	第 1 页

步骤 3 基点的计算

该图形利用对称、旋转、极坐标和镜像功能，可以避免基点的计算，能最快、最好地走出正确的图形。

步骤 4 编制程序（见表 3—27、表 3—28）

表 3—27 **1121 程序单**

```
O1121;
N10 G91 G28 Z0.;
N20 M06 T01;
N30 G54 G90 G17 G00 X0 Y0;
N40 M03 S1200;
N50 M08;
N60 G43 G00 Z50. H01;
N70 G00 X50. Y-60.;
N80 G00 Z5.;
N90 G01 Z-4.97 F80.;
N100 G01G42X-10. Y-45. D01 F100.;
N110 G02 X0 Y-35. R10.;
N120 G01 X12.5;
N130 G03 X32.242 Y-18.204 R20.;
N140 G01 X40. Y35.;
N150 G01 X-12.5;
N160 G03 X-32.242 Y18.204 R20.;
N170 G01 X-40. Y-35.;
N180 G01 X0;
N190 G02 X10. Y-45. R10.;
N200 G01 G40 X0 Y-60.;
N210 G49 G00 Z50.;
N220 X-100. Y100.;
N230 M05;
N240 M09;
N250 M00;
N260 G54 G17 G90;
N270 M03 S1200;
N280 M08;
N290 G00 G43 Z50. H01;
N300 G00 X0 Y-60.;
N310 Z5.;
N320 G01 Z-8. F80.;
N330 G01 G42 X-10. Y-50. D02 F100.;
N340 G02 X0 Y-40. R10.;
N350 G01 X30.324;
N360 X50. Y40.;
N370 X-32.324;
N380 X-50. Y-40.;
N390 X0;
N400 G02 X10. Y-50. R10.;
N410 G01 G40 X0 Y-60.;
N420 Z5.0;
N430 G00 Z50.;
N440 X-100. Y100.;
N450 M05;
N460 M09;
N470 M00;
N480 G54 G17 G90;
N490 M03 S1200;
N500 M08;
N510 G00 G43 Z50. H01;
N520 M98 P1122;
N530 G51.1 X0 Y0 I-1000 J-1000;
N540 M98 P1122;
N550 G50.1;
N560 G00 G49 Z0.;
N570 M05;
N580 M09;
N590 M00;
```

续表

N600 G91 G28 Z0; N610 M06 T02; N620 G90 G54 G00 X0 Y0; N630 M03 S600; N640 M08; N650 G43 G00 Z50. H02; N660 G16; N670 G00 Z10.; N680 G00 X0. Y0.; N690 G81 X28. Y0. Z-8. R5. F80.; N700 Y45.; N710 Y90.; N720 Y135.; N730 Y180.;	N740 Y225.; N750 Y270.; N760 Y315.; N770 G81 X16. Y0. R5. Z-8. F80.; N780 Y45.; N790 Y90.; N800 Y135.; N810 Y180.; N820 Y225.; N830 Y270.; N840 Y315.; N850 G49 G0 Z0; N860 G15; N870 M30;

表 3—28　　1122 程序单

O1122; N10 G00 X50. Y-40.; N20 Z5.; N30 G01 Z-11. F80.; N40 G01 G41 X50. Y-33.597 D03 F100; N50 G01 X44.247 Y-28.994;	N60 G03 X38. Y-36.803 R5.0; N70 G01 X41.996 Y-40.; N80 G01 G40 X50. Y-40.; N90 Z5.0; N100 M99;

学习单元 2　编写盘类零件的程序

学习目标

➢ 能够分析盘类零件图样

➢ 能够熟练编制盘类零件的数控加工工艺卡片及数控刀具卡片

➢ 能够熟练利用计算器进行简单基点坐标计算

➢ 能够熟练编制二维内、外轮廓数控加工程序

➢ 能够熟练编制钻孔数控加工程序

技能要求

操作准备

图样、空白工艺卡片、空白刀具卡片、笔、尺等。

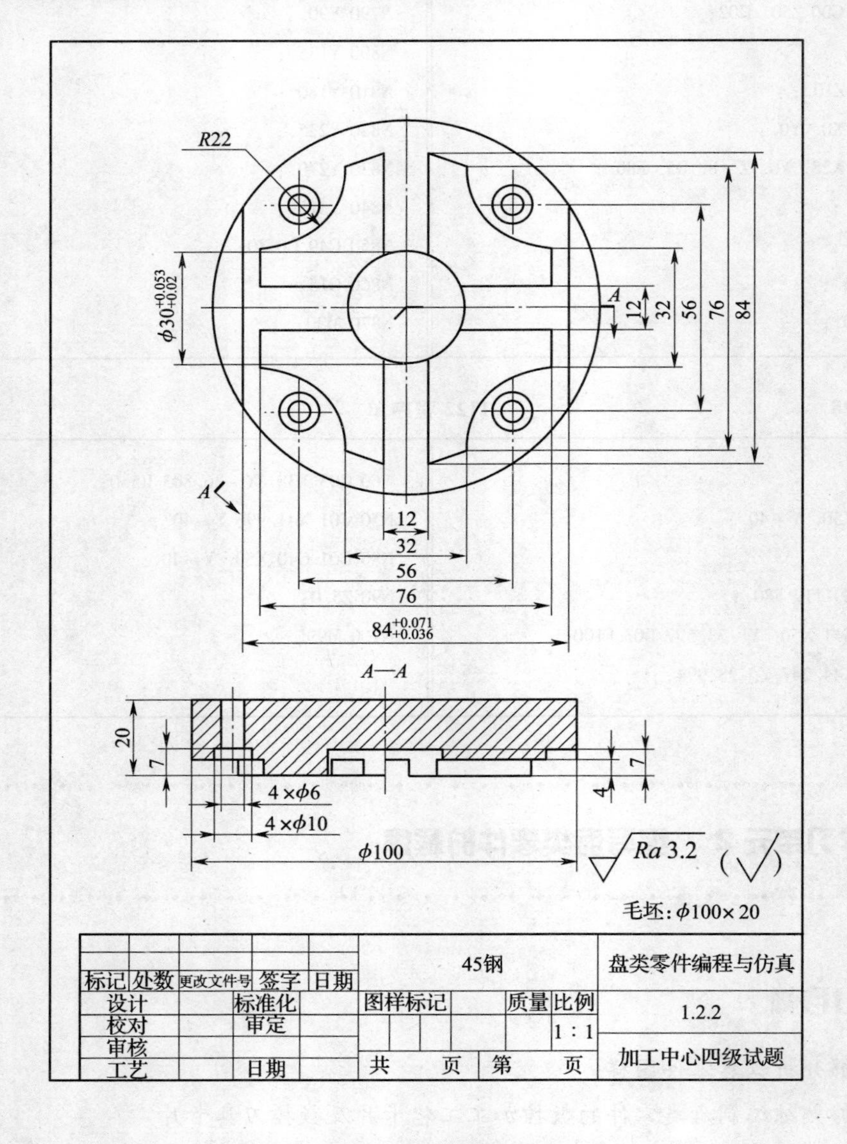

图 3—63　孔系盘类零件仿真操作

操作步骤

步骤 1　分析盘类零件图样

该零件为盘类零件，毛坯为 $\phi100\times20$。主要由四个相同的图形组成。

步骤 2　数控加工工艺卡片及数控刀具卡片

编制数控加工工艺，填写工艺卡片，见表 3—29。

表 3—29　　数控加工工艺卡片

<table>
<tr><td colspan="4" rowspan="2">数控加工工艺卡</td><td colspan="3">零件代号</td><td colspan="2">材料名称</td><td>零件数量</td></tr>
<tr><td colspan="3">1.2.2</td><td colspan="2">45 钢</td><td>1</td></tr>
<tr><td>设备名称</td><td>加工中心</td><td>系统型号</td><td>FANUC</td><td colspan="2">夹具名称</td><td colspan="2">卡盘</td><td>毛坯尺寸</td><td>$\phi100\times20$</td></tr>
<tr><td>工序（工步）号</td><td colspan="3">工序内容</td><td>刀具号</td><td colspan="2">主轴转速 /（r/min）</td><td>进给量 /（mm/min）</td><td>背吃刀量 /mm</td><td>备注（程序名）</td></tr>
<tr><td>一</td><td colspan="3">装夹卡盘，位于工作台中间；测量刀具长度，完成刀具入库；装夹工件，建立工件坐标系，工件坐标系原点位于上平面中心</td><td></td><td colspan="2"></td><td></td><td></td><td></td></tr>
<tr><td>1</td><td colspan="3">铣削外轮廓（含 $84^{+0.071}_{+0.036}$ 的尺寸）</td><td></td><td colspan="2"></td><td></td><td></td><td></td></tr>
<tr><td>（1）</td><td colspan="3">粗铣外轮廓</td><td>1</td><td colspan="2">800</td><td>80</td><td>2（深度）</td><td>O1221
D01，H01</td></tr>
<tr><td>（2）</td><td colspan="3">精铣外轮廓</td><td>1</td><td colspan="2">1 000</td><td>100</td><td>0.2（侧面）</td><td>O1221
D01，H01</td></tr>
<tr><td>2</td><td colspan="3">铣削外轮廓（包含 4 个 R22 的圆弧）</td><td>1</td><td colspan="2"></td><td></td><td></td><td></td></tr>
<tr><td>（1）</td><td colspan="3">粗铣外轮廓</td><td>1</td><td colspan="2">800</td><td>80</td><td>2（深度）</td><td>O1221（主程序），
O1222（子程序）
D02</td></tr>
<tr><td>（2）</td><td colspan="3">精铣外轮廓</td><td>1</td><td colspan="2">1 000</td><td>100</td><td>0.2（侧面）</td><td>O1221（主程序），
O1222（子程序）
D02</td></tr>
</table>

续表

数控加工工艺卡				零件代号		材料名称		零件数量
				1.2.2		45 钢		1
设备名称	加工中心	系统型号	FANUC	夹具名称		卡盘	毛坯尺寸	$\phi100\times20$
3	铣削内轮廓							
（1）	粗铣内轮廓			1	800	80	2（深度）	O1221（主程序），D03，H01
（2）	精铣内轮廓			1	1 000	100	0.2（侧面）	O1221（主程序），D03，H01
4	手动去除多余坯料			1	1 000			
5	钻孔			2	800	60	3	O1221
二	去毛刺							
编制		审核		批准		年　月　日	共 1 页	第 1 页

根据数控加工工艺，选择所用刀具，填写刀具卡片，见表 3—30。

表 3—30　　数控刀具卡片

序号	刀具号	刀具名称	刀具规格	刀具材料	备注
1	1	键槽立铣刀	$\phi10$ mm×110	高速钢	D01、D02、D03、H01
2	2	钻头	$\phi6$ mm×100	高速钢	H02
编制		审核	批准	年　月　日	共 1 页　第 1 页

步骤 3　基点的计算

该图形利用对称、旋转、极坐标和镜像功能，可以避免基点的计算，能最快、最好地走出正确的图形。

步骤 4　编制程序（见表 3—31、表 3—32）

表 3—31　　1221 程序单

O1221；	N40 M03 S1000；
N10 G91 G28 Z0.；	N50 M08；
N20 M06 T01；	N60 G43 G00 Z5. H01；
N30 G54 G90 G00 X0 Y0；	N70 G00 X0. Y100.；

续表

```
N80 G00 Z5.;
N90 G01 Z-7. F80.;
N100 G42 G01 X-42. D01 F100.;
N110 G01 Y-100.;
N120 G01 X42.;
N130 Y100.;
N140 G40 G01 X0.;
N150 G00 Z50.;
N160 M05;
N170 M09;
N180 M00;
N190 G54 G17 G90 ;
N200 M03 S1000;
N210 M08;
N220 G00 G43 Z50. H01;
N230 G00 X0. Y0.;
N240 G00 Z5.;
N250 M98 P1222;
N260 G51.1 X0 Y0 I-1000 J1000;
N270 M98 P1222;
N280 G51.1 X0 Y0 I-1000 J-1000;
N290 M98 P1222;
N300 G51.1 X0 Y0 I1000 J-1000;
N310 M98 P1222;
N320 G50.1;
N330 G00 Z50.;
N350 M05;
N360 M09;
N370 M00;
N380 G54 G17 G90 ;
N390 M03 S1000;
N400 M08;
N410 G00 G43 Z50. H01;
N420 G00 X-9. Y0.;
N430 G00 Z5.;
N440 G01 Z-4. F80.;
N450 G42 X9. Y6. D03 F100.;
N460 G02 X15. Y0 R6.;
N470 G02 I-15.;
N480 G02 X15. Y-6. R6.;
N490 G01 G40 X-9. YO ;
N500 G0 Z50.;
N510 M05;
N520 M09;
N530 M00;
N540 G54 G17 G90 ;
N550 M03 S1000;
N560 M08;
N570 G00 G43 Z50. H01;
N580 G00 X28. Y28.;
N590 G81 X28. Y28. Z-7. R5. F80.;
N600 X-28. Y28.;
N610 X-28. Y-28.;
N620 X28.    Y-28.;
N630 G00 G49 Z0;
N640 M05;
N650 M09;
N660 M00;
N670 G91 G28 Z0.;
N680 M06 T02;
N690 G54 G90 G00 X0 Y0;
N700 M03 S800;
N710 G43 G00 Z50. H02;
N720 G81 X28. Y28. R5. Z-21. F60.;
N730 X-28. Y28.;
N740 X-28. Y-28.;
N750 X28.    Y-28.;
N760 G49 G00 Z0.;
N770 M05;
N780 M09;
N790 M30;
```

表 3—32　　1222 程序单

O1222；	G02 Y38. X16. R22.；
G00 X0. Y0.；	G01 Y42. X6.；
G01 Z－4. F80.；	G01 Y6.；
G42 G01 X6. Y6. D02 F120；	G40 G01 X0. Y0.；
X38.；	G00 Z5.；
Y16.；	M99；

第 4 章

加工中心模拟仿真软件操作

第 1 节　FANUC – 0i 仿真系统面板操作　/202
第 2 节　零件的仿真操作加工　/213

第 1 节 FANUC－0i 仿真系统面板操作

学习目标

➢ 掌握 FANUC－0i 系统加工中心仿真系统面板操作界面

➢ 能够熟练使用仿真加工系统

知识要求

一、认识数控仿真系统

数控加工仿真系统是基于虚拟现实的仿真软件。20 世纪 90 年代初源自美国的虚拟现实技术是一种富有价值的工具，可以提升传统产业层次、挖掘其潜力。虚拟现实技术在改造传统产业上的价值体现于：将虚拟现实技术用于产品设计与制造，可以降低成本，避免新产品开发的风险；将虚拟现实技术用于产品演示，可借多媒体效果吸引客户、争取订单；将虚拟现实技术用于操作培训，可用“虚拟设备”来增加员工的操作熟练程度，但不能检测工艺系统的刚性。

宇龙数控仿真系统可以实现对数控加工全过程的仿真，其中包括毛坯定义、夹具和刀具定义与选用，零件基准测量和设置，数控程序输入、编辑和调试，加工仿真以及各种错误检测功能，但没有自动编程功能。通过仿真运行可保证实际零件的加工精度。

二、进入仿真系统

单击 Windows“开始”，从“程序”下拉菜单中找到“数控加工仿真系统”，如图 4—1所示。

单击“数控加工仿真系统”屏幕上会显示如图 4—2 所示的界面，可以选择“快速登录”进入该系统。

单击主菜单上的“机床”后再点击下拉菜单“选择机床”，根据需要这里我们选择 FANUC 系统的 0i 系列，如图 4—3、图 4—4 所示。选择加工中心，点击“确定”后，进入如图 4—5 所示界面。

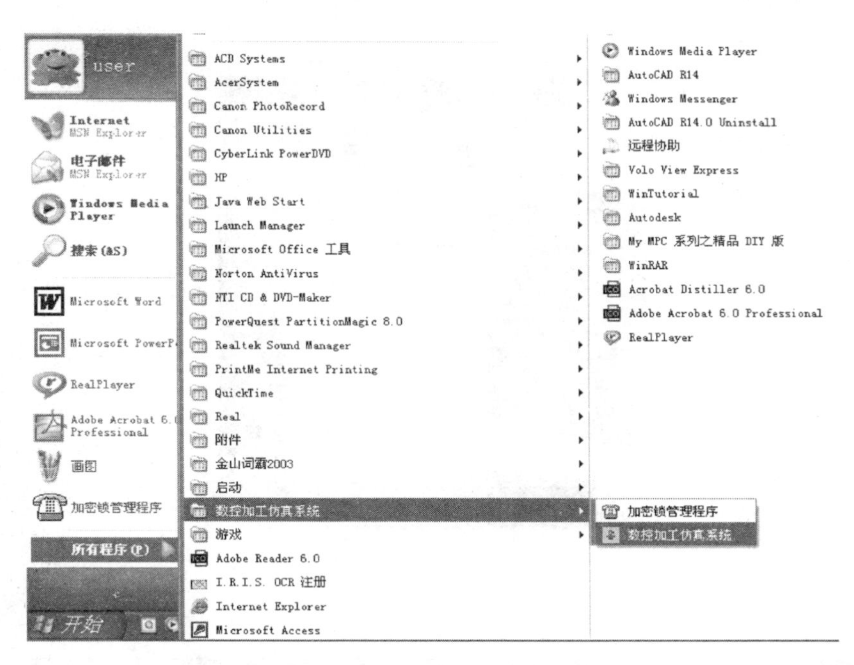

图 4—1　数控加工仿真系统下拉菜单

图 4—2　数控加工仿真系统登录菜单

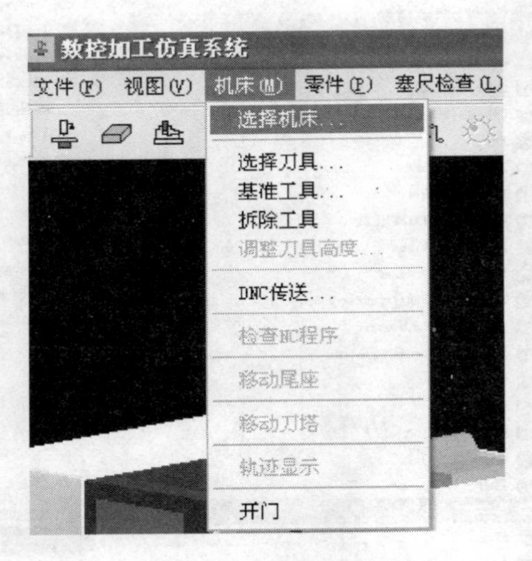

图 4—3　选择机床

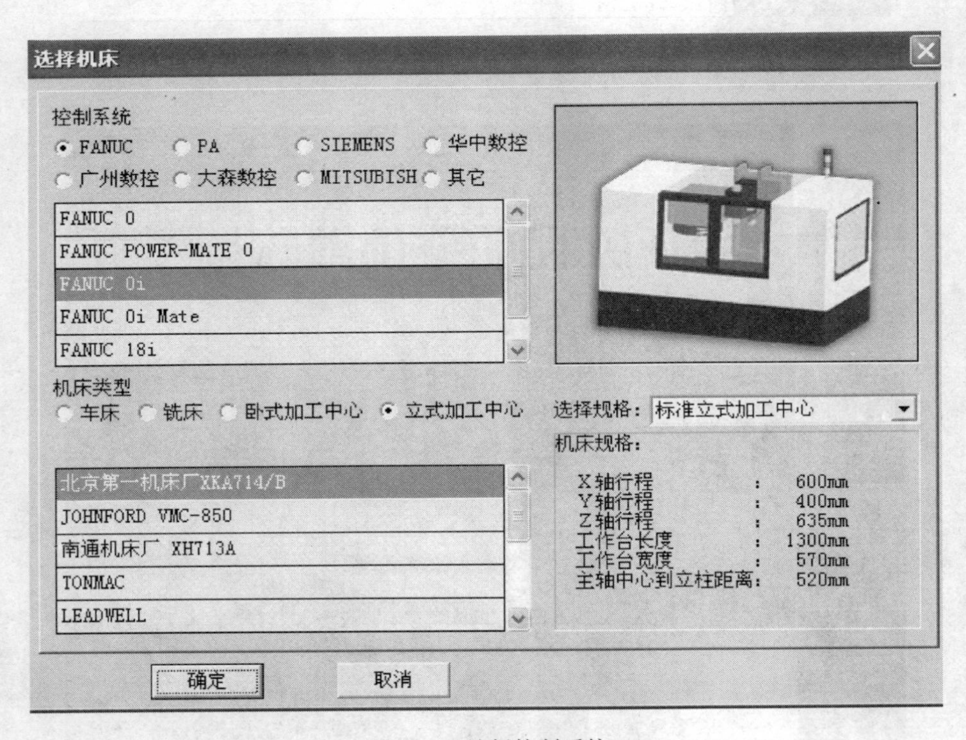

图 4—4　选择控制系统

三、认识加工中心仿真系统操作界面

FANUC－0i 加工中心操作界面如图 4—5 所示。

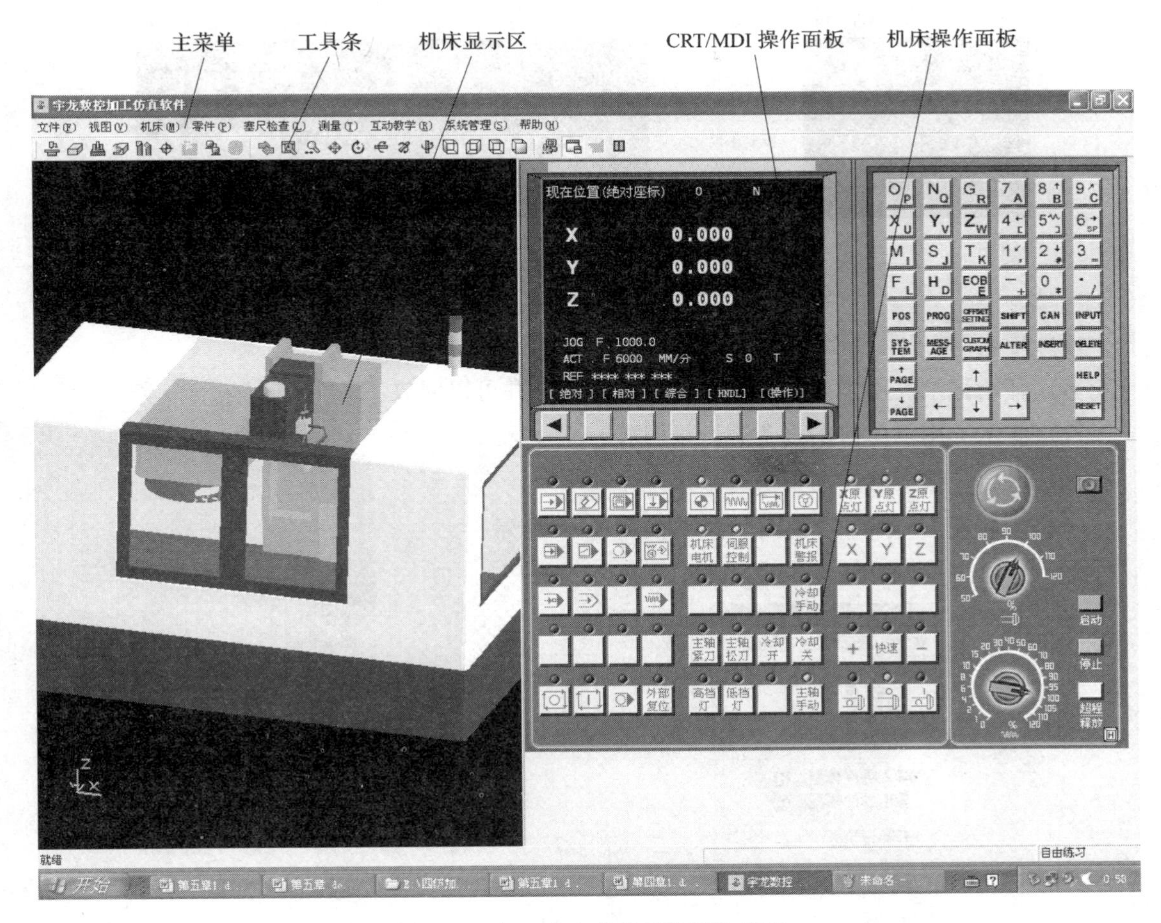

图 4—5　加工中心仿真系统操作界面

1. 认识主菜单

如图 4—6 所示，主菜单是一个下拉式菜单，根据需要选择其中菜单条。

（1）“文件”菜单。“文件”菜单如图 4—7 所示。

1）新建项目。重新开始一个新的工作。

2）打开项目。恢复一个以前保存下来的工作状态。

3）保存项目。将当前工作状态保存为一个文件，供以后继续使用。

4）另存项目。将当前工作状态换名保存。

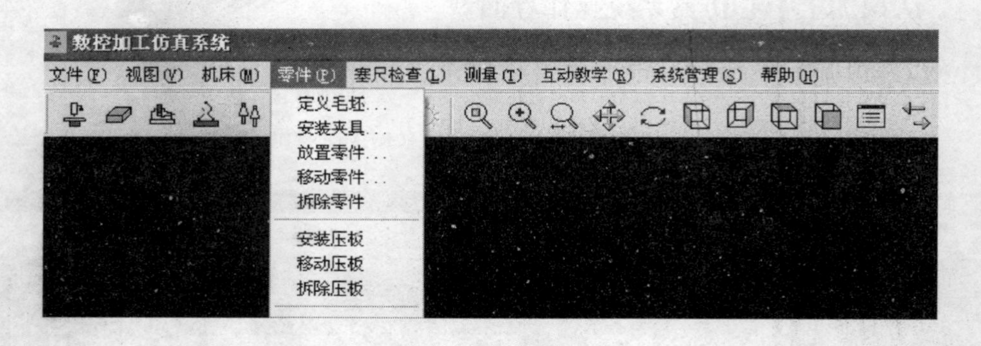

图 4—6　下拉式主菜单

5）导入/导出零件模型。用于保存和使用加工后的零件。

6）开始记录。用于记录操作者的操作过程，并可以回放。

7）演示。用于模拟仿真考试记录回放。

8）退出。结束数控加工仿真系统程序。

（2）“视图”菜单。“视图”菜单如图 4—8 所示。

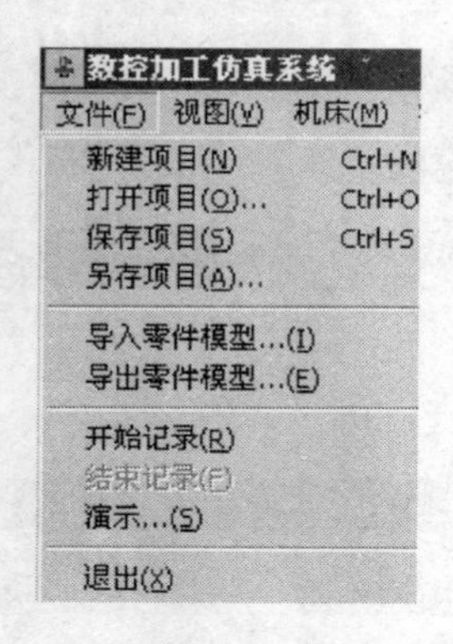

图 4—7　下拉式“文件”菜单

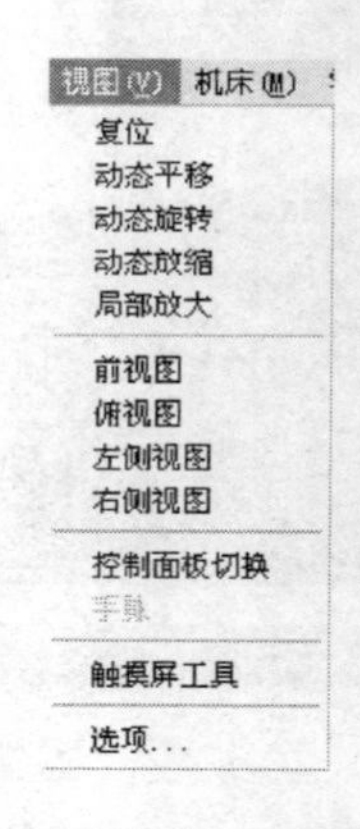

图 4—8　下拉式“视图”菜单

1）复位。进行缩放、旋转和平移操作后，单击此命令可将视图恢复到原始状态。

2）动态平移和动态旋转。实现动态平移和动态旋转功能。

3）动态放缩。实现动态放缩功能。

4）局部放大。实现局部放大功能。

5）前视图。从正前方观察机床和零件。

6）俯视图。从正上方观察机床和零件。

7）侧视图。从左边观察机床和零件。

8）控制面板切换。显示或者隐藏数控系统操作面板。

9）手脉。显示或者隐藏手摇脉冲发生器。

10）选项。显示参数设置。

（3）“机床”菜单。“机床”菜单如图4—9所示。

1）选择机床。弹出选择机床对话框。

2）选择刀具。弹出选择刀具对话框。

3）基准工具。弹出选择基准工具对话框。

4）拆除工具。将刀具或基准工具拆下。

5）DNC传送。从文件中读取数控程序，系统将弹出Windows打开文件标准对话框，从中选择数控代码存放的文件。

6）检查NC程序。对数控加工程序进行语法检查。

（4）“零件”菜单。“零件”菜单如图4—10所示。

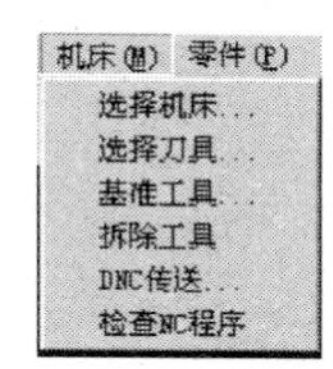

图4—9　下拉式“机床”菜单

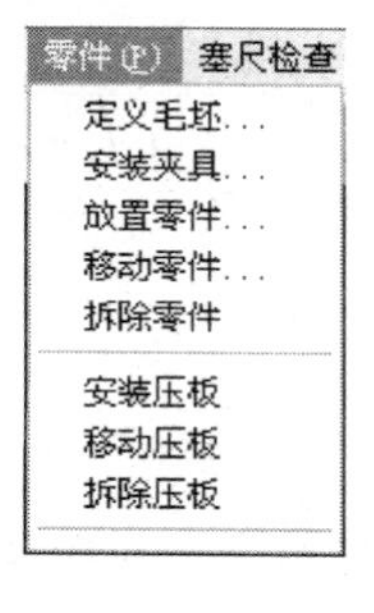

图4—10　下拉式“零件”菜单

1）定义毛坯。毛坯形状和尺寸定义。

2）安装夹具。选择夹具。

3）放置零件。放置零件（包括夹具）到机床以及调整位置。

4）移动零件。调整零件位置。

5）拆除零件。从机床上拆除零件。

6）安装、移动、拆除压板。可以实现安装、拆除和移动压板的操作。

（5）塞尺检查。“塞尺检查”菜单如图4—11所示。选择塞尺检查后，出现二级子菜单，可以选择和收回塞尺。

（6）测量。“测量”菜单如图4—12所示。选择测量出现二级子菜单，可对零件进行测量。

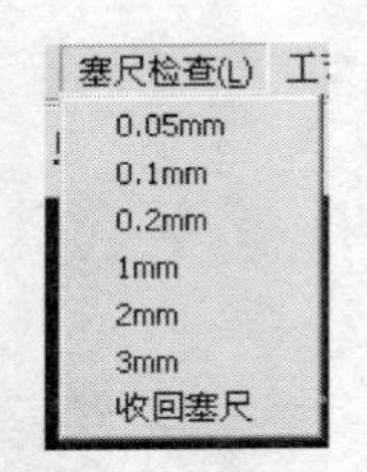

图 4—11　下拉式“塞尺检查”菜单

图 4—12　下拉式“测量”菜单

（7）其他。除了上述菜单外，还有互动教学、系统管理和帮助菜单。其中互动教学菜单可以在授课模式下用于教学沟通或考试模式下导出程序、交卷等，系统管理菜单是该软件对用户的管理、系统的设置和刀具的管理等。帮助菜单主要是该软件的安装和操作说明。

2. 认识工具条

位于菜单条的下方，分别对应不同的菜单栏选项，如图 4—13 所示。

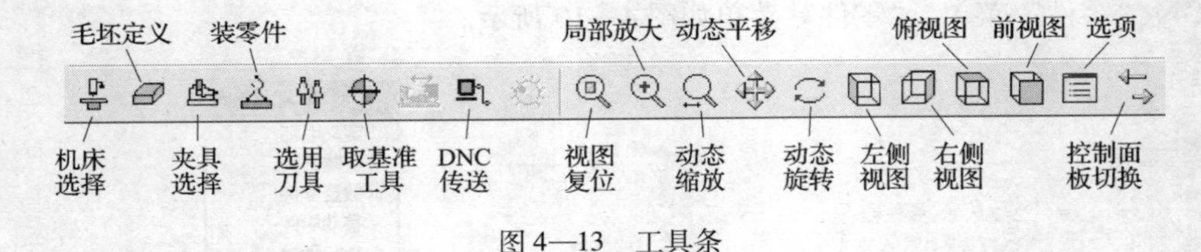

图 4—13　工具条

（1）机床选择，对应菜单条 机床→选择机床。

（2）毛坯定义，对应菜单条 零件→定义毛坯。

（3）夹具选择，对应菜单条 零件→安装夹具。

（4）安装零件，对应菜单条 零件→放置零件。

（5）选用刀具，对应菜单条 机床→选择刀具。

（6）取基准工具，对应菜单条 机床→基准工具。

（7）DNC 传送，对应菜单条 机床→DNC 传送。

（8）视图复位，对应菜单条 视图→复位。

（9）局部放大，对应菜单条 视图→局部放大。

（10）动态缩放，对应菜单条 视图→动态缩放。

（11）动态平移，对应菜单条 视图→动态平移。

（12） 动态旋转，对应菜单条 视图 → 动态旋转 。

（13） 选项，对应菜单条 视图 → 选项 。

（14） 左侧视图，对应菜单条 视图 → 左侧视图 。

（15） 右侧视图，对应菜单条 视图 → 右侧视图 。

（16） 俯视图，对应菜单条 视图 → 俯视图 。

（17） 前视图，对应菜单条 视图 → 前视图 。

（18） 控制面板切换，对应菜单条 视图 → 控制面板切换 。

3. 机床显示区

机床显示区是一台模拟的机床，它可以显示操作者在装夹工件、刀具选择、对刀过程、零件加工等方面的操作，用虚拟机床可以看到真实机床加工的全过程。

4. CRT/MDI 操作面板

在“视图”下拉菜单或者工具条菜单中选择“控制面板切换”后，数控系统操作键盘会出现在视窗的右上角，其左侧为数控系统显示屏，右侧为数控系统的手动数据输入面板，即 MDI 面板，如图 4—14 所示。用操作键盘结合显示屏可以进行数控系统操作。

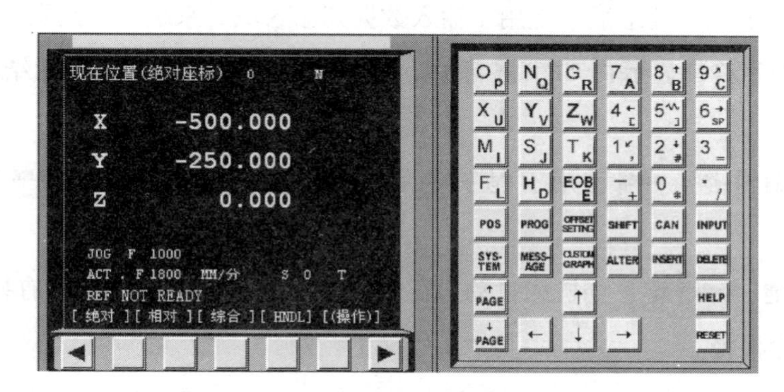

图 4—14　数控系统操作键盘和显示屏

在 FANUC - 0i 系统中程序的输入和编辑是通过系统的手动数据输入面板（MDI 面板）进行的。如图 4—15 所示是 FANUC - 0i 系统中 MDI 面板之一。

（1）功能键

1） POS 键显示现在机床的位置。

2） PROG 键在 EDIT 方式下，用于编辑、显示存储器里的程序；在 MDI 方式下，用于输入、显示 MDI 数据；在机床自动操作时，用于显示程序指令值。

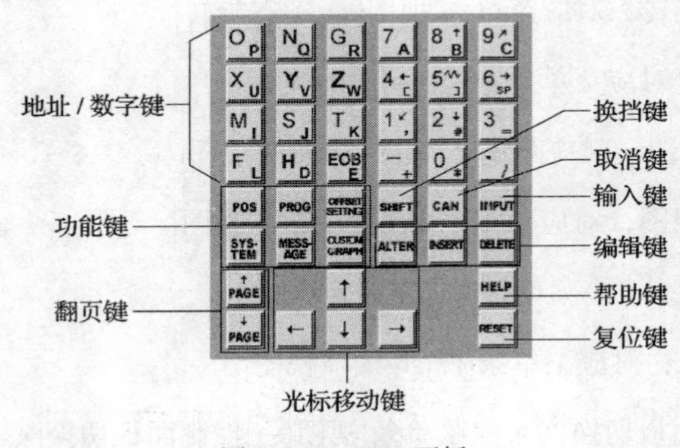

图 4—15 MDI 面板

3） OFFSET SETTING 键用于设定、显示补偿值、宏程序变量和用户参数的设定等。

4） SYSTEM 键用于参数的设定、显示及自诊断数据的显示（仿真软件中目前还没有此功能）。

5） MESSAGE 键用于报警信息的显示（仿真软件中目前还没有此功能）。

6） CUSTOM GRAPH 键用于用户宏画面（仿真软件中目前还没有此功能）和图形的显示。

（2）地址数字键。地址数字键用于输入数据到输入域，系统自动判别取字母还是取数字。每次输入的字符都显示在 CRT 屏幕上。其中结束程序段键 EOB E 表示结束一行程序的输入并且换行。

（3）程序编辑键。ALTER 键用于程序修改。INSERT 键用于程序插入。DELETE 键用于程序删除。

（4）复位键。RESET 键，当机床自动运行时，按下此键，则机床的所有操作都停下来。同时也用以清除报警。

（5）输入键。INPUT 键用于输入参数或补偿值等，也可以在 MDI 方式下输入命令数据。

（6）取消键。CAN 键用于取消已输入到缓冲器里的最后一个字符或符号。

（7）换挡键。SHIFT 键用于选择一个键上有两个字符中的一个字符。

（8）帮助键。HELP 键用于显示如何操作机床和 CNC 报警时提供报警的详细信息。

（9）光标移动键。↑ ← ↓ → 键用于光标移动。

（10）翻页键。↑PAGE ↓PAGE 键用于屏幕换页。

5．机床操作面板

机床操作面板位于窗口的右下侧，如图 4—16 所示。主要用于控制机床的运动和选择机床运行状态，由方式选择旋钮、数控程序运行控制开关等多个部分组成。

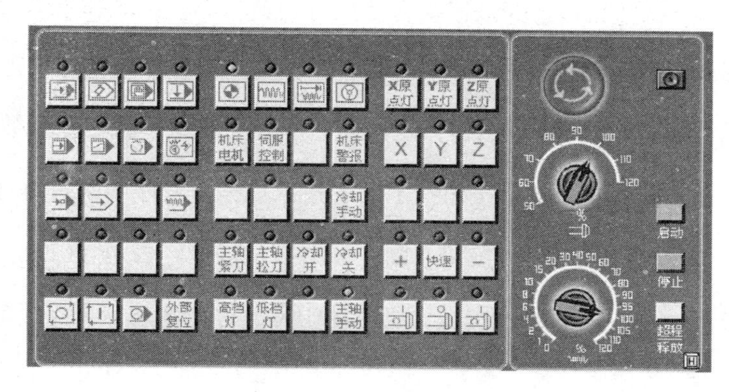

图 4—16　机床操作面板

（1）方式选择按钮 。它位于机床操作面板上方。

1）：进入自动加工模式。

2）：用于直接通过操作面板输入数控程序和编辑程序。

3）：进入手动数据输入模式。

4）：手动方式。单动方式，手轮方式移动台面或刀具。

5）：手动方式。手动连续移动台面或者刀具。

6）：从计算机读取一个数控程序。

（2）数控程序运行控制开关

1）：程序运行开始，按按钮，进入自动加工模式时有效，其余时间按下无效。

2）：程序运行暂停，在程序运行过程中，按下此按钮运行暂停，按恢复运行。

（3）：机床主轴手动控制开关，用于控制主轴的转动和停止。

1）：手动正向或反向开机床主轴。

2）：手动关机床主轴。

（4）手动移动机床工作台按钮 + 快速 -

1）[+]：正方向移动按钮。

2）[-]：负方向移动按钮。

3）[快速]：与[+][-]和轴选择按钮配合使用可快速移动机床工作台。

（5）手动移动工作台轴选择按钮[X][Y][Z]：使工作台在相应的方向上移动。

（6）单步执行开关：按该按钮，上面的指示灯亮，每次执行一条数控指令。

（7）选择跳过开关：按该按钮，上面的指示灯亮，程序中跳过符号“/”有效。

（8）M01 开关：按一下该按钮，则上面的指示灯亮，表示 M01 代码有效。

（9）紧停按钮：按下紧停按钮，机床处于紧急停止状态，排除故障后，需朝按钮上的箭头方向旋转才能使紧停按钮复位。紧停状态的复位还需按 MDI 面板上的 RESET。

（10）显示手轮[H]：单击该按钮，显示手轮及相关的旋钮

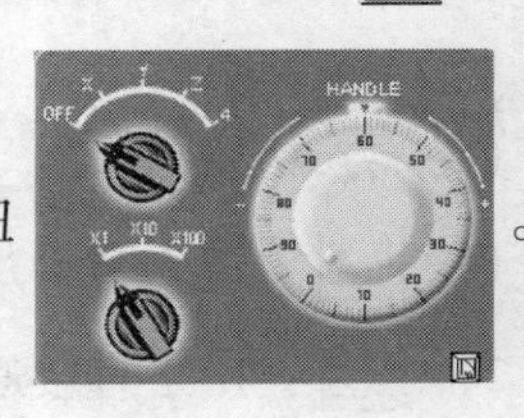

。再单击，可隐藏手轮。

手轮操作必须单击操作面板上的“手动脉冲”按钮或，使指示灯变亮。

1）单步进给量控制旋钮：选择手动移动台面时每一步的距离。×1 为 0.001 mm。×10 为 0.01 mm。×100 为 0.1 mm。置光标于旋钮上，单击鼠标左键，旋钮逆时针转动；单击鼠标右键，旋钮顺时针转动。

2）轴选择旋钮：置光标于旋钮上，单击左键或右键，选择坐标轴。

3）手轮：光标对准手轮，单击左键或右键，精确控制机床的正负移动。按鼠标右键，手轮顺时针转，机床往正方向移动；按鼠标左键，手轮逆时针转，机床往负方向移动。

（11）进给速度（*F*）调节旋钮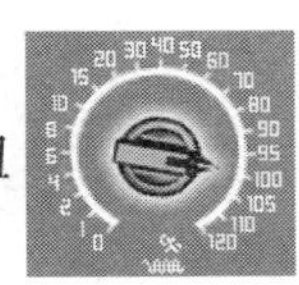

：调节数控程序运行中的进给速度，调节范围从 0～120% 以及和手动方式 下移动台面的速度，调节范围从 0～2 000 mm/min。置光标于旋钮上，单击鼠标左键，旋钮逆时针转动；单击鼠标右键，旋钮顺时针转动。

第 2 节　零件的仿真操作加工

学习单元 1　盘类零件的仿真操作加工

学习目标

- 能够熟练编制数控工艺、合理选择刀具
- 能够熟练用 FANUC－0i 系统格式编写零件程序
- 能够熟练利用 FANUC－0i 数控加工仿真系统对盘类零件进行仿真加工

技能要求

编制数控加工工艺

编制如图 4—17 所示孔系盘类零件的数控加工工艺规程。

操作准备

图样、空白工艺卡片、空白刀具卡片、笔、尺等。

操作步骤

步骤 1　工艺分析

编制数控加工工艺，填写工艺卡片（见表 4—1）。

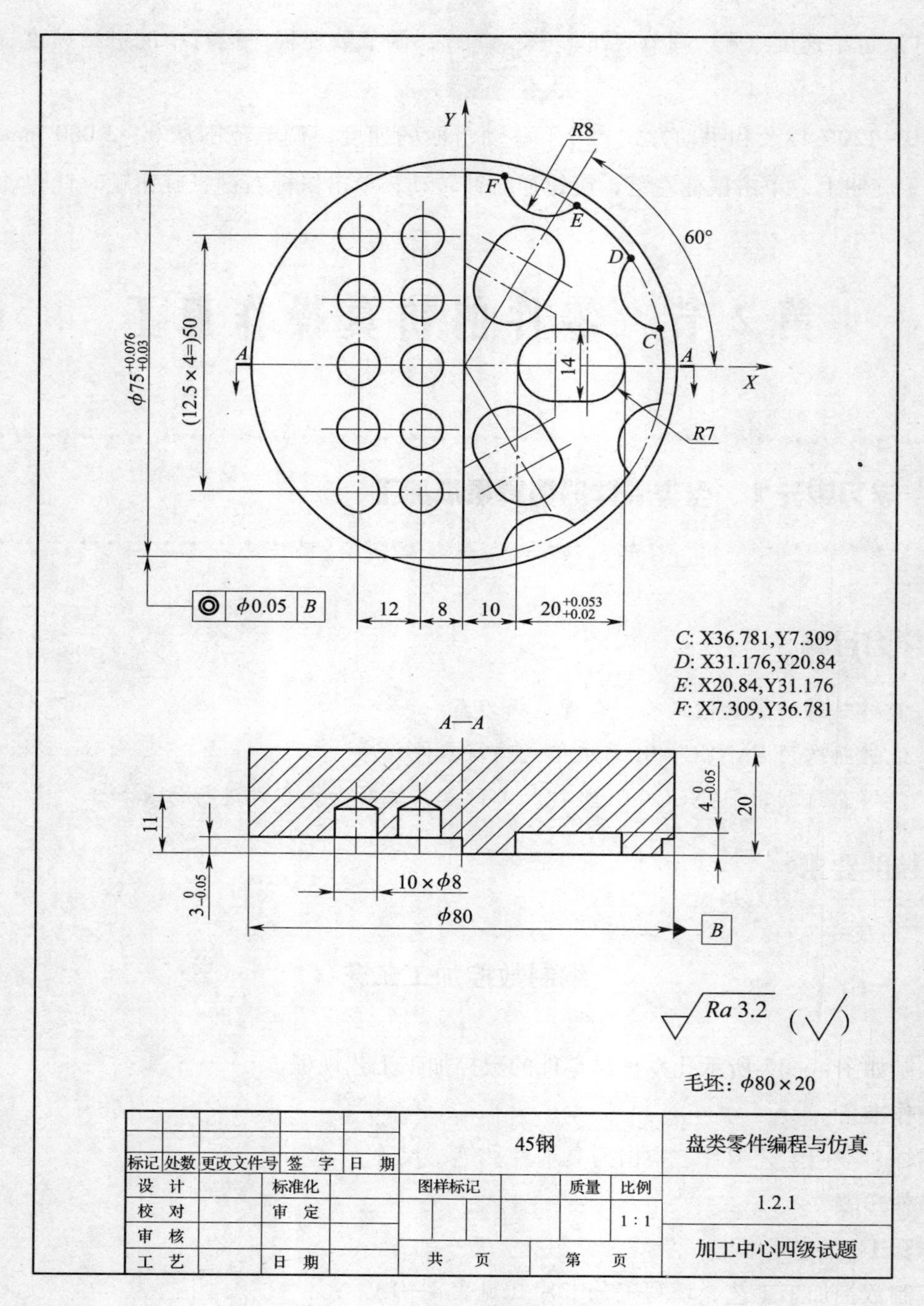

图4—17　孔系盘类零件仿真操作

表 4—1　　数控加工工艺卡片

数控加工工艺卡				零件代号			材料名称	零件数量
				1.2.1			45 钢	1
设备名称	加工中心	系统型号	FANUC－0i	夹具名称		卡盘	毛坯尺寸	ϕ80×20
工序（工步）号	工序内容			刀具号	主轴转速/（r/min）	进给量/（mm/min）	背吃刀量/mm	备注
一	装夹卡盘，位于工作台中间；测量刀具长度，完成刀具入库；装夹工件，建立工件坐标系，工件坐标系原点位于上平面中心							用 G54 设定
1	铣削外轮廓（包括 4 个 *R*8 的圆弧）							
（1）	粗铣外轮廓			1	800	100	2.85	O1211
（2）	精铣外轮廓			1	1 000	50	0.1	O1211
2	铣削内轮廓（包含 6 个 *R*7 的圆弧）							
（1）	粗铣内轮廓			1	800	100	3.85	O1211
（2）	精铣内轮廓			1	1 000	50	0.1	O1211
3	手动去除多余坯料			1	1 000			
4	钻孔			2	1 000	30	4	O1211
二	去毛刺							
编制	／	审核	／	批准	／	年　月　日	共 1 页	第 1 页

步骤 2　刀具选择

根据数控加工工艺，选择所用刀具，填写刀具卡片（见表 4—2）。

表 4—2　　数控刀具卡片

序号	刀具号	刀具名称	刀具规格	刀具材料	备注
1	1	键槽立铣刀	ϕ10 mm×110	高速钢	D01、D02、H01
2	2	钻头	ϕ8 mm×100	高速钢	H02

编制	／	审核	／	批准	／	年　月　日	共 1 页	第 1 页

步骤 3　程序编写（见表 4—3、表 4—4）

表 4—3　　1211 程序单

```
O1211;
N10 G91 G28 Z0;
N20 M06 T01;
N30 G90 G17 G21 G54 G00 X0 Y0;
N40 G43 G00 Z5. H01;
N50 M03 S1 000;
N60 M08;
N70 G00 Z50.;
N80 G00 X-6. Y-6.;
N90 G01 Z-2.975 F60.;
N100 G41 G01 X0. D01 F100.;
N110 G01 X0. Y37.5;
N120 G02 X7.309 Y36.781 R37.5;
N130 G03 X20.84 Y31.176 R8.;
N140 G02 X31.176 Y20.84 R37.5;
N150 G03 X36.781 Y7.309 R8.;
N160 G02 X36.781 Y-7.309 R37.5;
N170 G03 X31.176 Y-20.84 R8.;
N180 G02 X20.84 Y-31.176 R37.5;
N190 G03 X7.309 Y-36.781 R8.;
N200 G02 X0. Y-37.5 R37.5;
N210 G01 X0. Y0.;
N220 G40 G01 X-6. Y6.;
N230 G01 Z5.;
N240 G00 G49 Z0;
N250 M05;
N260 M09;
N270 M00;
N280 G91 G28 Z0;
N290 M06 T01;
N300 M03 S1 000;
N310 M08;
N310 G90 G54 G00 X0 Y0;
N320 G43 G00 Z5. H01;
N330 M98 P1212;
N340 G68 X0 Y0 R60;
N350 M98 P1212;
N360 G68 X0 Y0 R-60;
N370 M98 P1212;
N380 G69;
N390 G00 G49 Z0;
N400 M05;
N410 M09;
N420 M00;
N430 G91 G28 Z0;
N440 M06 T02;
N450 M03 S1 000;
N460 M08;
N470 G90 G17 G54 G00 X0 Y0;
N480 G43 G00 Z5. H02;
N490 G99 G81 X-8. Y25. Z-11. R5. F60.;
N500 Y12.5;
N510 Y0.;
N520 Y-12.5;
N530 Y-25.;
N540 X-20.;
N550 Y-12.5;
N560 Y0.;
N570 Y12.5;
N580 Y25.;
N590 G80;
N600 G00 G49 Z0;
N610 M05;
N620 M09;
N630 M30;
```

表 4—4　　1212 程序单

O1212;	N70 G03 X23. Y7. R7.;
N10 G00 Z50.;	N80 G01 X17. Y7.;
N20 G00 X17. Y0.;	N90 G03 X17. Y-7. R7.;
N30 G01 Z-3.975 F60.;	N100 G40 G01 X17. Y0.;
N40 G41 G01 X17. Y7. D02 F100.;	N110 G01 Z5.;
N50 G03 X17. Y-7. R7.;	N120 M99;
N60 G01 X23. Y-7.;	

步骤 4　用 FANUC-0i 仿真系统数控仿真加工

（1）机床回零。急停释放，按键，这时“机床电动机”与“伺服控制”指示灯亮。按回零键，再按 Z 或 X、Y，选择 +，依次完成各轴回零操作，Z原点灯、X原点灯、Y原点灯回零指示灯亮，机械坐标位于零位。

（2）程序输入。按进入程序编辑状态，按 PROG 程序键，输入程序名“O1211”，按 INSERT 插入键，按 EOB 换行键，按 INSERT 插入键，输入整段程序“G91 G28 Z0;”，按 INSERT 插入键，直到全部程序输入完成并自动保存。O1212 的输入以此类推。

（3）刀具半径补偿设置。按 OFFSET SETTING，进入刀具半径补偿界面，再按软键［补正］，光标分别移至“形状（D）”，输入刀补数值“5.03”和“4.98”，按 INPUT 输入键。

（4）图形轨迹模拟。按编辑键，按 PROG 程序键，输入程序名“O1211”，按 ↓ 下标键调用程序，再按自动方式键，按 CUSTOM GRAPH 图形键，左侧机床消失，进入图形显示页面，按循环启动键，显示程序轨迹，操作“视图”工具条，查看图形轨迹。

（5）工件毛坯选择与装夹。按 CUSTOM GRAPH 图形键取消图形，进入机床显示页面，按定义毛坯键选择毛坯形状与尺寸 圆柱形 直径 80 mm，高度 20 mm，按“确定”。

按夹具键，选择毛坯 1，选择夹具“卡盘”，按 向上 将零件升到最高，按“确定”。

按安装零件键，选中毛坯 1 按 安装零件 即出现在界面上，同时出现

是用于调整工件位置，按退出即可。

（6）刀具安装。按 选择刀具键进入刀具选择界面，刀具搜索选所需刀具直径 10 mm×110（1号）、8 mm×100（2号），选所需刀具类型平底刀后按“确定”，出现可选刀具，选择刀具按“确定”即刀具安装完成。

（7）工件坐标系设置

1）X、Y工件坐标轴设置。按 选项键，将机床设为“透明”与“隐藏”，按 视图方向键，调整刀具与工件位置，直到工件中心与刀具中心同心对齐 为止，记录此时机械坐标系的X、Y值，即X=500.0，Y=415.0。

再按 OFFSET SETTING 键选择 坐标系 移动光标至G54的X轴处，输入数值-500. 后按 INPUT 键，移动光标至Y轴处，输入数值-415. 后按 INPUT 键。

（8）刀具长度补偿设置。选择手动方式 ，利用合适的视图将刀具移动至工件上方，选择塞尺检查，选用0.2 mm塞尺 塞尺检查(L) 0.05mm 0.1mm 0.2mm ，移动Z轴接近工件表面，直至塞尺检查的结果为“合适”。

按 POS 键，记录此时机床坐标系中的Z轴坐标值Z′，则此刀具的Z向长度补偿值L=Z′-塞尺厚度，将L输入对应的长度补偿寄存器中；再利用刀具长度差计算出H02的补偿值，（如长度补偿H01为-364，H02为-354）。

（9）模拟仿真加工。按 编辑键，按 PROG 程序键，输入程序名“O1211”，按 ↓ 下标键调入程序，按 自动方式键，按 OFFSET SETTING 键，检查刀具半径补偿与工件坐标系是否输入，按 循环启动键，机床模拟仿真加工零件的O1211程序工序，选择合适视图观察零件加工情况。

（10）拉除余料。当零件加工完成后，工件会有一定的余料，此时，可以选择手动拉除余料，也可进行编程拉除余料。

（11）仿真检测零件。要了解仿真模拟加工的零件是否符合零件图样的要求，需要用该软件的仿真测量功能进行检测。单击下拉菜单条“测量”，出现二级子菜单“剖面图测量”。

选择测量平面X-Y或X-Z或Y-Z平面和步长，移动相应测量平面的Z或Y或X方向（一个步长为单位），则可显示零件的所有尺寸，也可拖动鼠标拉一个窗口进行局部放大等操作。

测量内轮廓尺寸时，选择测量平面“$X-Y$”，测量工具“内卡”，测量方式“垂直测量”，调节工具“自动测量”，对于测量面较小，也可选择“两点测量”。

图 4—18　仿真盘类零件

注意事项

（1）在进入 FANUC－0i 系统后需释放急停按钮和开启启动按钮，否则不能进行任何操作。

（2）程序输入时可以在数控仿真系统中直接输入，也可以在电脑的记事本中输入后再传输到数控仿真系统中，但考试时程序只能在数控仿真系统中输入。

（3）程序输入时用 INSERT 插入键，机床参数输入时用 INPUT 输入键。

（4）新建一个程序时，程序名与 EOB E 必须分两次输入。

（5）看图形轨迹时如图形轨迹与图纸比例一样，则没有执行刀具半径补偿；否则凸件轮廓轨迹变大，凹件轮廓轨迹变小。

（6）刀具半径补偿值的计算尽量取零件公差的中间值进行运算。

特别提示

超程解除的方法：当机床超程时出现 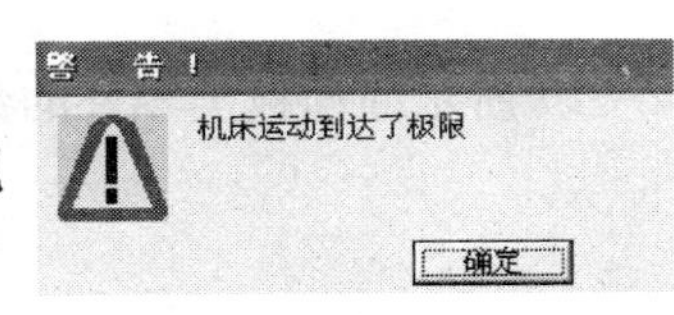

报警，先按

确定 再按 启动 与 超程释放，最后机床重新回零。

相关链接

电脑的记事本与 FANUC 数控仿真系统的相互传送方法如下。

1. 程序输出

在 程序编辑状态，按 PROG，按［操作］键，按 ▶ 切换软件菜单，直到［PUNCH］出现，按［PUNCH］软件键，输入程序名，按电脑上的 保存，则程序输出，存入 FANUC 程序目录下，或选择所要存储程序的文件夹即可。

2. 程序输入

在 程序编辑状态，按 PROG，按［操作］键，按 ▶ 切换软件菜单，直到［READ］出现，按［READ］键，输入程序名如“O1221”，按［EXEC］键，按 进入 DNC 传送状态，进入存储程序的文件夹，选择所需传送的程序，按 打开(O)，程序立即出现在机床界面上。

学习单元 2　板类零件的仿真操作加工

学习目标

➢ 能够熟练编制数控工艺、合理选择刀具

➢ 能够熟练用 FANUC－0i 系统格式编写零件程序

➢ 能够熟练利用 FANUC－0i 数控加工仿真系统对板类零件进行全过程仿真加工

技能要求

编制数控加工工艺

编制如图 4—19 所示曲面板类零件的数控加工工艺规程。

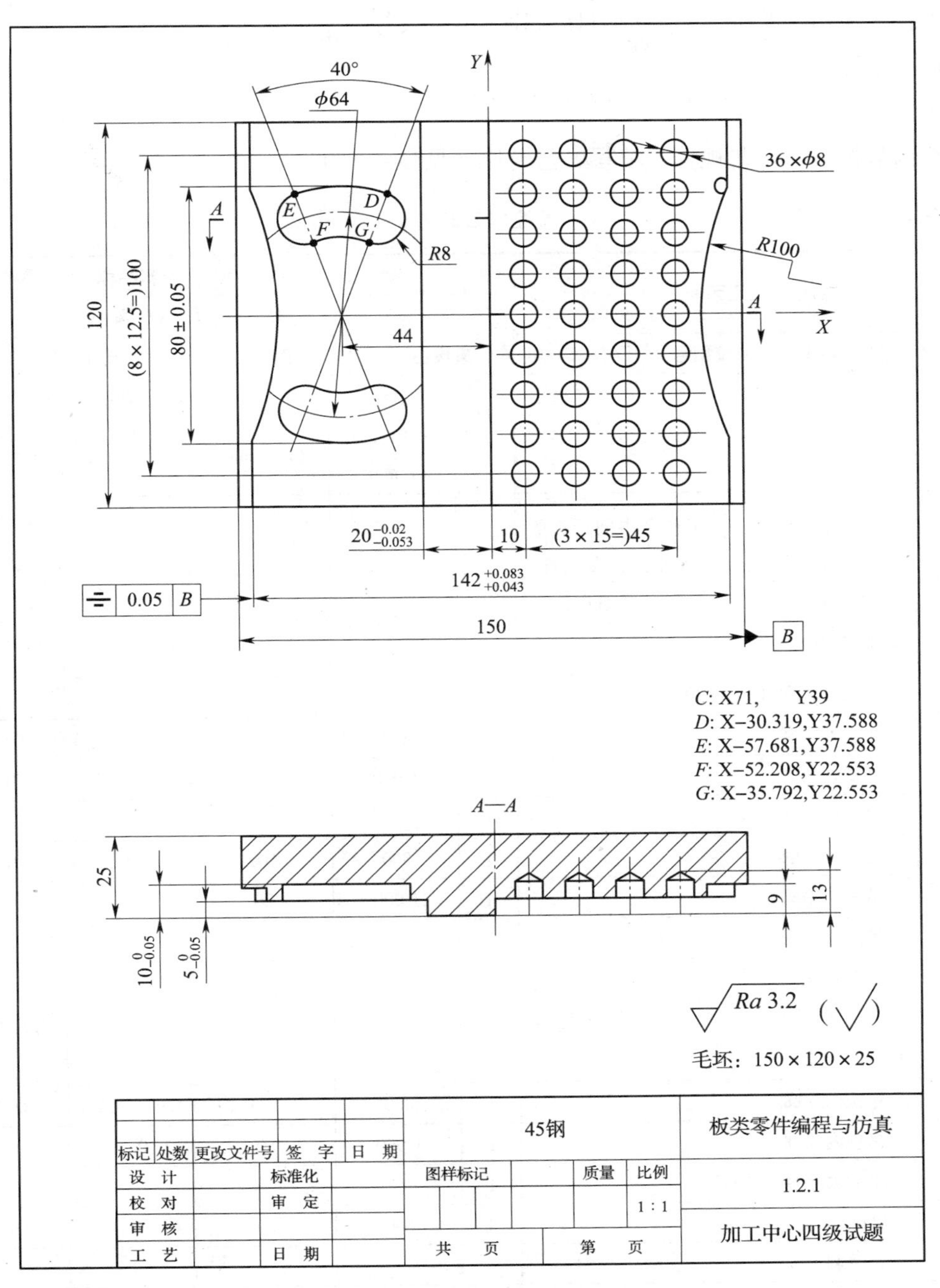

图 4—19 板类零件仿真操作

操作准备

图样、空白工艺卡片、空白刀具卡片、笔、尺等。

操作步骤

步骤 1　工艺分析

编制数控加工工艺规程，填写工艺卡片（见表 4—5）。

表 4—5　　　　数控加工工艺卡片

<table>
<tr><td colspan="4" rowspan="2">数控加工工艺卡</td><td colspan="3">零件代号</td><td>材料名称</td><td>零件数量</td></tr>
<tr><td colspan="3">1.1.1</td><td>45 钢</td><td>1</td></tr>
<tr><td>设备名称</td><td>加工中心</td><td>系统型号</td><td>FANUC-0i</td><td colspan="2">夹具名称</td><td>平口钳</td><td>毛坯尺寸</td><td>150×120×25</td></tr>
<tr><td>工序（工步）号</td><td colspan="3">工序内容</td><td>刀具号</td><td>主轴转速/（r/min）</td><td>进给量/（mm/min）</td><td>背吃刀量/mm</td><td>备注（程序名）</td></tr>
<tr><td>一</td><td colspan="3">装夹平口钳，位于工作台中间；测量刀具长度，完成刀具入库；装夹工件，建立工件坐标系，工件坐标系原点位于上平面中心</td><td></td><td></td><td></td><td></td><td>用 G54 设定</td></tr>
<tr><td>1</td><td colspan="3">铣削外轮廓（20×120）</td><td></td><td></td><td></td><td></td><td></td></tr>
<tr><td>（1）</td><td colspan="3">粗铣外轮廓</td><td>1</td><td>800</td><td>100</td><td>4.875（深度）</td><td>O1111</td></tr>
<tr><td>（2）</td><td colspan="3">精铣外轮廓</td><td>1</td><td>1 000</td><td>80</td><td>0.1</td><td>O1111</td></tr>
<tr><td>2</td><td colspan="3">铣削外轮廓（142×120）</td><td></td><td></td><td></td><td></td><td></td></tr>
<tr><td>（1）</td><td colspan="3">粗铣外轮廓</td><td>1</td><td>800</td><td>100</td><td>4</td><td>O1111</td></tr>
<tr><td>（2）</td><td colspan="3">精铣外轮廓</td><td>1</td><td>1 000</td><td>80</td><td>0.1</td><td>O1111</td></tr>
<tr><td>3</td><td colspan="3">铣削内轮廓（包含 4 个 R8 的圆弧）</td><td></td><td></td><td></td><td></td><td></td></tr>
<tr><td>（1）</td><td colspan="3">用平口钳装夹工件，工件坐标系原点位于上平面中心 X 方向向负方向处偏 44 mm（G52）</td><td></td><td></td><td></td><td></td><td>用 G54 设定</td></tr>
<tr><td>（2）</td><td colspan="3">粗铣内轮廓</td><td>1</td><td>800</td><td>100</td><td>4.9（深度）</td><td>O1111</td></tr>
<tr><td>（3）</td><td colspan="3">精铣内轮廓</td><td>1</td><td>1 000</td><td>80</td><td>0.1</td><td>O1111</td></tr>
<tr><td>4</td><td colspan="3">手动去除多余坯料</td><td>1</td><td></td><td></td><td></td><td></td></tr>
<tr><td>5</td><td colspan="3">钻孔</td><td>2</td><td>600</td><td>60</td><td>4</td><td>O1111</td></tr>
<tr><td>二</td><td colspan="3">去毛刺</td><td></td><td></td><td></td><td></td><td></td></tr>
<tr><td>编制</td><td>/</td><td>审核</td><td>/</td><td>批准</td><td>/</td><td>年　月　日</td><td>共 1 页</td><td>第 1 页</td></tr>
</table>

步骤 2 刀具选择

根据数控加工工艺，选择所用刀具，填写刀具卡片（见表 4—6）。

表 4—6 **数控刀具卡片**

序号	刀具号	刀具名称	刀具规格	刀具材料	备注
1	1	键槽立铣刀	ϕ10 mm×110	高速钢	D01、D02、H01
2	2	钻头	ϕ8 mm×100	高速钢	H02
编制		审核		批准		年 月 日	共 1 页	第 1 页

步骤 3 程序编写（见表 4—7、表 4—8）

表 4—7 **1111 程序单**

```
O1111;
N10 G28 G91 Z0.;
N20 M06 T01;
N30 G17 G54 G90;
N40 M03 S1 000;
N50 G00 X75. Y65.;
N60 G43 G00 Z5. H01;
N70 G01 Z-4.975 F30;
N80 G01 Y-65. F100;
N90 X68.;
N100 Y65.;
N110 X61.;
N120 Y-65.;
N130 X54.;
N140 Y65.;
N150 X47.;
N160 Y-65.;
N170 X40.;
N180 Y65.;
N190 X33.;
N200 Y-65.;
N210 X26.;
N220 Y65.;
N230 X19.;
N240 Y-65.;
N250 X12.;
N260 Y65.;
N270 X4.;
N280 Y-65.;
N290 X-23.975;
N300 Y65.;
N310 X-31.;
N320 Y-65.;
N330 X-38.;
N340 Y65.;
N350 X-45.;
N360 Y-65.;
N370 X-52.;
N380 Y65.;
N390 X-59.;
N400 Y-65.;
N410 X-66.;
N420 Y65.;
N430 X-73.;
N440 Y-65.;
N450 G00 Z100.;
```

续表

N460 M00;	N810 M98 P1112;
N470 G17 G54 G90;	N820 G68 X0. Y0. R180.;
N480 M03 S1 000;	N830 M98 P1112;
N490 G00 X-95. Y0.;	N840 G69;
N500 G01 Z-9. F30;	N850 G52 X0 Y0 ;
N510 G42 G01 X-71. Y39. F100 D01;	N860 G00 Z100.;
N520 G02 Y-39. R100.;	N870 M05;
N530 G01 Y-60.;	N880 M00;
N540 G01 X71.;	N890 G28 G91 Z0.;
N550 G01 Y-39.;	N900 M06 T02;
N560 G02 Y39. R100.;	N910 G17 G54 G90;
N570 G01 Y60.;	N920 M03 S1 000;
N580 G01 X-71.;	N930 G43 G00 Z5. H02;
N590 G01 Y39.;	N940 G81 G99 X10. Y50. R5. Z-13. F20;
N600 G02 Y-39. R100.;	N950 Y37.5;
N610 G40 G01 X-95. Y0.;	N960 Y25.;
N620 G00 Z5.;	N970 Y12.5;
N630 G00 X90. Y0.;	N980 Y0.;
N640 G01 Z-9.;	N990 Y-12.5;
N650 G01 X75.;	N1000 Y-25.;
N660 G01 Y26.;	N1010 Y-37.5;
N670 Y-26.;	N1020 Y-50.;
N680 G00 Z5.;	N1030 X25.;
N690 G00 X-90. Y0;	N1040 Y-37.5;
N700 G01 Z-9.;	N1050 Y-25.;
N710 G01 X-75.;	N1060 Y-12.5;
N720 G01 Y26.;	N1070 Y0.;
N730 Y-26.;	N1080 Y12.5;
N740 G00 Z100.;	N1090 Y25.;
N750 M05;	N1100 Y37.5;
N760 M00;	N1110 Y50.;
N770 G17 G54 G90;	N1120 X40.;
N780 G52 X-44. Y0;	N1130 Y37.5;
N790 M03 S1 000;	N1140 Y25.;
N800 G00 Z5.;	N1150 Y12.5;

续表

N1160 Y0.; N1170 Y-12.5; N1180 Y-25.; N1190 Y-37.5; N1200 Y-50.; N1210 X55.; N1220 Y-37.5; N1230 Y-25.; N1240 Y-12.5;	N1250 Y0.; N1260 Y12.5; N1270 Y25.; N1280 Y37.5; N1290 Y50.; N1300 G80; N1310 G00 G49 Z0; N1320 M30;

表 4—8　　1112 程序单

O1112; N10 G16; N20 G00 X32. Y90.; N30 G01 Z-9.975 F30; N40 G42 X40. Y70. F100 D02; N50 G02 X24. R8.; N60 G03 Y110. R24.;	N70 G02 X40. R8.; N80 G02 Y70. R40.; N90 G02 X24. R8.; N100 G40 G01 X32. Y90.; N110 G01 Z5.; N120 G15; N130 M99;

步骤 4　用 FANUC-0i 仿真系统数控仿真加工

（1）机床回零。选择“回零”方式，*X*、*Y*、*Z* 轴朝着坐标正方向移动，机械坐标系均显示为“0”即可。

（2）程序输入。用键盘或记事本文件导入方式，输入程序 O1111、子程序 O1112 输入方法同主程序。

（3）刀具半径补偿设置。输入刀具半径补偿值 $D_1=5.03$，$D_2=5.00$。

（4）图形轨迹模拟。按 [编辑] 编辑键，按 PROG 程序键，输入程序名“O1111”，按 ↓ 下标键调用程序，再按 [自动] 自动方式键，按 CUSTOM GRAPH 图形键，左侧机床消失，进入图形显示页面，按 [循环启动] 循环启动键，显示程序轨迹，操作“视图”工具条，查看图形轨迹，此方法也可看其他程序模拟图形。

（5）工件毛坯与装夹。按 CUSTOM GRAPH 图形键，取消图形显示进入机床显示页面，按 [定义毛坯] 定义毛坯键，选择毛坯形状与尺寸：毛坯 1 ⊙ 长方形 长 150、宽 120、高 25，按 [确定]。

按 夹具键，选择零件：毛坯1，选择夹具：平口钳，按 向上 将零件升到最高，按 确定 。按 选中毛坯1按 安装零件 ，机床中即刻显示夹具与零件 ，以及移动键 退出 ，按退出即可。

（6）刀具安装。用平底刀具 $\phi10\times110$，$\phi8\times100$，再进行刀具安装即可。

（7）工件坐标系设置

1）*X*、*Y* 轴工件坐标系设置。铣床在 *X*、*Y* 方向找基准对刀时可使用基准工具，包括刚性圆柱和寻边器两种。也可以利用铣刀直接找工件坐标系。这里介绍用铣刀直接找零件的工件坐标系。

①*X* 轴方向对刀。单击 按钮选手动方式，单击 POS 按钮，选择方向按钮 + − ，选择坐标轴按钮 X Y Z ，将刀具位于工件的左侧。单击菜单“塞尺检查/0. 1 mm”，在工件与刀具之间放入塞尺。

为微量调节工件与刀具之间的相对位置，现将操作面板的方式按钮切换到手轮方式 ，单击操作面板右下角的显示手轮按钮 H ，将轴选择旋钮选至 *X* 轴，通过调节倍率旋钮 和手轮 来调整，直到提示信息对话框显示“塞尺检查的结果：合适”即可。

按 OFFSET SETTING 键选择 [坐标系] 移动光标至 G54，按 [（操作）] 软键，输入刀具当前位置时工件坐标系的坐标值，即“X－80. 1”，这里 80. 1＝塞尺厚度＋刀具半径＋*X* 轴偏移量＝0. 1＋5. ＋75.，再按 [测量] 软键，按系统自动运算并输入 *X* 轴的 G54 坐标值，即 $X_{G54}=-580.1+80.1=-500.$。

②*Y* 轴方向对刀。参照 *X* 轴对刀的方法，将刀具位于工件的前侧，单击菜单“塞尺检查/0. 1 mm”，在工件与刀具之间放入塞尺，然后用手轮调整到“塞尺检查的结果：合适”即可。

按 OFFSET SETTING 键选择 [坐标系] 移动光标至 G54，按 [（操作）] 软键，输入刀具当前位置时工件坐标系的坐标值，即“Y－65. 1”，这里 65. 1＝塞尺厚度＋刀具半径＋*Y* 轴偏移量＝0. 1＋5. ＋60.，再按 [测量] 软键，按系统自动运算并输入 *Y* 轴的 G54 坐标值，即 $Y_{G54}=-480.1+65.1=-415.$。

（8）刀具长度补偿设置。选择手动方式 ，利用合适的视图将刀具移动至工件上方，选择塞尺检查，选用0. 1 mm 塞尺 塞尺检查(L) 0.05mm 0.1mm 0.2mm ，移动 *Z* 轴接近工件表面，直至塞尺检查的结果为“合适”。

按 POS 键，记录此时机床坐标系中的 Z 轴坐标值 Z'，则此刀具的 Z 向长度补偿值 $L=Z'-$ 塞尺厚度，将 L 输入对应的长度补偿寄存器中；再利用刀具长度差计算出 H02 的补偿值，（如长度补偿 H01 为 -459，H02 为 -449）。

（9）模拟仿真加工。调用 1111 程序，自动运行，加工完成，选择合适视图观察零件加工情况。

（10）仿真检测零件。测量曲面轮廓尺寸时，选择测量平面“$Y-Z$”，测量工具“外卡”，测量方式“垂直测量”，调节工具“自动测量”及“两点测量”。

图 4—20　仿真板类零件

第 5 章

加工中心操作

第 1 节　EMCO – MILL 300 加工中心操作　/230

第 2 节　HAAS VF – 1 加工中心操作　/246

第 1 节　EMCO－MILL 300 加工中心操作

学习单元 1　认识 EMCO－MILL 300 加工中心

学习目标

- 了解 EMCO－MILL 300 加工中心的各组成部分
- 了解 EMCO－MILL 300 加工中心的主要技术参数
- 掌握 EMCO－MILL 300 加工中心的系统面板
- 掌握 EMCO－MILL 300 加工中心的控制面板

知识要求

一、EMCO－MILL 300 加工中心的组成与主要参数

1. EMCO－MILL 300 加工中心的组成

EMCO－MILL 300 可用于数控铣工与加工中心技能鉴定，为奥地利 EMCO 公司的数控产品，所配置的系统为 GE－FANUC 21i－M，立式布局、12 工位可转位刀盘、全封闭的总体形式。由于配备刀库，因此，EMCO－MILL 300 实际上是一台加工中心，如图 5—1 所示，机床的主要组成部分如下。

（1）防护装置。机床的防护封闭装置。

（2）安全防护门。切削区域封闭装置，手动进给或自动循环与防护门的关闭互为联锁。

（3）转塔刀盘及主轴。安装各类平面、孔刀具，不得超过 12 把。

（4）床身。整台机床的支柱，立式布局，全封闭防护。

（5）操作面板。用于机床输入各类机床控制信息，所配置的数控系统为 GE－FANUC 21i－M。

（6）工作台。用于安装工件，控制机床 X、Y 轴移动。

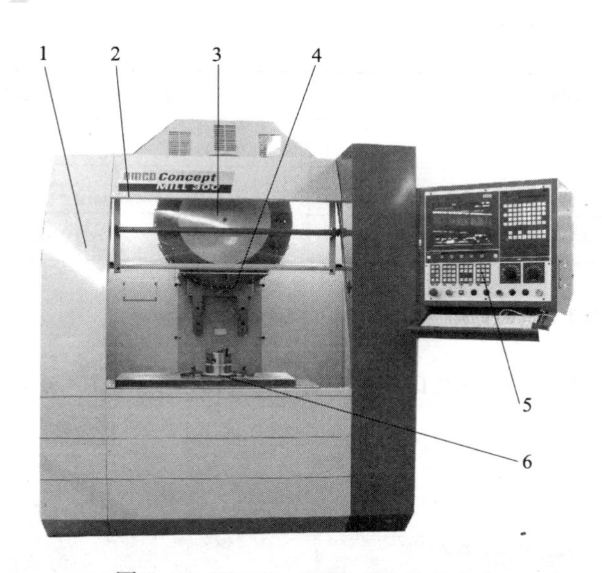

图 5—1　EMCO－MILL 300 加工中心

1—防护装置　2—安全防护门　3—转塔刀盘及主轴　4—床身　5—操作面板　6—工作台

2. EMCO－MILL 300 加工中心的主要技术参数（见表 5—1）

表 5—1　　加工中心 EMCO－MILL 300 的主要技术参数

技术名称	参数
工件最大尺寸（$X \times Y \times Z$）	400 mm × 300 mm × 190 mm
X 轴行程	420 mm
Y 轴行程	330 mm
Z 轴行程	240 mm
主轴端部至工作台面距离	210 ~ 450 mm
工作台面尺寸	850 mm × 325 mm
工作台最大载重	150 kg
T 形槽规格（DIN650）	14 mm
T 形槽之间距离	100 mm
主轴转速范围	0 ~ 5 000 r/min
最大快速进给速度 $X/Y/Z$	12 m/min
定位精度 $X/Y/Z$	0. 004 mm
刀盘工位数	12

续表

技术名称	参数
最大刀具直径	100 mm
最大刀具长度	220 mm
刀柄规格（DIN69871）	SK40

二、认识 EMCO－MILL 300 加工中心的面板

如图 5—2 所示为 EMCO－MILL 300 配置 GE－FANUC 21i－M 数控系统的操作面板，操作面板布局说明见表 5—2。

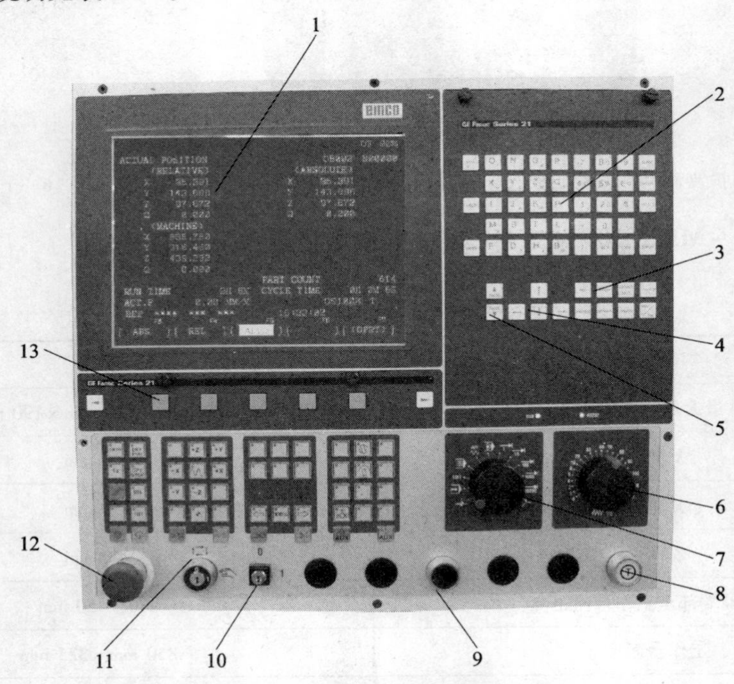

图 5—2　EMCO－MILL 300 操作面板

表 5—2　　EMCO－MILL 300 操作面板布局说明

序	名称	说明
1	显示器	显示操作内容
2	数字字母键	各类数字、字母的输入
3	快捷功能选择键	包括“位置 POS、程序 PROG、偏置 OFFSET SETT、图形 GRAPH”等选择

续表

序	名称	说明
4	光标移动键	控制光标“上 ↑、下 ↓、左 ←、右 →”移动
5	翻页键	控制页面“前 ▲PAGE、后 PAGE▼”切换
6	进给倍率调节开关	调节进给速度的倍率
7	功能选择与增量选择组合开关（见图 5—3）	用于操作功能方式选择与增量脉冲量选择 ：回零方式；：自动运行方式；EDIT：编辑方式；：MDI 方式；：手动方式；：示教方式；1 ~ 10000：增量方式及增量脉冲量
8	防护门联锁按钮	在机床停止状态下，用于打开防护门
9	自动运行启动按钮	用于自动循环启动控制
10	数据修改联锁钥匙	用于是否允许数据修改的状态选择
11	特定操作选择钥匙	用于机床维修时打开防护门，进行手动操作
12	急停按钮	用于非正常情况的紧急停止
13	软件功能键	对应状态下各类操作，◄、► 切换菜单

图 5—3　EMCO - MILL 300 功能选择开关

如图 5—4 所示为 EMCO - MILL 300 的控制面板，各键功能见表 5—3。

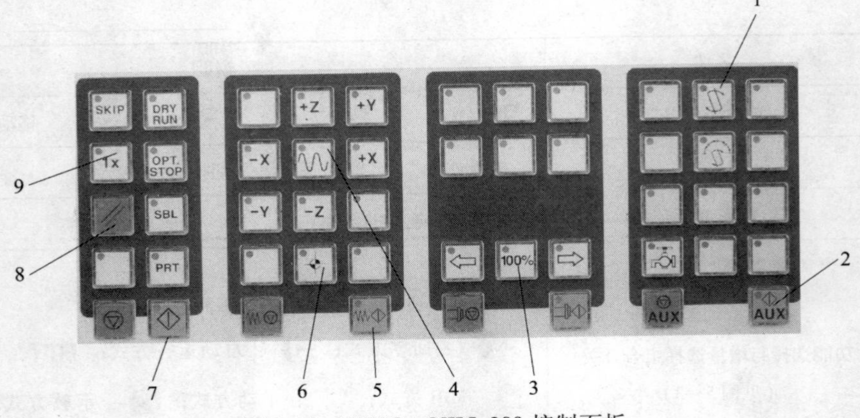

图 5—4 EMCO－MILL 300 控制面板

表 5—3 **EMCO－MILL 300 控制面板各键功能**

序	名称	说明
1	辅助功能操作键	用于“换刀、换刀分解动作、冷却泵”等操作
2	机床附加启动键	绿色键 AUX 用于启动机床； 红色键 AUX 用于关闭机床
3	手动主轴控制键	绿色键 主轴旋转 红色键 主轴停止 主轴转速倍率选择 、100%、
4	手动各轴方向控制及快速控制键	各轴进给方向 +X 、-X 、+Y 、-Y 、+Z 与 -Z 的手动控制及快速进给
5	进给启动与保持选择键	绿色键 进给启动 红色键 进给保持
6	回零键	用于开机时各轴与刀架回零
7	循环启动键	绿色键 循环启动 红色键 循环运行停止

续表

序	名称	说明
8	复位键	
9	程序处理键和复位键	用于“跳选 SKIP、暂停 OPT. STOP、空运行 DRY RUN、单段 SBL、1x、PRT”等处理

学习单元2 盘类零件的操作加工

学习目标

- 能够做到文明操作、做好加工中心日常维护
- 能够排除加工中心一般故障
- 能够熟练装夹零件、刀具及试切对刀、设置工件坐标系
- 能够熟练应用 EMCO - MILL 300 对盘类零件进行铣削加工
- 能够熟练调整有关参数、保证零件加工精度

技能要求

盘类零件的操作加工

操作准备

1. 操作条件

(1) 加工中心（FANUC）。

(2) 键槽铣刀、麻花钻、中心钻、机用铰刀、游标卡尺、百分表、塞规等工具量具。

(3) 零件图样（见图5—5）。

(4) 提供的数控程序已在机床中。

2. 操作内容

(1) 根据零件图样（见图5—5）和加工程序完成零件加工。

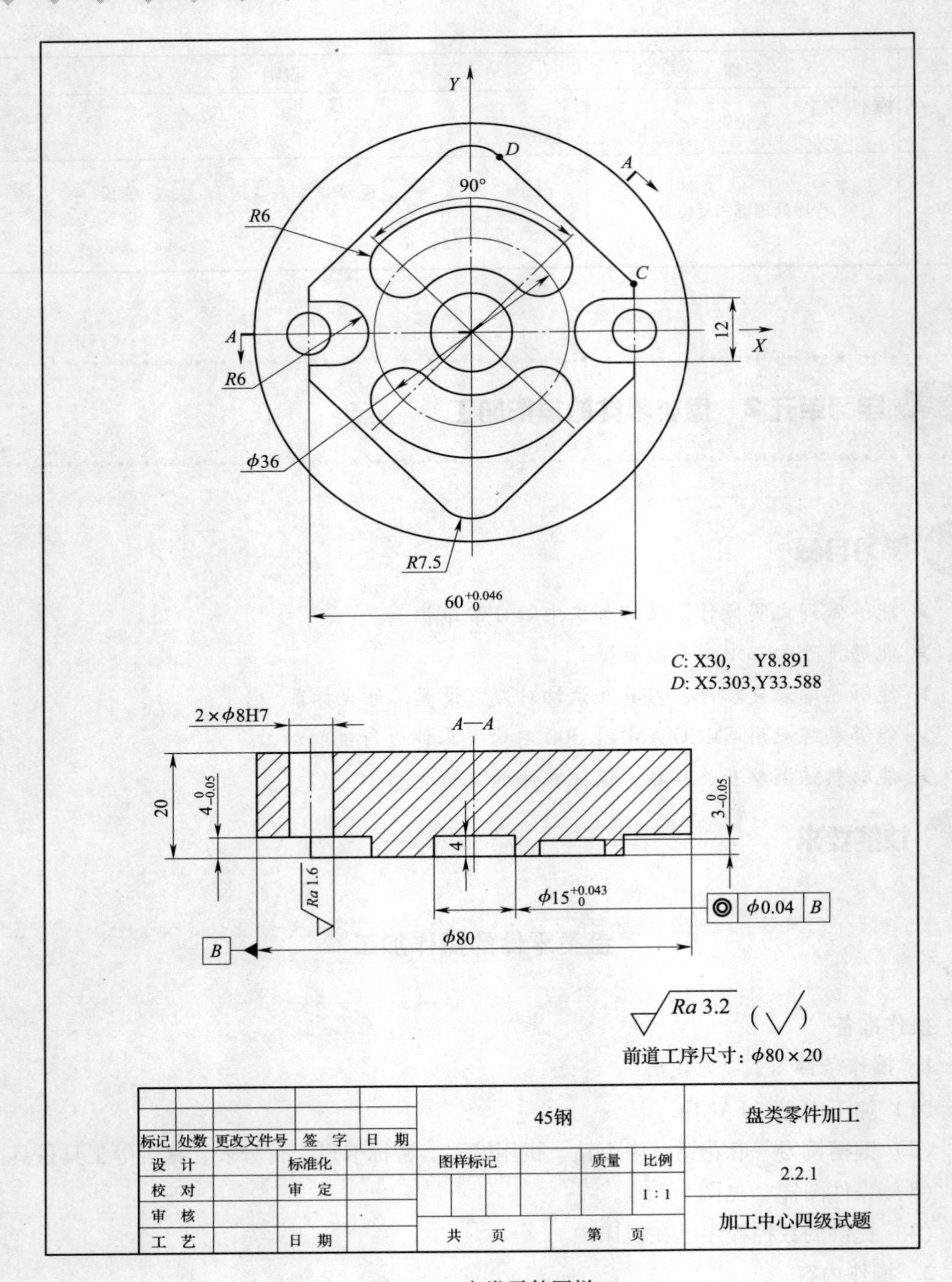
Y
D
A
90°
R6
C
12
X
A
R6
ϕ36
R7.5
60 +0.046 0
C: X30, Y8.891
D: X5.303,Y33.588
2×ϕ8H7
A—A
20
4 0 -0.05
3 0 -0.05
4
Ra 1.6
ϕ15 +0.043 0
ϕ0.04 B
B
ϕ80
Ra 3.2
(√)
前道工序尺寸：ϕ80×20
45钢
盘类零件加工
标记 处数 更改文件号 签 字 日 期
设 计
标准化
图样标记
质量
比例
2.2.1
校 对
审 定
1∶1
审 核
加工中心四级试题
工 艺
日 期
共 页
第 页

图 5—5　盘类零件图样

（2）零件尺寸自检。

（3）文明生产和机床清洁。

3．操作要求

（1）根据数控程序说明单（见表5—4）安装刀具、建立工件坐标系、输入刀具参数。

（2）程序中的切削参数没有实际指导意义，学员能阅读程序并根据实际加工要求调整切削参数。

表5—4　程序说明单（程序见表5—5）

程序号	刀具名称	刀具号	半径补偿	长度补偿	工件坐标系	主要加工内容
O2211	ϕ10 键槽铣刀	T01	D01/D02	H11	G54 坐标位置见图样（工件上表面为 Z0）	轮廓加工
	ϕ3 中心钻	T02		H12		钻中心孔
	ϕ7.8 麻花钻	T03		H13		钻孔
	ϕ8H7 铰刀	T04		H14		铰孔

（3）按零件图样（见图5—5）完成零件加工（工件上下表面不得加工）。

（4）不允许手动换刀。

（5）操作过程中发生撞刀等严重生产事故者，鉴定立即终止。

表5—5　盘类零件加工程序

```
O2211;
N10 G91 G28 Z0;
N20 M06 T01;
N30 G90 G17 G21 G54 G00 X0 Y0;
N40 G43 G00 Z5. H11;
N50 S100 M03;
N60 G00 X60. Y0 ;
N70 G01 Z-4. F10.;
N80 G41 G01 X40. Y6. D01;
N90 G01 X25.;
N100 G03 Y-6. R6.;
N110 G01 X30.;
N120 G01 Y-8.891;
N130 G01 X5.303 Y-33.588;
N140 G02 X-5.303 R7.5;
N150 G01 X-30. Y-8.891;
N160 G01 Y-6.;
N170 G01 X-25.;
N180 G03 Y6. R6.;
N190 G01 X-30.;
N200 G01 Y8.891;
N210 G01 X-5.303 Y33.588;
N220 G02 X5.303 R7.5;
N230 G01 X30. Y8.891;
N240 G01 Y-40.;
N250 G40 G01 X40. Y-50.;
N260 G00 Z5.;
N270 G00 X0 Y18.;
N280 G01 Z-3. F10.;
N290 G42 G01 X0 Y24. D02;
N300 G02 X16.971 Y16.971 R24.;
N310 G02 X8.485 Y8.485 R6.;
```

续表

```
N320 G03 X-8.485 Y8.485 R12.;
N330 G02 X-16.971 Y16.971 R6.;
N340 G02 X16.971 Y16.971 R24.;
N350 G02 X8.485 Y8.485 R6.;
N360 G03 X0 Y12. R12.;
N370 G40 G01 X0 Y18.;
N380 G00 Z5.;
N390 G00 X0 Y-18.;
N400 G01 Z-3. F10.;
N410 G42 G01 X0 Y-24. D02;
N420 G02 X-16.971 Y-16.971 R24.;
N430 G02 X-8.485 Y-8.485 R6.;
N440 G03 X8.485 Y-8.485 R12.;
N450 G02 X16.971 Y-16.971 R6.;
N460 G02 X-16.971 Y-16.971 R24.;
N470 G02 X-8.485 Y-8.485 R6.;
N480 G03 X0 Y-12. R12.;
N490 G40 G01 X0 Y-18.;
N500 G00 Z5.;
N510 G00 X0 Y-2.;
N520 G01 Z-3. F10.;
N530 G41 G01 X7.5 Y0 D02;
M540 G03 X-7.5 R7.5;
N550 G03 X0 Y7.5 R-7.5;
N560 G40 G01 X-2. Y0;
N570 G00 G49 Z0;
N580 M05 ;
N590 M00;
N600 G91 G28 Z0;
N610 M06 T02;
N620 G90 G17 G21;
N630 G54 G00 X0 Y0;
N640 G43 G00 Z20. H12;
N650 S100 M03;
N660 G99 G82 X30. Y0 Z-7. R5. P1 000 F10.;
N670 X-30.;
N680 G80;
N690 G00 G49 Z0;
N700 M05;
N710 M00;
N720 G91 G28 Z0;
N730 M06 T03;
N740 G90 G17 G21;
N750 G54 G00 X0 Y0;
N760 G43 G00 Z20. H13;
N770 S100 M03;
N780 G99 G83 X30. Y0 Z-24. R5. Q8. F10.;
N790 X-30.;
N800 G80;
N810 G00 G49 Z0;
N820 M05;
N830 M00;
N840 G91 G28 Z0;
N850 M06 T04;
N860 G90;
N870 G54 G00 X0 Y0;
N880 G43 G00 Z20. H14;
N890 S100 M03;
N900 G99 G85 X30. Y0 Z-24. R5. F10.;
N910 X-30.;
N920 G80;
N930 G00 G49 Z0;
N940 M05;
N950 M30;
```

操作步骤

步骤 1　开机

打开机床总电源；选择 GE－FANUC 21i－M 数控系统；按 按钮同时，拉开防护门；按 AUX 3 s 以上，即启动机床。

步骤 2　回零

机床功能选择开关处于 回零方式，按回零键 ，实现机床 *X*、*Y*、*Z* 轴回零，刀架返回 1 号刀位。按 POS 位置显示，选择软件键“ALL”，如图 5—6 所示机床坐标系界面。

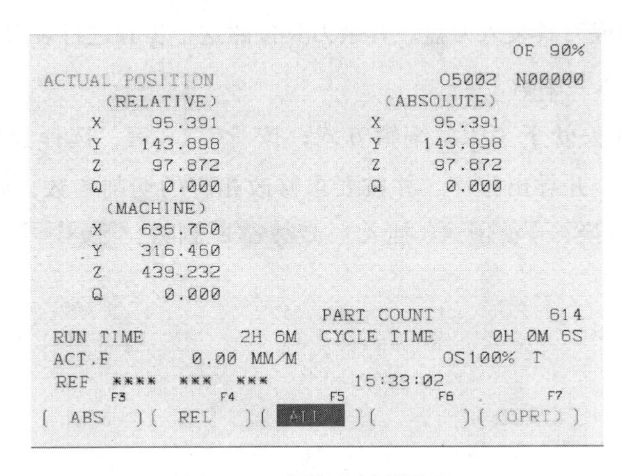

图 5—6　机床坐标系显示

步骤 3　安装工件与刀具

（1）练习手动轴进给。机床功能选择开关处于 手动方式；按 +X 、 -X 、 +Y 、 -Y 、 +Z 或 -Z ，实现对应轴的移动；同时按 ，实现快速移动，此时进给倍率调节有效。

（2）练习主轴手动旋转。机床功能选择开关处于 MDI 方式；按 PROG 键，选择程序显示；输入所要运行的主轴旋转指令，按 INSERT ，按 EOB ，如“M03 S1 000;”，按 循环启动键即可；主轴转速倍率调节 、 100% 、 有效；按主轴停止键 ，主轴停，再按主轴旋转键 ，主轴旋转。

（3）装三爪自定心卡盘与工件。将三爪自定心卡盘放在工作台中间，三爪自定心卡盘的钥匙孔正对操作者，用压板对称压紧三爪自定心卡盘。再将零件装入卡盘，零件装平后用三爪自定心卡盘钥匙夹紧工件，零件伸出长度必须大于零件外轮廓深度尺寸。

（4）装 $\phi10$ 键槽铣刀。首先在机床外的刀柄安装器上，将 $\phi10$ 弹簧夹头与 $\phi10$ 键槽铣刀安装于 SK40 刀柄上，然后再将刀柄安装在机床的刀盘上，步骤如下：机床功能选择开关处于 MDI 方式；输入所要安装刀具的刀号指令，按 INSERT，按 EOB，如"M6 T02;"，按 循环启动键即可；或机床功能选择开关处于 手动方式，按 键一下，刀盘转位一次，直到所需刀号；按刀盘转位的分解动作键 ，主轴上升；按 ，打开机床防护门；用装刀手柄旋入装刀孔，顺时针旋转，放松刀柄卡爪；将刀柄上的端面键对准主轴键槽位置，转动装刀手柄，收紧卡爪，刀柄固定，拿下装刀手柄；按刀盘转位键 ，即完成刀具装入刀盘。其余刀具按照这个步骤进行装刀。

步骤 4　程序输入与编辑

机床功能选择开关处于 EDIT 编辑方式；按 PROG 键，选择程序显示，按软件键"DIR"，键入程序名，并导出程序，并按要求修改相应的切削参数，如图 5—7 所示。程序编辑键：ALTER 替换、INSERT 插入、DELETE 删除、SHIFT 切换。

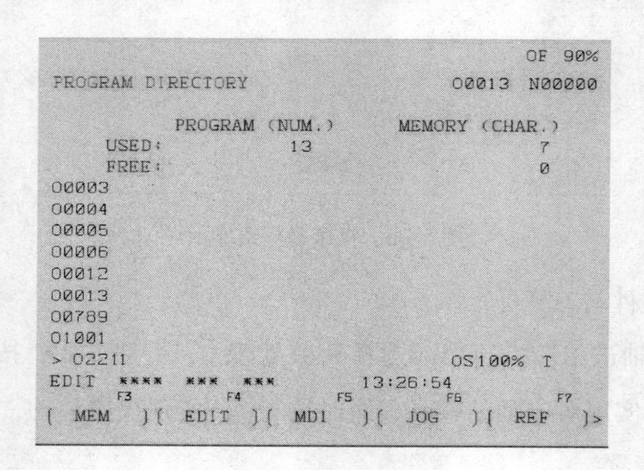

图 5—7　程序导入

步骤 5　工件坐标系设定

机床功能选择开关处于 手动方式；打开防护门，安装夹具与工件，用百分表校正。可用增量功能的 1 ~ 10000，进行微量调节；按 POS 位置显示，选择软件键"ALL"，记录"MACHINE"处所需轴的坐标值。根据如图 5—8 所示盘类零件，记录所设工件坐标原点的 X、Y 坐标值。

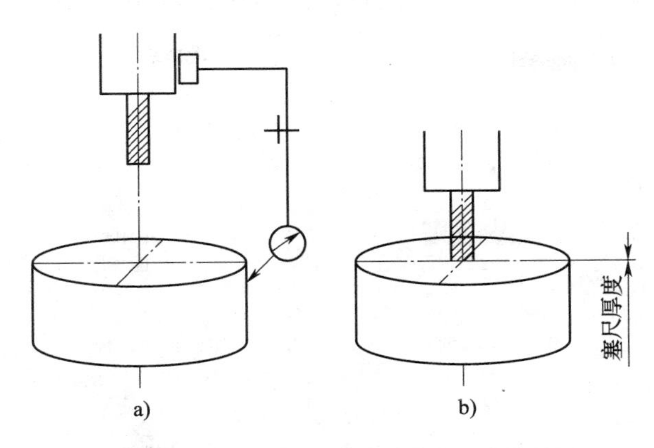

图 5—8　盘类零件工件坐标系设置操作

按 OFFSET SETT. ，再按软件键“W. SHFT”进入工件坐标系设置界面，按光标 ↑ 、 ↓ ，选定所要输入的工件坐标系位置，如“G54”位置。输入工件坐标原点在机床坐标系中的坐标值，如“$X=540.369$”，按 INPUT 键，即输入了 X 向的工件坐标系，如图 5—9 所示。Z 值在长度补偿中定义。

```
            FST                                   OF 90%
WORK COORDINATES                           O5002  N00000

   NO.      DATA                 NO.      DATA
   00     X      0.000           02     X      0.000
   (EXT)  Y      0.000           (G55)  Y      0.000
          Z      0.000                  Z      0.000

   01     X    540.369           03     X      0.000
   (G54)  Y    172.562           (G56)  Y      0.000
          Z                             Z      0.000

> 540.369_                                OS100%  T
 REF  ****  ***  ***          15:21:42
      F3          F4          F5          F6          F7
[ NO.SRH ][          ][          ][ +INPUT ][ INPUT ]
```

图 5—9　工件坐标系的输入

步骤 6　刀具补偿设定

刀具半径补偿设定：按 OFFSET SETT. ，再按软件键“OFFSET”进入刀具偏置界面，按光标

↑、↓，选定所要输入的刀具偏置号的位置，如图 5—10 所示。输入刀具补偿值，如图 5—10 中的“5.2”，按 INPUT 键。

```
                                                OF  90%
OFFSET                                 O5002  N00000
   NO.        DATA          NO.       DATA
   001        [illegible]   009        0.000
   002        0.000         010        0.000
   003        0.000         011      341.360
   004        0.000         012        0.000
   005        0.000         013        0.000
   006        0.000         014        0.000
   007        0.000         015        0.000
   008        0.000         016        0.000
ACTUAL POSITION  (RELATIVE)
   X    458.640                  Y    218.060
   Z    439.232                  Q      0.000
> 5.2_                               OS100% T
 MEM   ****  ***  ***        13:49:51
        F3         F4          F5         F6          F7
(  POS   )(  PROG  )( OFFSET )( SYSTEM )( ALARM  )>
```

图 5—10　刀具补偿值的输入

刀具长度补偿设定：把一号刀具的 Z 向坐标值 341.360 输入 H11 中，利用刀柄长度来计算得到其余刀具的长度补偿，并输入相应的补偿值，如图 5—10 所示。

步骤 7　模拟轨迹测试

机床功能选择开关处于 EDIT 编辑方式；按 PROG 键，键入所要测试的程序名，如“O2211”，按光标 ↓，程序显示；移动光标至所要显示的起始程序段；按复位键，程序至第一程序段；机床功能选择开关处于 → 自动方式；按 GRAPH 进入图形功能，如图 5—11 所示，设置图形显示区域与显示比例。按软件键“GRAPH”，进入图形显示界面。按 ◇ 循环启动键，显示轨迹图形，如图 5—12 所示。虚线为快速进给，直线为插补进给。

步骤 8　自动运行

刀具移到安全位置；机床功能选择开关处于 → 自动方式；按 SBL 选择单段，根据需要选择 SKIP 跳选或 OPT. STOP 暂停等；按 ◇ 循环启动键一下，运行一段程序，注意观察刀具位置与程序段的坐标值；确认基本无误后，关闭 SBL 单段方式，程序连续运行，如图 5—13 所示。

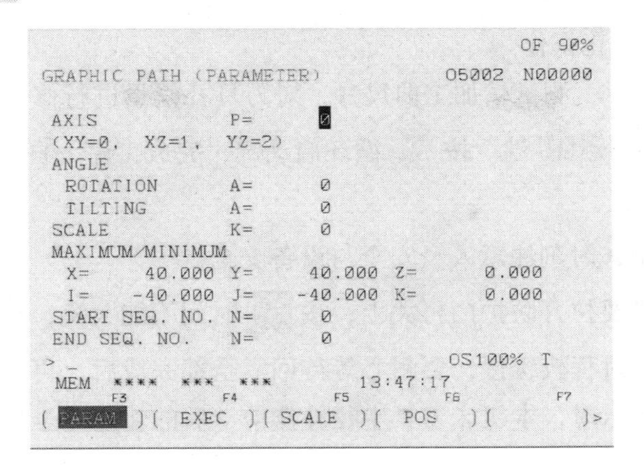

图 5—11 图形显示区域设定

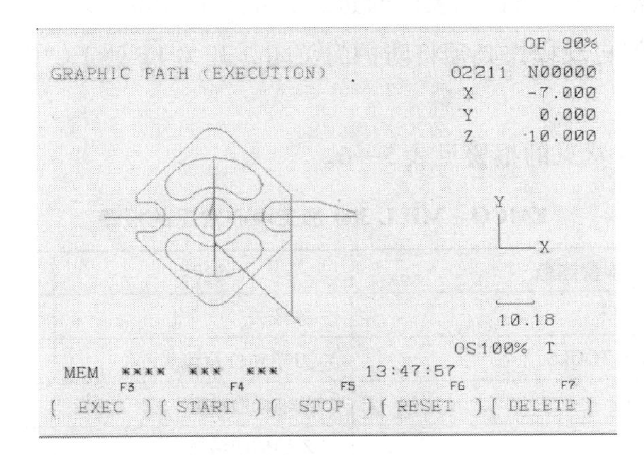

图 5—12 轨迹图形显示

```
                                                   OF 90%
PROGRAM CHECK                               O2211  N00000
O2211 ;
G91 G28 Z0;
M06 T01;
G54 ;
(ABSOLUTE)          (DIST TO GO)   G00    G94    G80
X   540.400     X     0.000       G17    G21    G98
Y   172.220     Y     0.000       G90    G40    G50
Z   341.072     Z     0.000       G22    G49    G67
Q     0.000     Q     0.000              M
      T                                  M
      F        0.00        S          0  M
  ACT.F        0.00    SACT           0
>_                                          OS100% T
MEM  ****  ***  ***          13:53:00
      F3         F4         F5         F6         F7
[ ABS  ][ REL  ][        ][        ][ (OPRT) ]
```

图 5—13 自动运行

步骤 9 精加工修正操作

粗加工结束暂停后，测量精加工前尺寸，对刀具补偿量进行修正。如图 5—10 所示输入修正后的数值，按 INPUT 键。按 循环启动键，完成工序 1 自动切削过程。

注意事项

（1）操作过程中，时刻注意人身安全与设备安全。

（2）开机时务必要拉开防护门再关上；按 AUX 时间不能太短，否则启动机床失败。

（3）本机床回零过程较缓慢，要耐心等待回零全部完成后，再进行其他操作。

（4）模拟轨迹显示时，本机床刀具半径补偿前、后的轨迹完全相同，特别要注意补偿后刀具过切现象。

（5）所有手动操作可在防护门关闭时进行，也可将图 5—2 的开关 11 处于“1”手动位置 时进行，但自动操作必须将防护门关闭，开关 11 处于“0”自动位置 。

特别提示

EMCO – MILL 300 常见的报警见表 5—6。

表 5—6　EMCO – MILL 300 加工中心常见的报警

报警号	报警信息	说明	
6000	EMERGENCY OFF	急停关	
6108	FAULT DRIVEN TOOLS	刀架转位故障	
6112	FAULT X – AXIS	*X* 轴伺服故障	
6113	FAULT Z – AXIS	*Z* 轴伺服故障	
6114	FAULT Y – AXIS	*Y* 轴伺服故障	
6116	FAULT MAIN DRIVE	主驱动故障	
6119	LOW PRESSURE CLAMPING EQUIPMENT 1	夹紧装置压力低（工件未夹紧）	
6123	DOOR MONITORING	防护门检测（程序运行中打开门）	
6203	REFERENCE POINT TOOL TURRET MISSING	刀架参考点丢失	
6211	LUBRICATION ALARM	润滑报警	
6219	TOOL TURRET：UNLOCKING FAULTS	刀架：刀具释放故障	
6220	TOOL TURRET：LOCKING FAULTS	刀架：刀具夹紧故障	
6221	TOOL TURRET：ZERO SEARCH FAULTS	刀架：回零故障	
6222	TOOL TURRET：CLCLE TIMEOUT	刀架：换刀循环超时	

续表

报警号	报警信息	说明	
7200	INVALID TOOL NUMBER PROGRAMMED	程序中无效刀号	
7204	FEEDHOLD ACTIVATED MANUAL	手动进给受阻	
7205	SPINDLE NOT AT COMMAND SPEED	主轴转速有误	
7208	SWITCH ON AUXILIART DRIVES	机床未准备，AUX 未打开	
7209	REFERENCE POINT NOT REACHED	机床参考点未回	
7210	REFERENCE IS ACTIVE	机床回参考点	
7211	REFERENCE POINT TOOL TURRET MISSING	刀架参考点丢失	
7212	LOW PRESSURE AIR SUPPLY	气源压力低	
7213	WRONG TOOL NUMBER	刀号错误	
7214	TOOL CHANGE INTERRUPTED > > PRESS REF	刀具交换中断：按回零键	
7216	PART UNCLAMPED CLAMPING EQUIPMENT 1	部分夹紧装置未夹紧	
7218	DOOR OPEN	防护门打开	
7220	PART UNCLAMPED CLAMPING EQUIPMENT 2	部分夹紧装置未夹紧	
7222	SPINDLE STOP ACTIVATED	主轴未启动	
7226	WRONG CONTROL MODE	控制模式错误	
7229	SPINDLE – POSITION O. K. ?	主轴准停位置?	
7239	TOOL TURRET: REFERENCE SEARCH ACTIVE	刀架回参考点	
7270	OFFSET COMPENSATION ACTIVE!	偏置补偿有效	
2641	N × CIRCLE WRONG CENTER PARAM	N × 程序段中圆弧指令错	
2631	N × POSITION ALREADY PROGRAMMED	N × 程序段坐标位置错	
2615	N × INVALID M – CODE	N × 程序段无效 M 指令	
41	N × CONTOUR VIOLATION CRC	N × 程序段刀具半径补偿出错	

续表

报警号	报警信息	说明
10	N×INVALID G－CODE	N ×程序段无效 G 指令
9	N×SYNTAX ERROR	N ×程序段语法错误
510	ORD 1 SOFTWARE－LIMIT SWITCH ＋X（或－X）	＋X 或－X 超程
530	ORD 1 SOFTWARE－LIMIT SWITCH ＋Z（或－Z）	＋Z 或－Z 超程
520	ORD 1 SOFTWARE－LIMIT SWITCH ＋Y（或－Y）	＋Y 或－Y 超程
085	COMMUNICATION ERROR	由外设输入程序时，输入的格式或波特率不正确
086	DR SIGNAL OFF	使用读带机/穿孔机接口进行程序输入时，外设的准备信号被关断

第 2 节　HAAS VF－1 加工中心操作

学习单元 1　认识 HAAS VF－1 加工中心

学习目标

➢ 了解 HAAS VF－1 加工中心的各组成部分
➢ 了解 HAAS VF－1 加工中心的主要技术参数
➢ 掌握 HAAS VF－1 加工中心系统面板
➢ 掌握 HAAS VF－1 加工中心控制面板

知识要求

一、HAAS VF－1 加工中心的组成与主要参数

1. HAAS VF－1 加工中心的组成

HAAS VF－1 可用于数控铣工与加工中心技能鉴定，为美国 HAAS 公司的数控产品，立式布局、20 工位斗笠式刀库、全封闭的总体形式。由于配备刀库，因此，HAAS VF－1 实际上是一台加工中心，如图 5—14 所示，机床的主要组成部分如下。

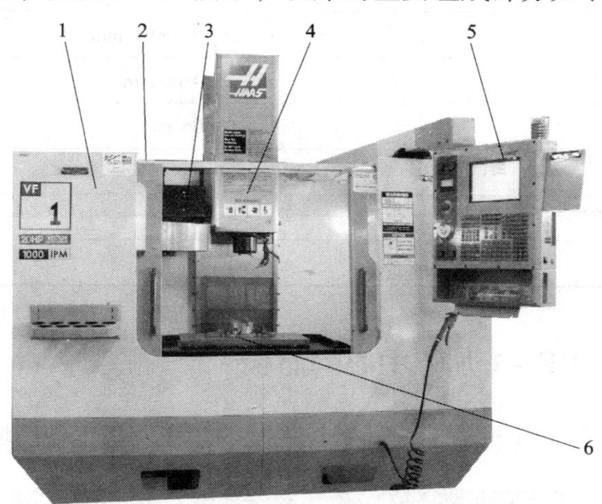

图 5—14　HAAS VF－1 加工中心

1—防护装置　2—安全防护门　3—斗笠式刀库　4—主轴箱　5—操作面板　6—工作台

（1）防护装置。机床的防护封闭装置。

（2）安全防护门。切削区域封闭装置，自动循环与防护门的关闭互为联锁。

（3）斗笠式刀库。安装各类平面、孔刀具，不得超过 20 把。靠刀库与主轴之间的相对移动实现换刀，简单可靠。

（4）主轴箱。安装刀柄，实现 Z 轴进给。

（5）操作面板。用于机床输入各类机床控制信息，所配置的数控系统为 HAAS 系统。

（6）工作台。用于安装工件，实现机床 X、Y 轴移动。

2. VF－1 加工中心的主要技术参数（见表 5—7）

表 5—7　　　加工中心 VF－1 的主要技术参数

技术名称	参数
X 轴行程	508 mm
Y 轴行程	406 mm

续表

技术名称	参数
Z 轴行程	508 mm
主轴端部至工作台面距离	102 ~ 610 mm
工作台面尺寸	660 mm × 356 mm
工作台最大载重	1 361 kg
T 形槽规格（DIN650）	15. 875 mm
T 形槽之间距离	125 mm
主轴转速范围	0 ~ 7 500 r/min
最大快速进给速度 $X/Y/Z$	25. 4 m/min
定位精度 $X/Y/Z$	0. 005 mm
刀盘工位数	20
最大刀具直径	89 mm
刀柄规格（DIN69871）	BT40

二、认识 HAAS VF－1 加工中心的面板

如图 5—15 所示为 VF－1 配置 HAAS 数控系统的操作面板，各区域功能说明见表 5—8。

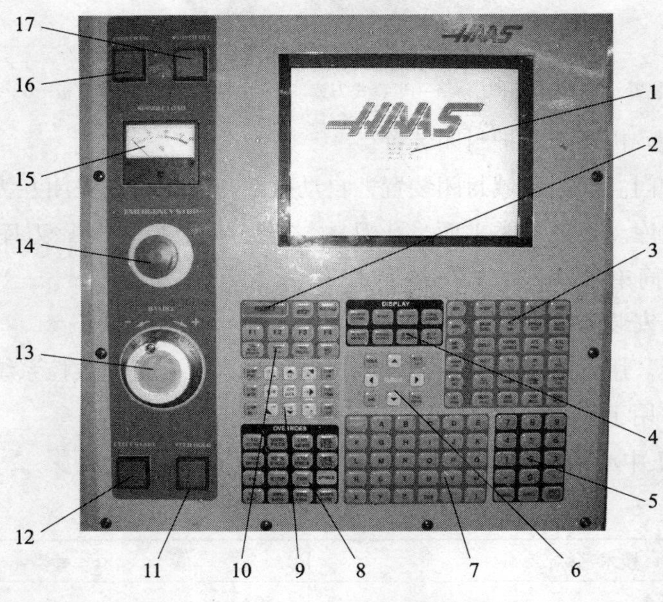

图 5—15　VF－1 加工中心操作面板

表 5—8　　VF－1 操作面板各区域功能说明

序	名称	说明
1	显示器	显示操作内容
2	复位区	包括复位、加电重启、刀库恢复键
3	模式选择区	EDIT 编辑、MEM 自动、MDI DNC MDI、HANDLE JOG 手轮、ZERO RET 回零、LIST PROG 程序
4	快捷显示区 DISPLAY	各类显示选择键
5	数字键区	各类数字的输入
6	光标控制区	用于光标的移动控制
7	字母键区	各类字母的输入
8	速度调节区 OVERRIDES	主轴转速与进给速度的手动调节
9	进给轴选择区	进给轴 X、Y、Z 的选择
10	软功能区	包括软件键“F1、F2、F3、F4”的选择以及刀具测量、转位、放松和工件零点设置
11	进给保持“FEED HOLD”按钮	机床进给保持，模态不变
12	循环启动“CYCLE START”按钮	程序启动循环运行
13	手摇脉冲发生器“HANDLE”	用手轮操作机床坐标轴运行
14	急停按钮	用于非正常情况的紧急停止
15	主轴载荷显示“SPINDLE LODE”	显示当前主轴负载
16	CNC 电源通电“POWER ON”	打开 CNC
17	CNC 电源断电“POWER OFF”	关闭 CNC

三、VF－1 加工中心面板操作区域功能

1. 复位区

复位区按键如下：

RESET 为机床复位键，机床轴、主轴、冷却泵和换刀装置停止运行。

POWER UP RESTART 机床上电开机复位，刀库与坐标轴回零。

RECOVER 为机床非正常情况下刀库恢复键，注意非机床维修人员不得使用此键。

2. 模式选择区

模式选择区的功能按键如图 5—16 所示。

EDIT	INSERT	ALTER	DELETE	UNDO
MEM	SINGLE BLOCK	DRY RUN	OPTION STOP	BLOCK DELETE
MDI DNC	COOLNT	ORIENT SPINDLE	ATC FWD	ATC REV
HANDLE JOG	.0001 .1	.001 1.	.01 10.	.1 100.
ZERO RET	ALL AXES	ORIGIN	SINGL AXIS	HOME G28
LIST PROG	SELECT PROG	SEND RS232	RECV RS232	ERASE PROG

图 5—16 模式选择区

（1）EDIT 编辑模式。用于程序的输入与修改。INSERT 插入、ALTER 替换、DELETE 删除、UNDO 撤销最后 9 次的修改。

（2）MEM 自动运行模式。用于程序的自动运行。SINGLE BLOCK 单程序段、DRY RUN 空运行、OPTION STOP 可选择暂停（M01）、BLOCK DELETE 对“/”进行跳转运行。

（3）MDI DNC 手动数字输入（MDI）模式或直接数控（DNC）模式。程序手动录入运行以及程序选择 DNC 方式运行。COOLNT 冷却液开、ORIENT SPINDLE 锁定主轴在特定位置、ATC FWD ATC REV 刀库向前、向后转到下一个刀位。

（4）HANDLE JOG 手轮或手动进给模式。利用手动脉冲发生器或轴方向键移动机床进给。.0001 .1 的上行 0. 000 1 的 10 倍 0. 001 表示在米制（mm）状态下，手轮每格的移动增量；下行 0. 1 为空运行状态下的进给速度。.001 1. .01 10. .1 100. 以此类推。

（5） ZERO RET 回零模式。ALL AXES 所有进给轴回零、ORIGIN 设置选择的显示和计时器归零、SINGL AXIS 单个轴回零、HOME G28 所有轴快速回机床零点。

（6） LIST PROG 程序列表。显示存储器中存储的程序。SELECT PROG 选择程序成为当前程序、SEND RS232 将程序从 RS－232 串行端口中传送出来、RECV RS232 从 RS－232 串行端口中接收程序、ERASE PROG 删除选中的程序。

3. 快捷显示区

快捷显示区各键如图 5—17 所示。各键功能如下。

DISPLAY			
PRGRM CONVRS	POSIT	OFFSET	CURNT COMDS
ALARM MESGS	PARAM DGNOS	SETNG GRAPH	HELP CALC

图 5—17　快捷显示区

PRGRM CONVRS 显示当前选择的程序、POSIT 显示机床轴的位置。

OFFSET 显示刀具半径、长度补偿，显示刀具磨损偏置，显示工件坐标系。

CURNT COMDS 显示当前程序细节。如 G、M、H、T 代码。

ALARM MESGS 显示警告和消息信息。显示当前操作警告、警告说明，显示用户信息与当前项目写入注意。

PARAM DGNOS 显示设定的机床操作参数、显示机床诊断数据。

SETNG GRAPH 显示用户设置与图形轨迹，观看程序设定的刀具路径。

HELP CALC 显示缩写手册、显示帮助与计算器。

4. 字母数字键区

字母数字键区如图 5—18 所示。用于各类字母、数字的输入。

SHIFT 可以选择相应的特殊字符输入；EOB 程序结束符的输入。

CANCEL 删除最后一个输入的字符；SPACE 将格式指令放置在程序中或者是消息区域；WRITE/ENTER 输入回车键。

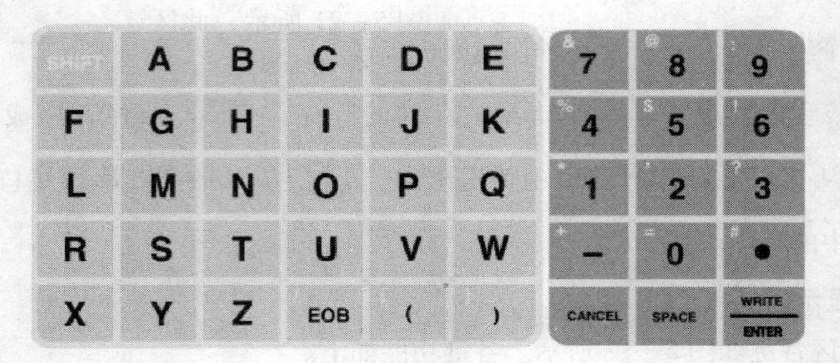

图 5—18　字母数字键区

5. 光标控制区

光标控制区如图 5—19 所示。应用光标键可进入不同屏幕和 CNC 程序编辑中的不同部分。

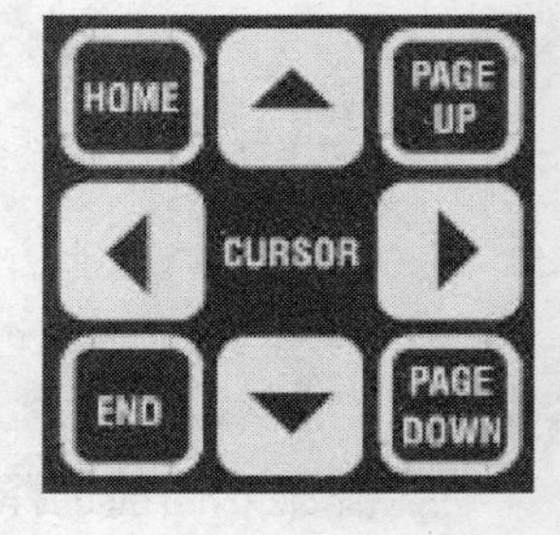

图 5—19　光标控制区

HOME 用于进入主菜单，在编辑程序中光标将跳到最顶端程序的左边。

PAGE UP、PAGE DOWN 转换下一个显示屏幕或浏览程序的时候转换到下一页。

END 将光标移动到屏幕的最底端，在编辑程序中光标将跳到最后一个程序段。

6. 速度调节区

速度调节包括手动或程序中进给速度与主轴转速的调节。各键如图 5—20 所示。

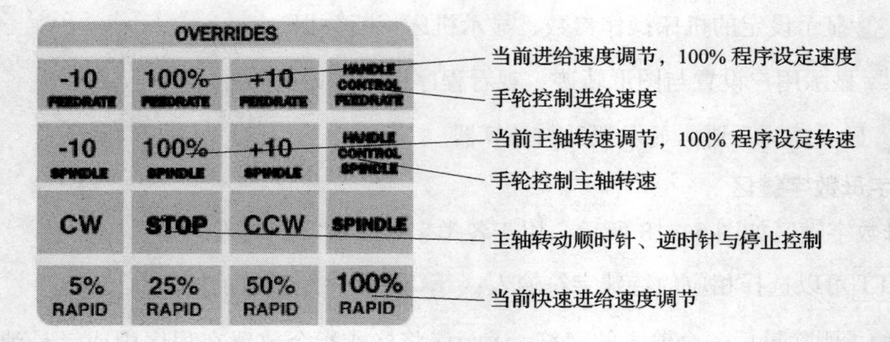

图 5—20　速度调节区

7. 进给轴选择区

在手动或手轮进给时坐标轴的选择区如图 5—21 所示，此区还附带排屑器与冷却管情况的选择。

图 5—21 进给轴选择区

CHIP FWD、CHIP STOP、CHIP REV 控制排屑器向前、停止、向后。

CLNT UP、CLNT DOWN 控制冷却管向上、向下。

AUX CLNT 附加冷却，选择主轴冷却系统。

JOG LOCK 进给锁定键，与轴按键同时使用。

8. 软功能区

软功能区如图 5—22 所示。

根据不同的操作模式，F1 ~ F4 有不同软功能。

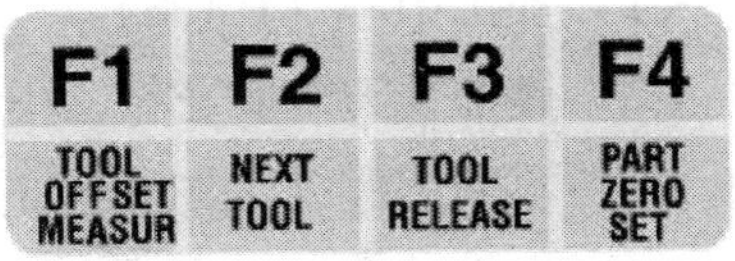

TOOL OFFSET MEASUR 刀具补偿测量键，用于在工件设置中记录刀具长度补偿。

NEXT TOOL 下一刀具键，用于从刀具交换系统中选择下一个刀具。

图 5—22 软功能区

TOOL RELEASE 刀具释放键，在 MDI、回零、手动和手轮模式下，从主轴上释放刀具。

PART ZERO SET 工件零点设置键，在工件坐标系设置中，自动设定工件坐标偏置。

学习单元 2　板类零件的操作加工

学习目标

- 能够做到文明操作、做好加工中心日常维护
- 能够排除加工中心一般故障
- 能够熟练装夹零件、刀具及试切对刀、设置工件坐标系
- 能够熟练应用 HAAS VF－1 对板类零件进行铣削加工
- 能够熟练调整有关参数、保证零件加工精度

技能要求

板类零件的操作加工

操作准备

1. 操作条件

（1）加工中心（HASS）。

（2）键槽铣刀、麻花钻、中心钻、机用铰刀、游标卡尺、百分表、塞规等工具量具。

（3）零件图样（见图 5—23）。

（4）提供的数控程序已在机床中。

2. 操作内容

（1）根据零件图样（见图 5—23）和加工程序完成零件加工。

（2）零件尺寸自检。

（3）文明生产和机床清洁。

3. 操作要求

（1）根据数控程序说明单（见表 5—9）安装刀具、建立工件坐标系、输入刀具参数。

（2）程序中的切削参数没有实际指导意义，学员能阅读程序并根据实际加工要求调整切削参数。

（3）按零件图样（见图 5—23）完成零件加工（工件上下表面不得加工）。

表 5—9　　程序说明单（编写程序见表 5—10）

程序号	刀具名称	刀具号	半径补偿	长度补偿	工件坐标系	主要加工内容
O2111	ϕ10 键槽铣刀	T01	D01/D02	H11	G54 坐标位置见图纸（工件上表面为 Z0）	轮廓加工
	ϕ3 中心钻	T02		H12		钻中心孔
	ϕ7.8 麻花钻	T03		H13		钻孔
	ϕ8H7 铰刀	T04		H14		铰孔

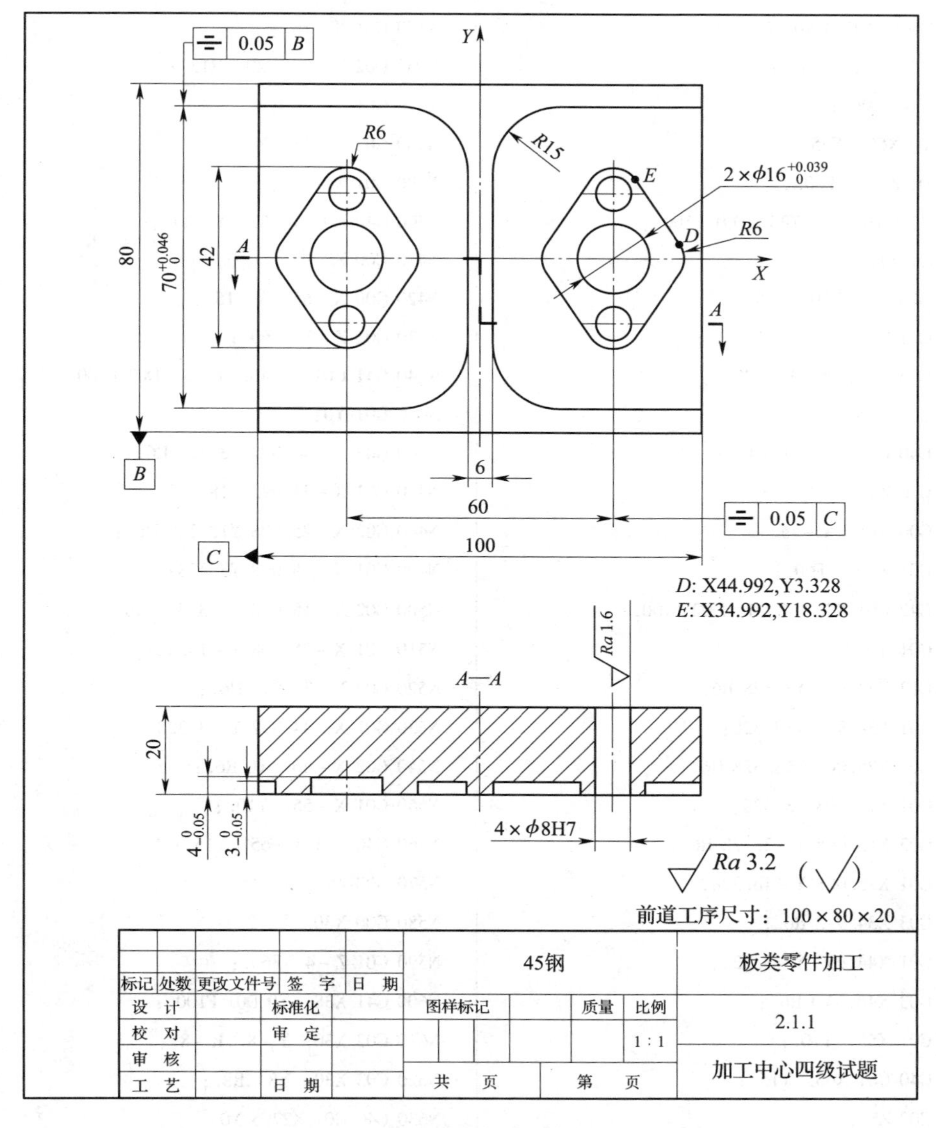

图 5—23　板类零件

（4）不允许手动换刀。

（5）操作过程中发生撞刀等严重生产事故者，鉴定立即终止。

表 5—10　　板类程序

```
O2111;
N10 G91 G28 Z0;
N20 M06 T01;
N30 G90 G54 G00 X0 Y0;
N40 G43 G00 Z5. H01;
N50 S1 000 M03;
N60 G00 X65. Y45.;
N70 G01 Z-3. F60.;
N80 G41 G01 X55. Y35. D01 F100.;
N90 G01 X18.;
N100 G03 X3. Y20. R15.;
N110 G01 Y-20.;
N120 G03 X18. Y-35. R15.;
N130 G01 X55.;
N140 G40 G01 X65. Y-45.;
N150 G00 Z5.;
N160 G00 X65. Y-15.;
N170 G01 Z-3. F60.;
N180 G42 G01 X46. Y-5. D02 F100.;
N190 G01 Y0;
N200 G03 X44.992 Y3.328 R6.;
N210 G01 X34.992 Y18.328;
N220 G03 X25.008 Y18.328 R6.;
N230 G01 X15.008 Y3.328;
N240 G03 X15.008 Y-3.328 R6.;
N250 G01 X25.008 Y-18.328;
N260 G03 X34.992 R6.;
N270 G01 X44.992 Y-3.328;
N280 G03 X46. Y0 R6.;
N290 G01 X55. Y10.;
N300 G40 G01 X65. Y15.;
N310 G00 Z5.;
N320 G00 X-65. Y45.;
N330 G01 Z-3. F60.;
N340 G42 G01 X-55. Y35. D01 F100.;
N350 G01 X-18.;
N360 G02 X-3. Y20. R15.;
N370 G01 Y-20.;
N380 G02 X-18. Y-35. R15.;
N390 G01 X-55.;
N400 G40 G01 X-65. Y-45.;
N410 G00 Z5.;
N420 G00 X-65. Y-15.;
N430 G01 Z-3. F60.;
N440 G41 G01 X-46. Y-5. D02 F100.;
N450 G01 Y0;
N460 G02 X-44.992 Y3.328 R6.;
N470 G01 X-34.992 Y18.328;
N480 G02 X-25.008 Y18.328 R6.;
N490 G01 X-15.008 Y3.328;
N500 G02 X-15.008 Y-3.328 R6.;
N510 G01 X-25.008 Y-18.328;
N520 G02 X-34.992 R6.;
N530 G01 X-44.992 Y-3.328;
N540 G02 X-46. Y0 R6.;
N550 G01 X-55. Y10.;
N560 G40 G01 X-65. Y15.;
N570 G00 Z5.;
N580 G00 X30. Y-2.5;
N590 G01 Z-4. F60.;
N600 G41 X38. Y0 D01 F100.;
N610 G03 X30. Y-8. R-8.;
N620 G03 X30. Y8. R8.;
N630 G40 G01 X27.5 Y0;
```

续表

N640 G00 Z5.;	N830 Y15.;
N650 G00 X-30. Y-2.5;	N840 G80;
N660 G01 Z-4. F60.;	N850 G00 G49 Z0;
N670 G41 X-22. Y0 D01 F100.;	N860 M05;
N680 G03 X-30. Y-8. R-8.;	N870 M00;
N690 G03 X-30. Y8. R8.;	N880 G91 G28 Z0;
N700 G40 G01 X-32.5 Y0;	N890 M06 T03;
N710 G00 G49 Z0 ;	N900 G90 G17 G21;
N720 M05;	N910 G54 G00 X0 Y0;
N730 M00;	N920 G43 G00 Z20. H03;
N740 G91 G28 Z0;	N930 S150 M03;
N750 M06 T02;	N940 G99 G85 X30. Y15. Z-24. R5. F50.;
N760 G90 G17 G21 ;	N950 Y-15.;
N770 G54 G00 X0 Y0;	N960 X-30.;
N780 G43 G00 Z20. H02;	N970 Y15.;
N790 S600 M03;	N980 G80;
N800 G99 G82 X30. Y15. Z-24. R5. P1 000 F60.;	N990 G00 G49 Z100.;
N810 Y-15.;	N1000 M05;
N820 X-30.;	N1010 M30;

操作步骤

步骤 1 开机

打开机床后侧的总电源开关；按机床操作面板上 CNC 开关“POWER ON”。

步骤 2 回零

（1）轴与刀库回零。按 RESET 键，再按 POWER UP RESTART 键，这时刀库回至 1 号刀位，*Z*、*Y*、*X* 按序回零。

（2）所有轴回零。按 ZERO RET 键选择回零模式，按 ALL AXES 所有轴键，实现 *Z*、*Y*、*X* 按序回零。

（3）单轴回零。按 ZERO RET 键选择回零模式，按字母键的 Z 或 Y 或 X，如按 Z 选择 *Z* 轴，按 SINGL AXIS 单个轴回零键，实现 *Z* 轴回零；*X*、*Y* 轴相同。按 POSIT 键显示界面如图 5—24 所示。

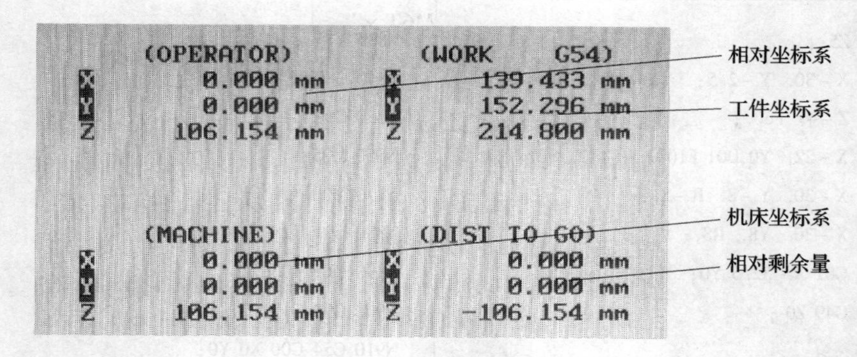

图 5—24 位置界面

其中相对坐标系可以置零或任意设定的数值，按 ▲ 或 ▼ ，切换界面，显示 OPERATOR 相对坐标系的界面，再按数字键中代表坐标轴的字母，以及所要设置的相对坐标值。如 X20.，按 ORIGIN 归零键，这时相对坐标值修改为 X20.。

步骤 3 安装工件与刀具

（1）练习主轴旋转。按 MDI DNC 选择 MDI 模式，输入“M03 S1000 EOB ”指令，按 WRITE ENTER 回车键，再按面板上的“CYCLE START”，这时主轴正向旋转；按 CW STOP CCW 控制主轴转动方向与停止，按 -10 SPINDLE 100% SPINDLE +10 SPINDLE 控制主轴转动的速率。

（2）练习手轮进给。按 HANDLE JOG 选择手轮模式，按坐标轴选择键，如 +X 或 -X 选择 X 轴，其他轴相同；按 .0001 .1 或 .001 1. .01 10. .1 100. 选择脉冲增量；摇手轮控制轴的移动方向。

（3）练习手动进给。按 HANDLE JOG 选择手动模式；按坐标轴及方向选择键，如 +X 使工作台相对刀具朝 $+X$ 方向进给移动，按 JOG LOCK 进给停止。进给速度倍率选择有效。

（4）装平口钳与工件。将平口钳放置工作台中间，用吸铁表座与百分表调整平口钳，固定钳口与机床 X 轴平行，用压板压紧平口钳。调整平口钳宽度，将工件的工序 1 加工表面向上，装入平口钳（零件下方垫入合适的等高垫块），零件平整后夹紧工件。

（5）装 $\phi10$ 键槽铣刀。首先在机床外的刀柄安装器上，将 $\phi10$ 弹簧夹头与 $\phi10$ 键槽铣刀安装于 BT40 刀柄上，然后再将刀柄安装在机床的刀盘上，步骤如下：按 HANDLE JOG 选择手动模式；手握安装有刀具的刀柄，一边对准主轴端面键插入主轴孔内，一边按主轴箱右面的刀具释放按钮，确认安装稳定后松手，如图5—25所示。按 MDI DNC 选择MDI方式，输入“M6T×”执行，使刀具进入刀库转至×刀号的刀位。依次安装其他刀具。

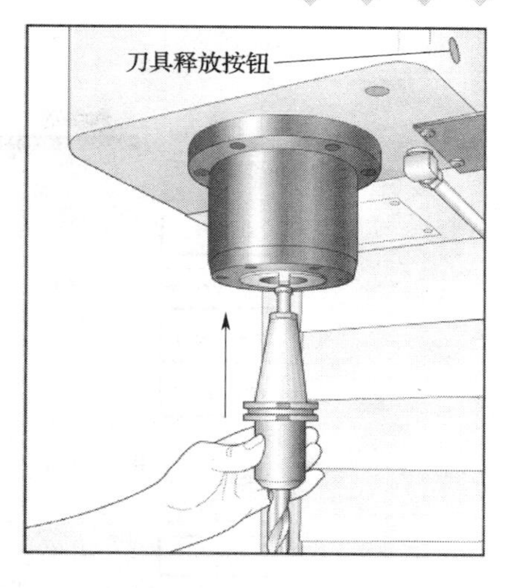

图5—25　刀具安装

步骤4　程序导出

按 LIST PROG 键进入程序列表模式，如图5—26所示，程序进入程序名列，并且程序名前有“*”符号，即表示当前程序；键入“O2111”，按 ▼ 键，可导出已有程序。按 EDIT 键进入编辑模式，按字母数字键输入程序段，如“G54 EOB”，按 INSERT 键，完成该程序段的输入或修改，按考试要求修改程序的切削参数。程序输入过程可用 INSERT 插入、ALTER 替换、DELETE 删除、UNDO 撤销。选择当前程序，按 LIST PROG 键进入程序列表模式，按光标键 ▲ 或 ▼，至所要选择的程序，按 WRITE/ENTER 回车键，程序名前有“*”符号，即表示当前程序。

步骤5　工件坐标系设定

调节刀具与工件之间的相对位置，如图5—27所示。按 OFFSET 键两次，出现工件坐标系设置界面，如图5—28所示；按光标键，移至所需设置的工件坐标系位置，如G54的*X*轴处；按 PART ZERO SET 键，这时机床坐标系的值自动输入光标所在的位置，如图5—28中G54的*X*轴处；移动光标，依次设置其他的坐标值。

若要修正工件坐标系的数值，则输入所要修正的数值，按 WRITE/ENTER 回车键确认，出现对话：changes the offset by move than setting 142！Accept（Y/N）？选择“Y”，则该处的数值与修正数值进行算术运算。若要手动输入工件坐标系，则输入所需之值后，再按 F1 键，出现对话：changes the offset by move than setting 142！Accept（Y/N）？选择“Y”，即输入了工件坐标系的值。若按 F2 键，则输入的是键入值的相反数，即正负相反。

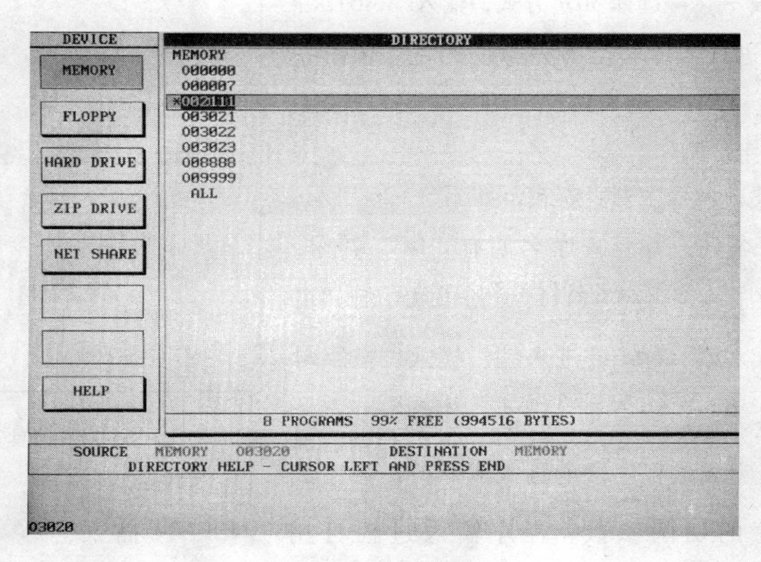

图 5—26 程序的导出

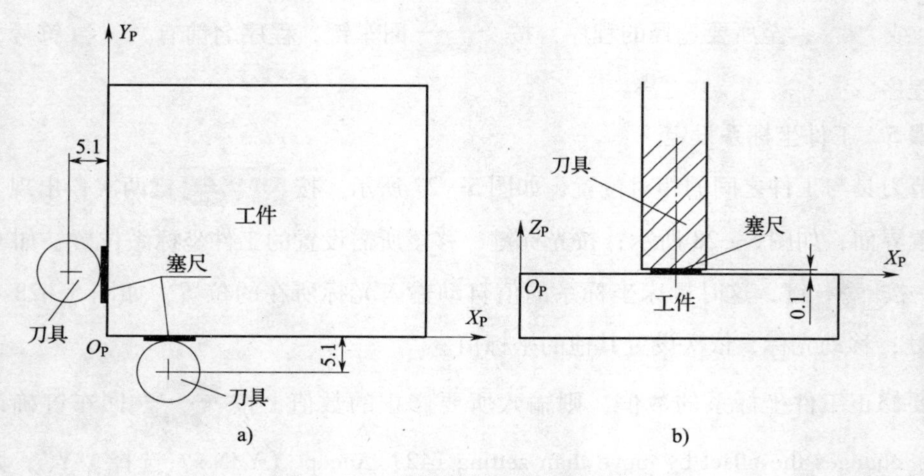

图 5—27 盘类零件工件坐标系设定

步骤 6 刀具半径补偿设定

按 OFFSET 键，出现刀具补偿设置界面，如图 5—29 所示；按光标键，移至所要输入刀具补偿的位置处；键入刀具补偿数值，再按 **F1** 键，出现对话：changes the offset by move than setting 142！Accept（Y/N）？选择“Y”，即输入了刀具补偿值，如图 5—29 所示。选择“N”退出输入。按 **F2** 键，即输入了刀具补偿的负值。

WORK ZERO OFFSET

G CODE	X	Y	Z	
G 52	0.	0.	0.	
G 54	-139.433	-152.296	0.	
G 55	0.	0.	0.	
G 56	0.	0.	0.	
G 57	0.	0.	0.	
G 58	0.	0.	0.	
G 59	0.	0.	0.	
G154 P1	0.	0.	0.	(G110)
G154 P2	0.	0.	0.	(G111)
G154 P3	0.	0.	0.	(G112)
G154 P4	0.	0.	0.	(G113)
G154 P5	0.	0.	0.	(G114)
G154 P6	0.	0.	0.	(G115)
G154 P7	0.	0.	0.	(G116)
G154 P8	0.	0.	0.	(G117)
G154 P9	0.	0.	0.	(G118)
G154 P10	0.	0.	0.	(G119)
G154 P11	0.	0.	0.	(G120)
G154 P12	0.	0.	0.	(G121)
G154 P13	0.	0.	0.	(G122)
G154 P14	0.	0.	0.	(G123)
G154 P15	0.	0.	0.	(G124)
G154 P16	0.	0.	0.	(G125)
G154 P17	0.	0.	0.	(G126)

X POSITION :   0.000 WRITE ADD/F1 SET/OFSET TOGGLE
F2 DISK WR, F3 DISK RD

图 5—28　工件坐标系设置

步骤 7　模拟轨迹测试

按 LIST PROG 键进入程序列表模式，按光标键 ▲ 或 ▼，至所要选择的程序，按 WRITE ENTER 回车键，程序名前有“＊”符号，即表示当前程序；按 MEM 进入自动循环模式，按 SETNG GRAPH 键两次，进入图形设置界面，按面板上的循环启动“CYCLE START”按钮，显示轨迹图形，如图 5—30 所示。

可根据实际需要选择 SINGLE BLOCK 单程序段、DRY RUN 空运行、OPTION STOP 暂停（M01）、BLOCK DELETE “/”跳转键。

轨迹放大：按 HOME 键，图形显示原始状态；按 F2 键，界面右下角出现图形框；按 PAGE UP 键放大图形框，按 PAGE DOWN 键缩小图形框。然后按光标 ◀、▶、▼、▲ 键移动图形框，使显示图形至于框内合适的位置；按 WRITE ENTER 回车键确认，再按面板上的循环启动“CYCLE START”按钮，显示放大后的轨迹图形。

长度补偿　　半径补偿

TOOL	COOLANT POSITION	----LENGTH---- GEOMETRY	WEAR	----RADIUS---- GEOMETRY	WEAR	FLUTES	ACTUAL DIAMETER
1		-108.646	0.	5.100	0.	2	0.
2		0.	0.	5.100	0.	2	0.
3		0.	0.	0.	0.	2	0.
4		0.	0.	0.	0.	2	0.
5		0.	0.	0.	0.	2	0.
6		0.	0.	0.	0.	2	0.
7		0.	0.	0.	0.	2	0.
8		0.	0.	0.	0.	2	0.
9		0.	0.	0.	0.	2	0.
10		0.	0.	0.	0.	2	0.
11		0.	0.	0.	0.	2	0.
12		0.	0.	0.	0.	2	0.
13		0.	0.	0.	0.	2	0.
14		0.	0.	0.	0.	2	0.
15		0.	0.	0.	0.	2	0.
16		0.	0.	0.	0.	2	0.
17		0.	0.	0.	0.	2	0.
18		0.	0.	0.	0.	2	0.
19		0.	0.	0.	0.	2	0.
20		0.	0.	0.	0.	2	0.
21		0.	0.	0.	0.	2	0.
22		0.	0.	0.	0.	2	0.
23		0.	0.	0.	0.	2	0.
24		0.	0.	0.	0.	2	0.

Z POSITION : 106.154 WRITE ADD/F1 SET/OFSET TOGGLE
F2 DISK WR, F3 DISK RD

0.1

图 5—29　刀具补偿值的输入

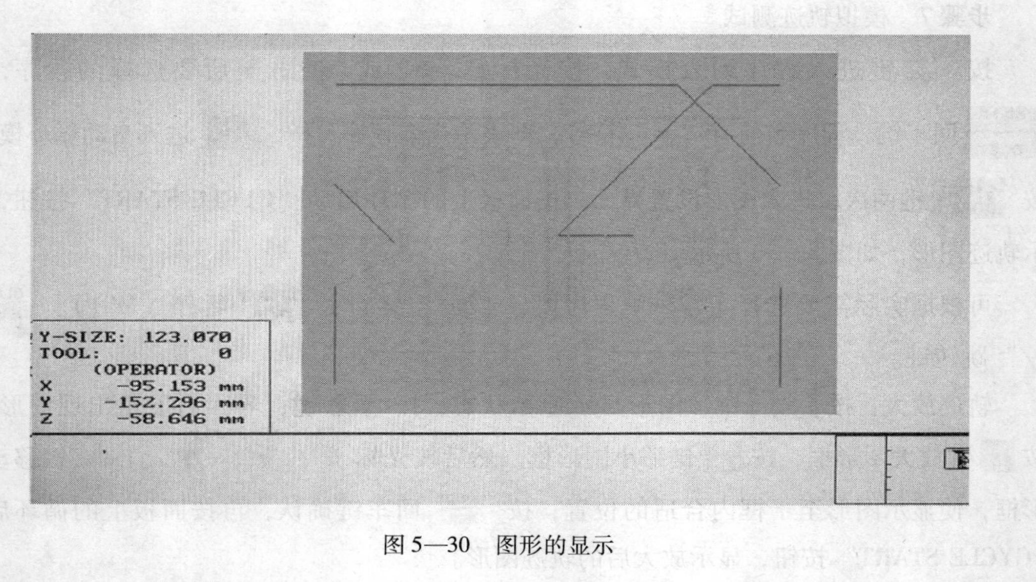

图 5—30　图形的显示

图形显示的辅助功能：按 F3 键可在图形显示的同时查看各类坐标值；按 F4 键可在图形显示的同时观察当前运行的程序段。刀具补偿后看图：在刀具补偿数值输入后（见刀具补偿值的输入方法），重复上述看图过程，可见刀具补偿后轨迹的变化，如图 5—31 所示。

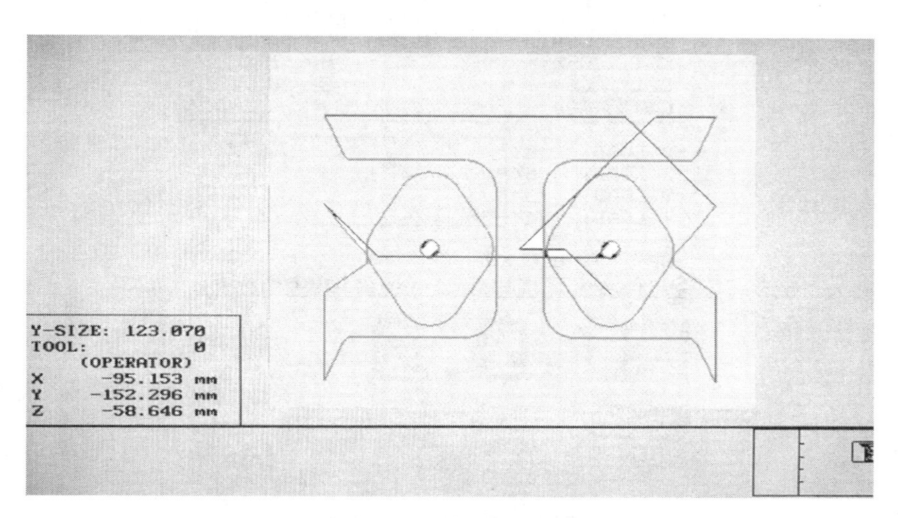

图 5—31　刀具补偿后图形轨迹显示

步骤 8　自动运行

按 LIST PROG 键进入程序列表模式，按光标键 ▲ 或 ▼，至所要选择的程序，按 WRITE/ENTER 回车键，程序名前有“ * ”符号，即表示当前程序；按 MEM 键进入自动循环模式，初次运行选择 SINGLE BLOCK 单程序段方式，选择快速倍率 5%、进给速度倍率 20%，按 CURNT COMDS 键显示当前程序细节，界面如图 5—32 所示。按面板上的循环启动“CYCLE START”按钮，程序自动循环运行。

注意观察刀具到达位置与实际坐标值的情况，以便及时发现不安全因素。确认无误后再按 SINGLE BLOCK 键清除单段，改为连续方式，再合理调节快速倍率和进给速度倍率。可根据实际需要选择 SINGLE BLOCK 单程序段、OPTION STOP 暂停（M01）、BLOCK DELETE “/”跳转键。

步骤 9　精加工修正操作

粗加工结束暂停后，测量精加工前尺寸，对刀具补偿量进行修正。按 OFFSET 键，进入刀具补偿设置界面，如图 5—29 所示；按光标键，移至所要修改刀具补偿的位置处；输入所要修正的数值，按 WRITE/ENTER 回车键确认，如图 5—29 中的光标移到刀具半径补偿 D02

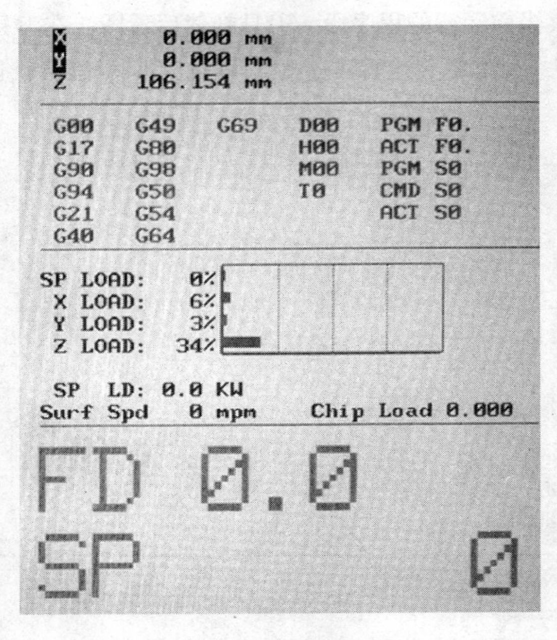

图 5—32 自动运行界面

处，键入 0.1，按回车键，出现对话：changes the offset by move than setting 142！Accept (Y/N)？选择“Y”，则该处的数值与修正数值进行算术运算，修改为 5.1 mm。如果键入的是 -0.1，则修改为 4.9 mm。另外也可以在刀具磨损偏置中输入所要修正的数值，输入方法同刀具补偿值。

注意事项

（1）操作过程中，时刻注意人身安全与设备安全。

（2）在 HANDLE JOG 手动模式下，按 TOOL RELEASE 键，会自动释放刀具，产生不安全因素。

（3）程序中坐标轴、距离与进给速度 *F* 的小数点单位为 mm 或 mm/min。

（4）在进行工件坐标系和刀具半径补偿输入时，若按 **F2** 键，则输入的是键入值的相反数，即正负相反。

（5）手动设定主轴旋转必须在防护门关闭时进行，其他手动操作可在防护门打开时完成。

特别提示

HAAS VF -1 在操作过程常见的报警见表 5—11。

表 5—11　　VF－1 加工中心常见的报警

报警号	报警信息	说明
—	NO ZERO X 或 Y 或 Z	*X* 或 *Y* 或 *Z* 轴未回零
—	WRONG　MODE	状态选择错误
102	Servos Off	伺服系统关闭
107	Emergency Off	急停关闭
108	X Servo Overload	*X* 轴伺服超载
109	Y Servo Overload	*Y* 轴伺服超载
110	Z Servo Overload	*Z* 轴伺服超载
115	Turrer Rotate Fault	刀库转位失败
116	Spindle Orientation Fault	主轴准停失败
120	Low Air Pressure	气源压力低
123	Spindle Drive Fault	主轴启动失败
130	Tool Unclamped	刀具未夹紧（主轴准停时）
133	Spindle Locked	主轴锁住
161	X－Axis Drive Fault	*X* 轴启动失败
162	Y－Axis Drive Fault	*Y* 轴启动失败
163	Z－Axis Drive Fault	*Z* 轴启动失败
174	Tool Load Exceeded	刀具过载
223	Door Lock Failure	门锁住失败
224	X Transition Fault	*X* 轴传动失败
225	Y Transition Fault	*Y* 轴传动失败
226	Z Transition Fault	*Z* 轴传动失败
231	Jog Handle Transition Fault	手轮传动失败
232	Spindle Transition Fault	主传动失败
236	Spindle Motor Overload	主电动机超载
238	Door Fault	防护门关闭失败
240	Empty Prog of No EOB	空程序或无 EOB
241	Invalid Code	无效地址字
243	BAD CODE	错误地址字
248	Number Range Error	数值范围错误
250	Program Data Error	程序数据错误
255	No Tool In Spindle	主轴上无刀具
260	Tool Changer Fault	刀具交换失败

续表

报警号	报警信息	说明
302	Invalid R ln G02 or G03	G02 或 G03 中有无效 R
303	Invalid X、Y、or Z In G02 or G03	G02 或 G03 中有无效 X、Y、Z
304	Invalid I、J、or K In G02 or G03	G02 或 G03 中有无效 I、J、K
305	Invalid Q In Canned Cyde	循环程序段中有无效的 Q
306	Invalid I、J、K or Q In Canned Cycle	循环程序段中有无效的 I、J、K、Q
309	Exceeded Max Feed Rate	进给速度超过最大值
310	Invalid G Code	无效 G 代码
311	Unknown Code	未知代码
315	Invalid P Code In M97. M98 or M99	在 M97、M98 或 M99 有无效 P 指令
316	X Over Travel Range	*X* 轴超过极限行程
317	Y Over Travel Range	*Y* 轴超过极限行程
318	Z Over Travel Range	*Z* 轴超过极限行程
320	No Feed Rate Specified	编程中 *F* 进给速度未指定
322	Sub Prog Without M99	子程序中没有 M99
326	G04 Without P Code	G04 中没有 P 指令
328	Invalid Tool Number	无效刀号
329	Undefined M Code	未定义 M 指令
337	GOTO or P line Not Found	GOTO 或 P 指令后程序段没有发现
339	Multiple Codes	地址字重复
340	Cutter Comp Begin With G02 or G03	刀具补偿开始使用了 G02、G03
341	Cutter Comp End With G02 or G03	刀具补偿结束使用了 G02、G03
342	Cutter Comp Path Too Small	刀具补偿路径太小
344	Cutter Comp With G18 and G19	刀具补偿在 G18、G19 平面
390	No Spindle Speed	主轴转速 S 未指定
420	Program Number Mismatch	程序号不适合
502	Or = Not First Term In Express	表达式中无“［”或“=”

第 6 章

零件测量与加工中心维护

第 1 节　零件测量　/268

第 2 节　常用量具使用　/281

第 3 节　加工中心的日常维护与设备管理　/298

第1节　零件测量

学习单元1　技术测量基础知识

学习目标

- 了解技术测量的基本任务
- 熟悉测量器具的选用
- 熟悉测量方法的类型和测量条件
- 熟悉测量误差及处理方法
- 掌握测量单位和测量器具的基本知识

知识要求

一、技术测量的基本任务

技术测量是研究空间位置、形状和大小等几何量的测量工作。测量就是以确定被测对象的量值而进行的一组操作。检验是确定被测量值是否达到预期要求所进行的测量，检验只能确定测量对象是否在规定的极限范围内，从而判断是否合格，而不能得出测量对象的具体数值。技术测量的基本任务如下。

1. 确定统一的测量单位、测量基准，以及严格的传递系统，以确保“标准单位”能准确地传递到每个使用单位中。
2. 正确选用测量器具，拟定合理的测量方法，以便准确地测出被测量的量值。
3. 分析测量误差，正确处理测量数据，提高测量精度。
4. 研制新的测量器具和测量方法，不断满足生产发展对技术测量的新要求。

二、技术测量的基础知识

一个完整的测量过程应包含测量对象（比如各种几何参数）、测量单位、测量方法

(指在进行测量时所采用的测量器具与测量条件的综合)、测量精度(或准确度，指测量结果与真值的一致程度)这四个要素。

技术测量主要指几何参数的测量，包括长度、角度、表面粗糙度、形状和位置误差等的测量。习惯上常将包括以保持量值统一和传递为目的的专门测量称为技术测量。

1. 测量单位和测量器具的选用

(1) 测量单位。为了进行测量，必须规定统一的标准，即测量单位。法定测量单位中，长度的基本单位为米(m)。机械制造中常用的长度单位为毫米(mm)，$1\ mm = 10^{-3}\ m$。精密测量时，多采用微米(μm)为单位，$1\ \mu m = 10^{-3}\ mm$。超精密测量时，则用纳米(nm)为单位，$1\ nm = 10^{-3}\ \mu m$。角度基本单位为弧度(rad)。常用度(°)作为平面角的测量单位，$1° = (\pi/180)\ rad$，$1° = 60'$，$1' = 60''$。

(2) 测量器具。测量器具(或称为实物量具)按结构特点可分为量具(如游标卡尺、千分尺等)、量规(如环规、塞尺等)、量仪(如各类测量仪器等)和测量装置四类。测量器具的基本技术指标有标尺间距、分度值、示值范围、测量范围、灵敏度等。一般来说，分度值越小，测量器具的精度越高。

量具通常是指结构比较简单的测量工具，如量块、线纹尺、基准米尺等。量规是一种没有刻度的，用以检验零件尺寸或形状、相互位置的专用检验工具。它只能判断零件是否合格，而不能得出具体尺寸。如光滑极限量规、螺纹量规等。

量仪即测量仪器，是指能将被测的量值转换成可直接观察的指示值或等效信息的测量器具。可分为机械式、电动式、光学式、气动式，以及光电一体化的现代量仪。

(3) 测量器具的选用。合理选用测量器具是保证产品质量、降低生产成本和提高生产效率的重要环节之一。零件图样上被测要素的尺寸公差和形位公差遵守独立原则时，一般使用通用测量器具分别测量；当单一要素的孔和轴采用包容要求时，则应使用光滑极限量规(简称量规)来检验；当关联要素采用最大(小)实体要求时，则应使用位置量规来检验。

国标规定，按照测量器具的测量不确定度允许值 U_1 来选择测量器具，其不确定度允许值 U_1 可视为测量器具的最大误差。

2. 测量方法的类型和测量条件

(1) 测量方法的类型

1) 直接测量和间接测量。直接测量是从测量器具的读数装置上直接测得被测参数的量值或相对于标准量的偏差值。如用万能角度尺测量圆锥角和锥度的方法就属于直接测量法。

直接测量又分为绝对测量和相对测量。若测量读数可直接表示出被测量的全值，则为绝对测量，如用游标卡尺、千分尺。若测量读数仪表示被测量相对于已知标准量的偏差值，则为相对测量，如量块和千分表。一般来说，相对测量的测量精度比绝对测量的精度高。

间接测量即测量有关量，并通过函数关系计算出被测量值。如用正弦规测量角度值、用三针法测量螺纹中径等测量方法就属于间接测量。

2）接触测量和非接触测量。接触测量是被测零件表面与测量头有机械接触，并有机械作用的测量力存在。如用游标量具、螺旋测微量具、指示表测量零件。非接触测量是被测零件表面与测量头没有机械接触。如光学投影测量、激光测量、气动测量等。

3）单项测量和综合测量。单项测量是一次测量结果只能表征被测零件的一个量值。如用工具显微镜分别测量螺纹的中径、牙型半角和螺距等。综合测量的测量结果能够表征被测零件多个参数的综合效应。如用完整牙型的螺纹极限量规检验螺纹的旋合性与可靠性。

4）主动测量和被动测量。主动测量是在零件加工过程中的测量。用来控制加工过程，预防废品。被动测量是零件加工完毕后进行的测量，测量的目的是发现并剔除废品。

5）静态测量和动态测量。静态测量是测量器具的示值或零件静止不动。如用游标卡尺、千分尺测量零件的尺寸。动态测量是测量器具的示值或（和）被测零件处于运动状态。如用指示表测量跳动误差、平面度等。

（2）测量条件。测量受到测量条件的影响，如环境、测量力、测量基准、操作技能等。测量环境包括温度、湿度、气压、振动和尘埃等。测量时的标准温度为20℃，而且应使被测零件和测量器具本身的温度保持一致。测量力会引起被测零件表面产生压陷变形，影响测量结果。

3. 测量误差及处理方法

任何测量过程，由于受到测量器具和测量条件等的影响，不可避免地会产生测量误差。所谓测量误差δ，是指测得值x与真值Q之差，即$\delta = x - Q$。

测量误差反映了测得值偏离真值的程度，也称绝对误差。当δ越小，测量精度越高；反之，测量精度就越低。产生测量误差的原因很多，主要有：测量器具、测量方法、测量力引起的变形，以及测量环境和人员等误差。一般分为随机误差、系统误差和粗大误差三类。

（1）随机误差。随机误差是指在一定测量条件下，多次测量同一量值时，数值大小和符号以不可预见的方式变化的误差。它是由于测量中的不稳定因素综合形成的，也是不可避免的。进行大量、重复测量，随机误差分布服从正态分布曲线规律。

（2）系统误差。系统误差是指在一定测量条件下，多次测量同一量值时，误差的大小和符号均保持不变或按某一确定的规律变化的误差。前者称为定值系统误差，如千分尺的零位不正确而引起的测量误差；后者称为变值系统误差，如随温度线性变化的误差。

系统误差是有规律的，其产生原因往往是可知的，可以通过实验分析法加以确定，在测量结果中进行修正，或者通过改善测量方法加以消除。一般认为，如果能将系统误差减小到使其影响相当于随机误差的程度，则可认为系统误差已被消除。

（3）粗大误差。粗大误差是指明显超出规定条件下预期的误差。它是由于测量者主观上的疏忽大意，或客观条件发生剧变等原因造成的。粗大误差的数值比较大，与客观事实明显不符，必须予以剔除。应根据判断粗大误差的准则予以确定剔除。

学习单元 2　零件形位误差的测量

学习目标

- 了解位置误差及其评定
- 了解测量不确定度的确定和形位误差的检测方法
- 掌握公差原则
- 掌握形位误差检测原则、形状误差及其评定
- 掌握基准的建立与体现

知识要求

一、形位误差检测原则

1. 与理想要素比较原则

比较原则是将被测实际要素与理想要素相比较，直接或间接获得测量值。测量中，理想要素用模拟方法来体现。如平板、平台、水平面等作为理想平面；一束光线、拉紧的钢丝、刀口尺的刃口等作为理想直线；轮廓样板作为线、面理想轮廓。如图 6—1a 所示为采用指示器相对于平板平面度误差测量，图 6—1b 为采用自准直仪的间接法对光轴进行直线度误差测量。

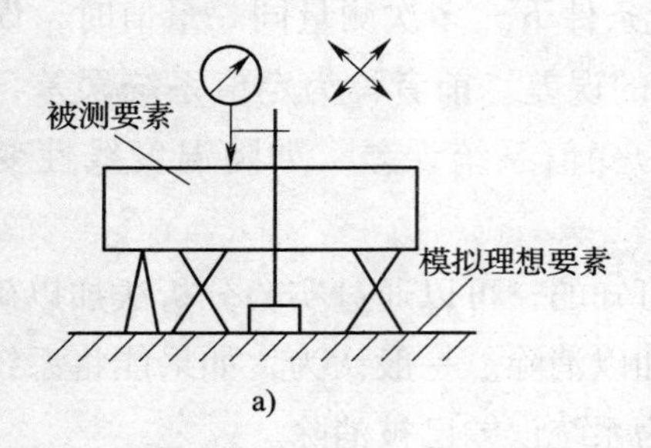

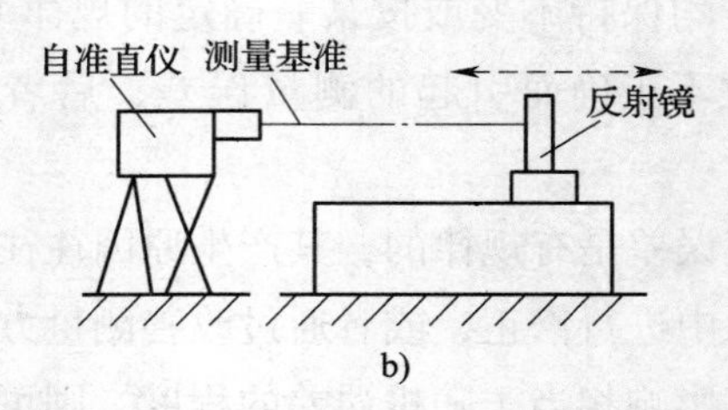

图 6—1　模拟理想要素的检测

a）直接法　b）间接法

2. 测量坐标值原则

它是测量被测实际要素的坐标值，并经过数据处理来获得形位误差值的测量原则。如图 6—2 所示为采用直角坐标测量装置测量圆度误差。

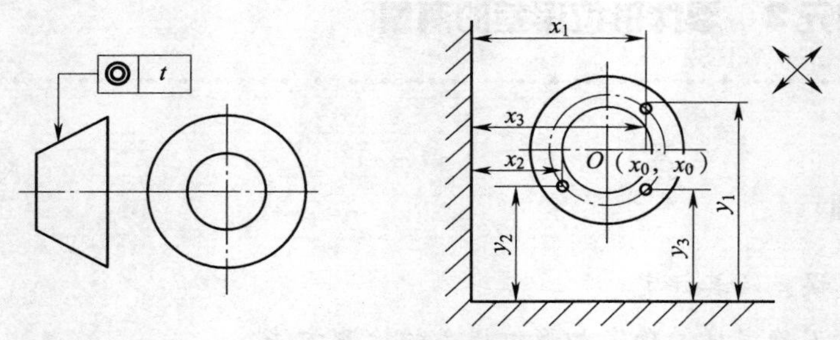

图 6—2　采用直角坐标测量装置测量圆度误差

3. 测量特征参数原则

它是测量被测实际要素上具有代表性的参数（特征参数）来表示形状误差值。如图 6—3 所示为采用两点法测量特征参数。在一个横截面内的几个方向上测量直径，取最大直径值的一半，作为该截面内的圆度误差值。

4. 测量跳动原则

它是按被测实际要素绕基准轴线回转过程中，沿给定方向测量其对某参考点或线的变动量。如图 6—4 所示为采用 V 形架测量径向圆跳动。检测跳动原则一般用于测量跳动误差，主要用于测量圆跳动和全跳动。

5. 控制实效边界原则

它是检验被测实际要素是否超过实效边界，以判断合格与否。该原则只适用图样上采用最大实体原则的场合，即形位公差框格公差值后或基准字母后标注Ⓜ之处。一般用综合量规来检验。如图 6—5 所示为采用综合量规检验同轴度。

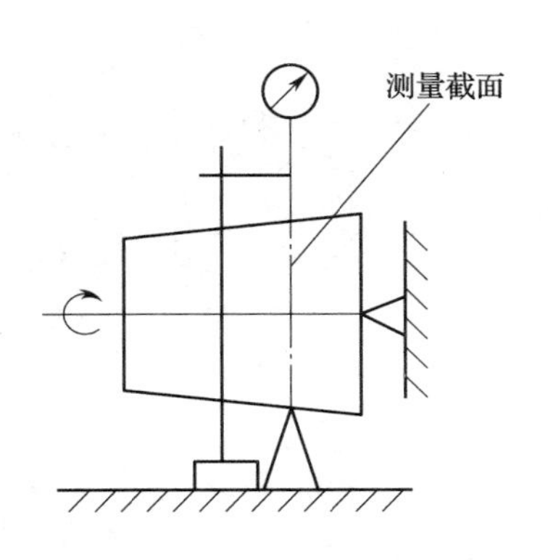

图 6—3　两点法测量圆度特征参数

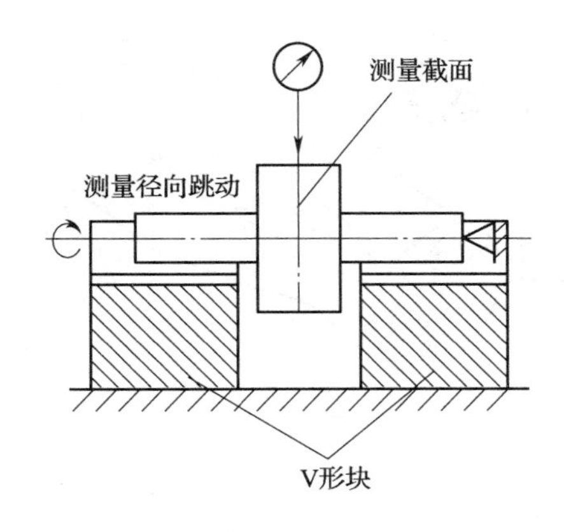

图 6—4　测量径向跳动

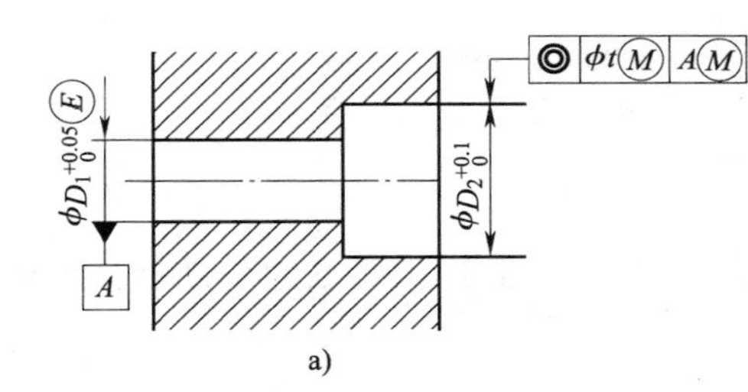

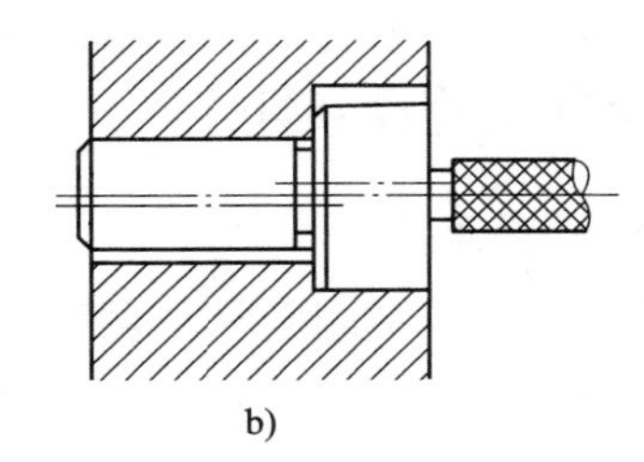

图 6—5　采用综合量规检验同轴度

a）标注　b）测量

二、形状误差及其评定

1. 形状误差

形状误差是指被测实际要素对其理想要素的变动量，形状误差值小于或等于相应的公差值，则认为合格。标准规定，评定形状误差的准则是“最小条件”。即被测实际要素对其理想要素的最大变动量为最小。

对于中心要素（轴线、中心线、中心面等），其理想要素位于被测实际要素之中，如图 6—6a 所示。对于轮廓要素（线、面轮廓度除外），其理想要素位于实体之外且与被测实际要素相接触，它们之间的最大变动量为最小，如图 6—6b 所示。形状误差值用最小包容区域（简称最小区域）的宽度或直径表示。

2. 形状误差的评定原则

最小条件是评定形状误差的基本原则。在满足零件功能要求的前提下，允许采用近似方法来评定形状误差。

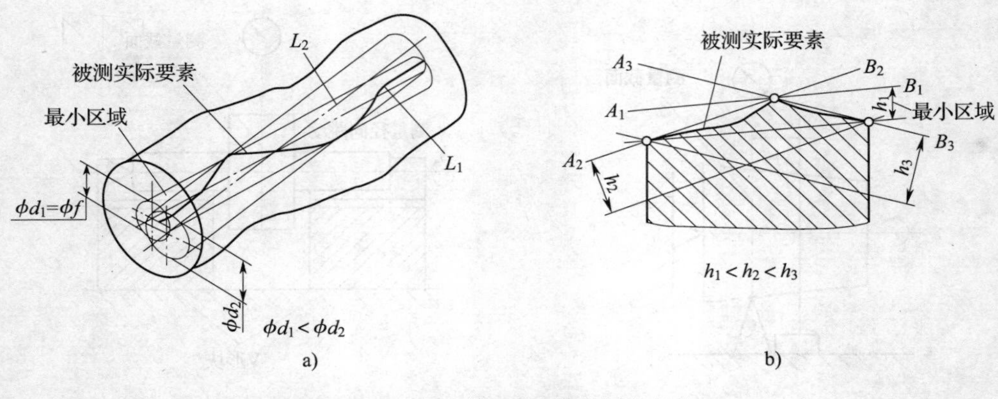

图 6—6　被测实际要素符合最小条件

a) 线　b) 面

三、位置误差及其评定

1. 定向位置误差

定向位置误差是被测实际要素对一具有确定方向的理想要素的变动量，理想要素的方向由基准确定。

2. 定位位置误差

定位位置误差是被测实际要素对一具有确定位置的理想要素的变动量，理想要素的位置由基准和理论正确尺寸确定。对于同轴度和对称度，理论正确尺寸为零。

3. 跳动误差

跳动误差是关联实际要素绕基准轴线回转时所允许的最大跳动量。跳动量可由指示器的最大与最小值之差反映出来。被测要素为回转表面或端面，基准要素为轴线。

（1）圆跳动误差。被测要素在某个测量截面内相对于基准轴线的变动量。圆跳动有径向圆跳动、端面圆跳动和斜向圆跳动。

（2）全跳动误差。整个被测要素相对于基准轴线的变动量。全跳动有径向全跳动和端面全跳动。

跳动误差带可以综合控制被测要素的位置、方向和形状。利用跳动误差与形位误差的关系，可以根据已测得的跳动误差判断出相应形位误差的范围，如某圆柱面的径向圆跳动误差为 0. 05 mm，则该圆柱面的圆度误差理论上应该为小于等于 0. 05 mm；某轴端面全跳动误差为 0. 025 mm，则该端面相对于轴线的垂直度误差等于 0. 025 mm。在保证使用要求的前提下，对被测要素给出跳动误差后，通常不再对该要素提出位置、方向和形状误差要求。

4. 位置误差的评定原则

测量定向、定位误差时，在满足零件功能的前提下，按需要允许采用模拟方法体现被测实际要素，如图 6—7 所示，用与基准实际表面接触的平板或工作台来模拟基准平面。

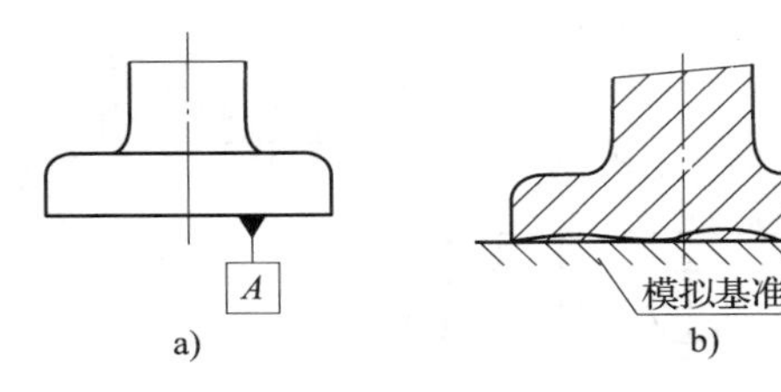

图 6—7　模拟基准平面

a）被测工件　b）模拟基准平面

四、基准的建立与体现

1. 基准的建立

基准是用以确定被测要素的方向或（和）位置的依据。当以实际要素来建立基准时，基准应为该基准实际要素的理想要素，对于理想要素的位置须符合最小条件。

2. 基准的体现

评定形位误差的基准体现方法有模拟法、分析法和直接法等，使用最广泛的是模拟法。

模拟法是指采用具有足够精度形状的实物来模拟基准（基准平面、基准轴线、基准点等），如图 6—7 所示。评定形位误差时，孔的基准轴线可以通过心轴来模拟体现，如图 6—8 所示。通常用相互垂直的三块平板来模拟三基准面体系，如图 6—9 所示。当形位误差的基准使用三基面体系时，第一基准应选最重要或最大的平面。

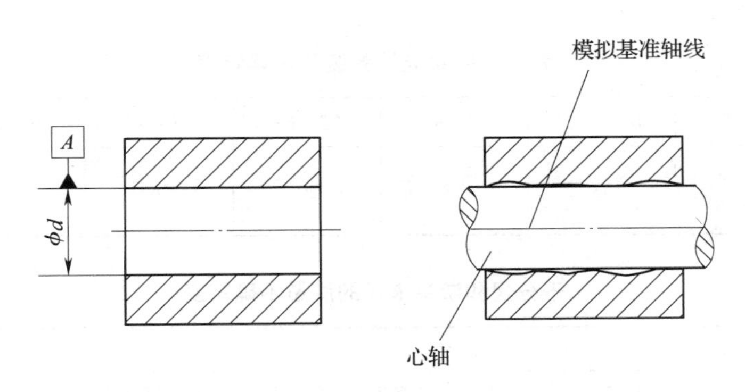

图 6—8　用心轴模拟基准线

分析法是通过对基准实际要素进行测量，再根据测量数据用图解法或计算法按最小条件确定的理想要素作为基准。

直接法是以基准实际要素为基准。当基准实际要素具有足够高的形状精度时，可忽略形状误差对测量结果的影响。

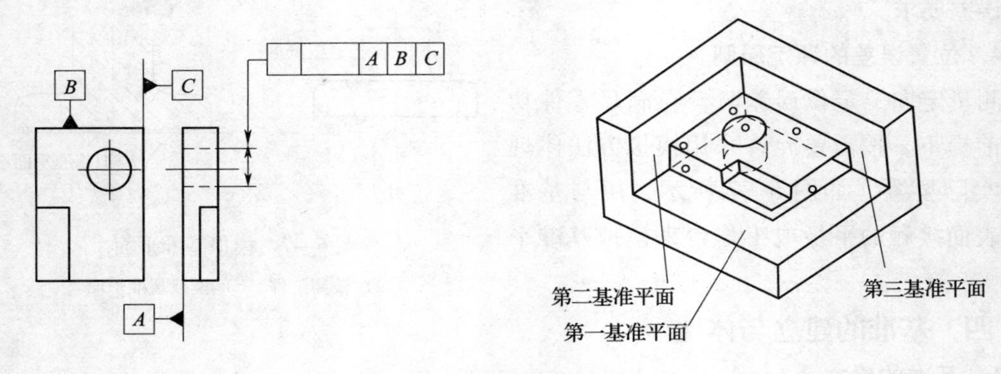

图 6—9　用三块平板模拟三基准体系

五、测量不确定度的确定

在测量中，由于测量误差的存在而使被测量值不能肯定的程度，用不确定度来表示。测得的实际尺寸分散范围越大，测量误差就越大，即不确定度越大。按测量误差的来源，测量的不确定度是由测量器具的不确定度和测量条件引起的不确定度组成的。两者都是随机变量，因此，其综合结果也是随机变量，并且应不超出安全裕度。

测量不确定度是确定检测方案的重要依据之一，测量不确定度允许占给定公差的 10% ~ 33%。各公差等级允许的测量不确定度见表 6—1。千分尺和游标卡尺常用尺寸范围的测量不确定度见表 6—2。

表 6—1　　各公差等级允许的测量不确定度

被测要素的公差等级	0 1 2	3 4	5 6	7 8	9 10	11 12
测量不确定度占形位公差的百分比/（%）	33	25	20	16	12.5	10

表 6—2　　千分尺和游标卡尺的测量不确定度　　mm

尺寸范围					
大于	至	分度值 0.01 外径千分尺	分度值 0.01 内径千分尺	分度值 0.02 游标卡尺	分度值 0.05 游标卡尺
	50	0.004	0.008	0.020	0.050
50	100	0.005			
100	150	0.006			
150	200	0.007	0.013		

六、形位误差的检测方法

1. 常用形状误差简易检测

（1）直线度误差。对于较短的被测直线，可用刀口形直尺、平尺、平晶、精密短导轨等测量；对于较长的被测直线，可用水平仪、拉紧的优质钢丝等测量。

1）光隙法。如图 6—10 所示，将刀口形直尺的刃口等作为理想直线。当刀口形直尺（或平尺）与被测工件贴紧时，便符合最小条件。其最大间隙，即为所测的直线度误差。当光隙较小时，可按标准光隙来估读；当光隙较大时，则可用塞尺测量。

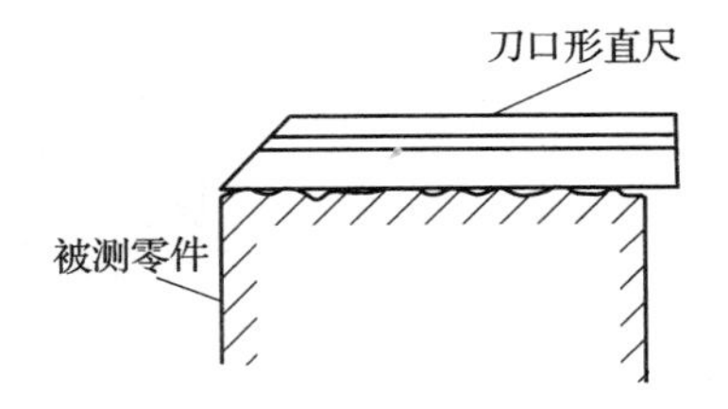

图 6—10　用刀口形直尺测量直线度误差

2）水平仪检测。如图 6—11 所示，将被测零件调整到水平位置，用水平仪和桥板沿着被测要素按节距移动水平仪进行直线度测量。用水平仪的读数，计算该条直线的直线度误差。此方法适用于测量较大的零件。

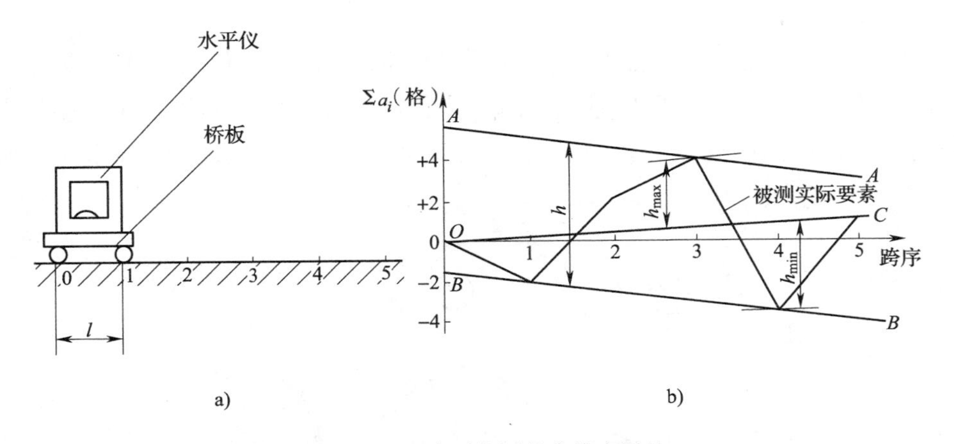

图 6—11　用水平仪测量直线度误差

a）用水平仪移动测量　b）误差曲线

（2）平面度误差

1）斑点法。斑点法又称涂色法，主要用于刮制。在工件表面上均匀地涂上红丹粉，然后将标准平板的工作面与工件表面相接触，均匀地拖动标准平板，被测表面上会出现斑点。平面度误差，按 25 mm×25 mm 的正方形内的斑点数来决定。斑点越多，越均匀，说明平面度误差越小。

2）指示器检测法。检测工具为平板、带百分表的测量架、固定和可调支承块。

如图 6—12 所示，将百分表测量头垂直地指向被测零件表面，按一定的布局测量被测表面上的各点，再根据记录的读数用计算法或图解法按最小条件计算平面度误差。

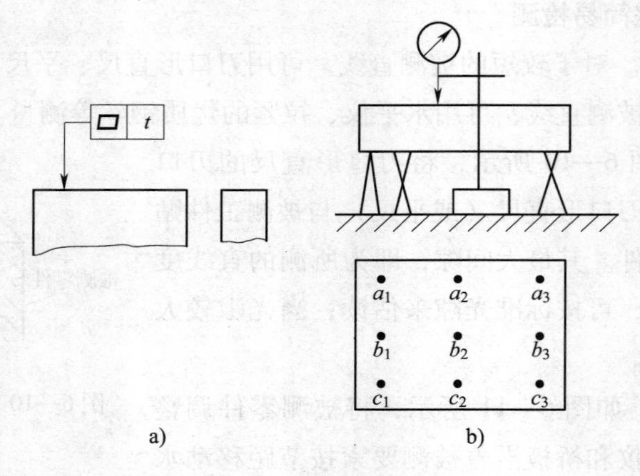

图 6—12　平面度误差检测

a）被测工件　b）平面度误差检测

（3）圆度误差

测量圆度误差经常使用三点法。如图 6—13 所示，被测零件放在 V 形架上，使其轴线垂直于测量截面，同时固定轴向位置。在被测零件回转一周过程中，指示器最大差值作为单个截面的圆度误差。测量若干个截面，取其中最大的误差作为其圆度误差。

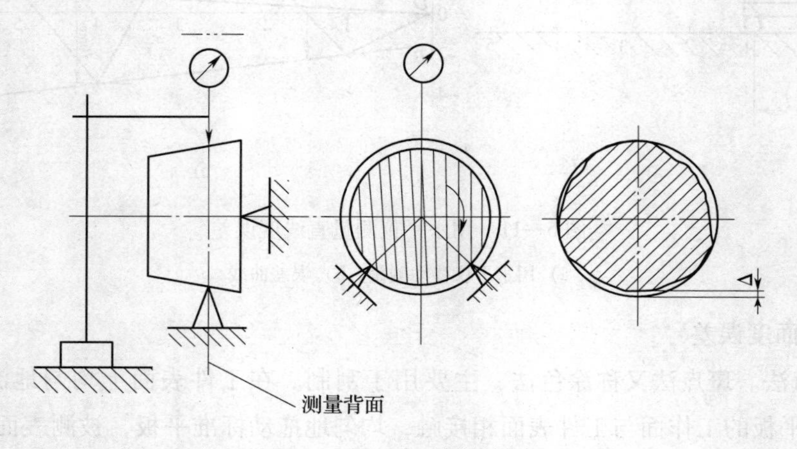

图 6—13　三点法测量圆度

还可以使用平板、带指示器的测量架与支承，指示器与鞍式 V 形座，投影仪，或圆度仪等进行测量圆度误差。对于比较小的零件也可用外径千分尺测量圆度误差。

2. 常用位置误差简易检测

（1）定向误差

1）平行度误差。平行度误差是反映平面和直线之间关系的定向位置误差。如图 6—14 所示为面对基准面的平行度检测。在保证精度的前提下，可用检验平板的工作面作为模拟基准来完成测量工作。

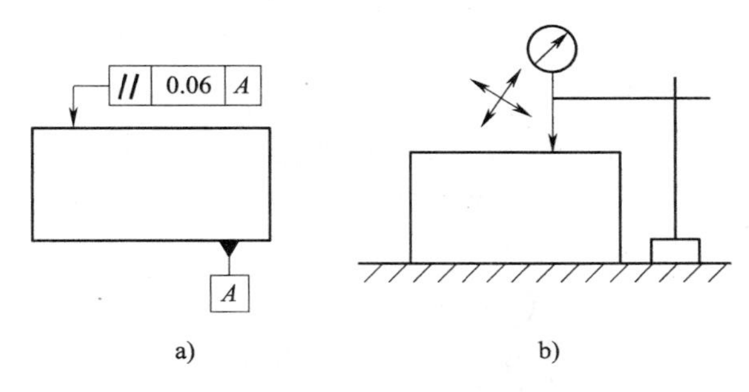

a)　　b)

图 6—14　面对基准面的平行度误差检测

a）被测工件　b）检测

对于沟槽类工件，如果平行度误差要求不太高，则可用实际基准表面作为模拟基准来完成测量工作，如图 6—15 所示。

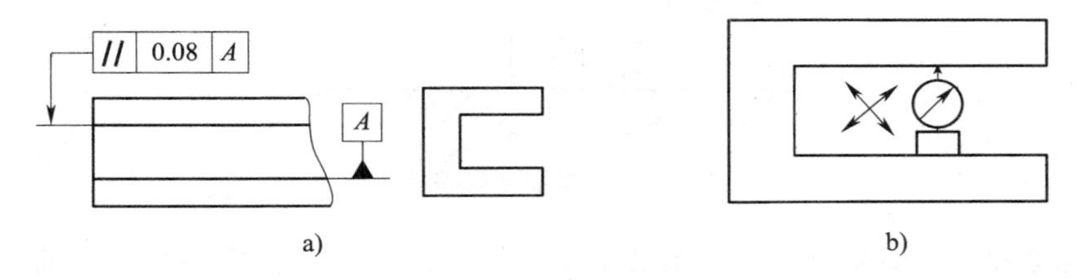

a)　　b)

图 6—15　沟槽的平行度误差检测

a）被测工件　b）检测

2）垂直度误差。与平行度误差类似，如图 6—16 所示为常用的测量面对面的垂直度误差的简易方法。其测量基准由平板工作面模拟体现，垂直基准由垂直量具（标准角尺）模拟体现。当对垂直度误差检测精度要求不高时，也可用万能角度尺测量角度，或者使用平板加 90°角度尺测量，并由光隙估测或用塞尺测量。

（2）定位误差

1）同轴度误差。被测要素的理想轴线与基准轴线同轴，起定位作用的理论正确尺寸为零，这就是定位误差的特点之一。以公共轴线为基准的同轴度误差测量如图 6—17 所示，其中公共基准轴线由 V 形架模拟体现，平板工作面作为测量基准。

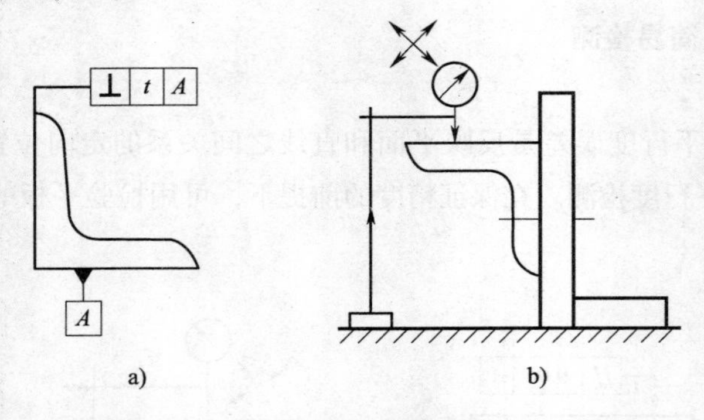

图 6—16　面对基准面的垂直度误差检测
a）被测工件　b）检测

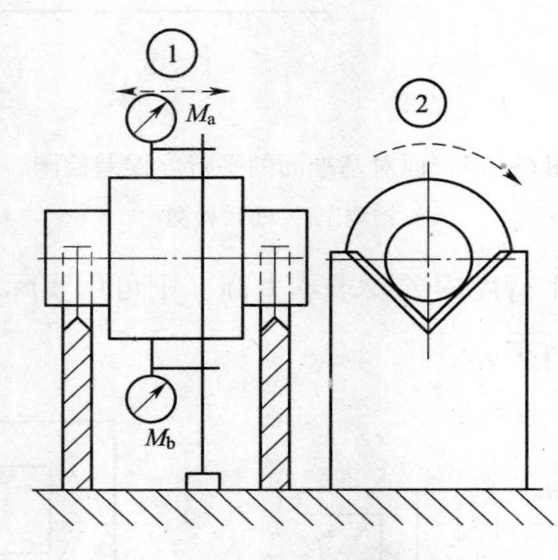

图 6—17　同轴度误差检测

2）对称度误差。对称度误差是指被测实际中心要素（对称中心平面、轴线等）对基准中心要素的变动量。如图 6—18 所示为槽的上、下两平面的对称中心平面对基准上、下两平面的对称中心平面的重合度（对称度）测量示意图。

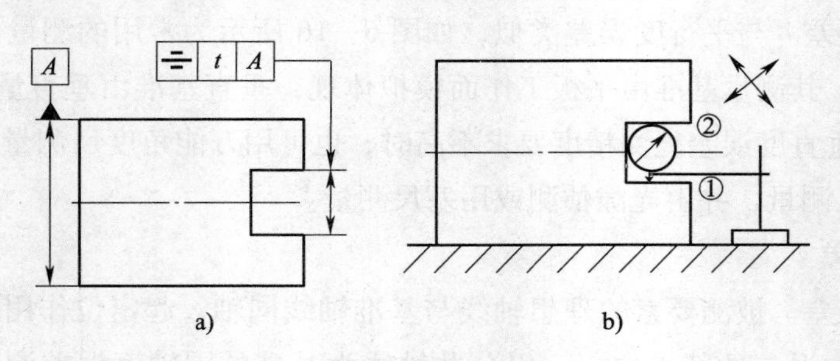

图 6—18　对称度误差检测
a）被测工件　b）检测

（3）跳动误差。跳动误差是以测量方法为依据规定的一种几何误差，即当要素绕基准轴线旋转时，以指示器测量要素的表面来反映其几何误差。所以，跳动误差是综合限制被测要素的形状误差和位置误差的一种几何误差。

跳动分为圆跳动和全跳动两类，在两类跳动中各分为径向跳动和轴向跳动。

1）圆跳动误差。圆跳动误差是要素绕基准轴线作无轴向移动旋转一圈时，在任一测量面内的最大跳动量。如图 6—19 所示为径向跳动误差的检测，用 V 形架来体现基准轴线，在被测表面的法线方向，使指示器的测头与被测表面接触，使被测零件回转一周，指示器最大读数差值即为该截面的径向圆跳动误差。

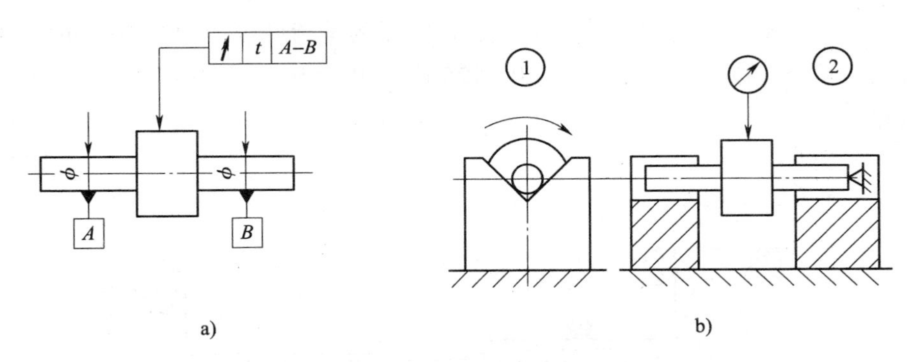

图 6—19　圆跳动误差检测

a）被测工件　b）检测

2）全跳动误差。全跳动误差是指被测实际要素绕基准轴线作无轴向移动的连续回转，同时指示器沿理论要素线连续移动，由指示器在给定方向上测得的最大与最小读数之差。

第 2 节　常用量具使用

学习单元 1　游标卡尺

学习目标

➢ 能够熟练使用游标卡尺、游标高度尺、游标深度尺和万能角度尺

知识要求

利用游标和尺身（主尺）相互配合进行测量和读数的量具称为游标量具。常用的游标量具有游标卡尺、游标高度尺、游标深度尺、游标齿厚尺和游标万能角度尺。

一、游标卡尺的结构与读数

1. 游标卡尺的结构

游标卡尺是一种比较精密的量具，如图 6—20 所示。其结构简单，可以直接量出工件的外径、内径、长度和深度的尺寸。游标卡尺按照测量精度可分为 0.10 mm、0.05 mm、0.02 mm 三个量级，按测量尺寸范围有 0 ~ 125 mm、0 ~ 150 mm、0 ~ 200 mm、0 ~ 300 mm 等多种规格。

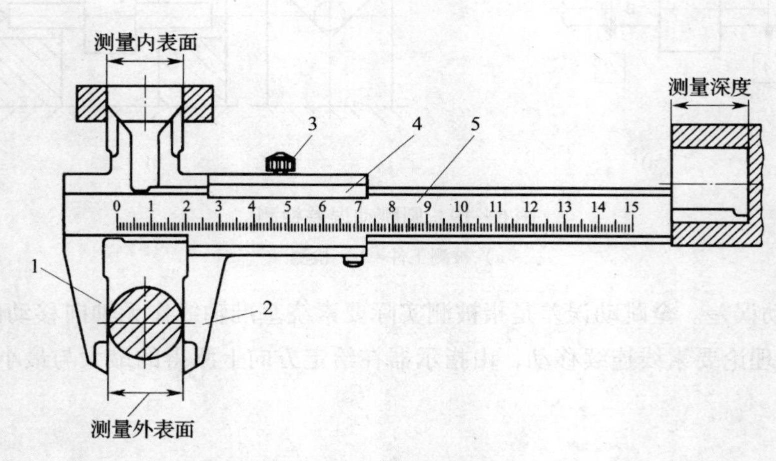

图 6—20　游标卡尺

1—固定量爪　2—活动量爪　3—止动螺钉　4—游标　5—尺身

2. 游标卡尺的读数

如图 6—20 所示为普通游标卡尺，主要由尺身和游标组成，尺身上刻有以 1 mm 为一格间距的刻度，并刻有尺寸数字，其刻度全长即为游标卡尺的规格。游标上的刻度间距为 0.02 mm 游标卡尺的读数方法如下：尺身刻线每格为 1 mm，游标总长为 49 mm，有 50 个等分刻度，即游标每格为 0.98 mm。尺身和游标每格之差为 1 - 0.98 = 0.02 mm，如图 6—21a 所示。先根据游标尺“0”线以左最近的刻度，读出整数，再在游标上读出“0”线到尺身刻度线对齐的刻度线之间的格数，将格数与 0.02 相乘得到小数，两者相加就得到测量尺寸，如图 6—21b 所示。

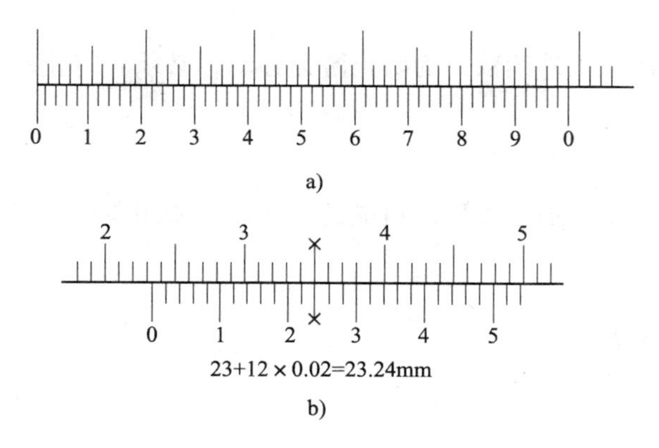

图 6—21　0. 02 mm 游标卡尺的读数

a）刻线原理　b）读数方法

二、游标卡尺的使用

1. 检查零线

使用前应首先检查量具是否在检定周期内，然后擦净卡尺，使量爪闭合，检查尺身与游标的零线是否对齐，若未对齐，送有关部门检修，应急时也可在测量后根据原始误差修正读数。

2. 放正卡尺

测量外圆直径时，尺身应垂直于轴线；测量内孔直径时，应使两爪处于直径处，如图 6—22 所示；测量深度尺寸时，应以尺身端面定位，伸出深度尺至被测表面，不得向任意方向倾斜，如图 6—23 所示。

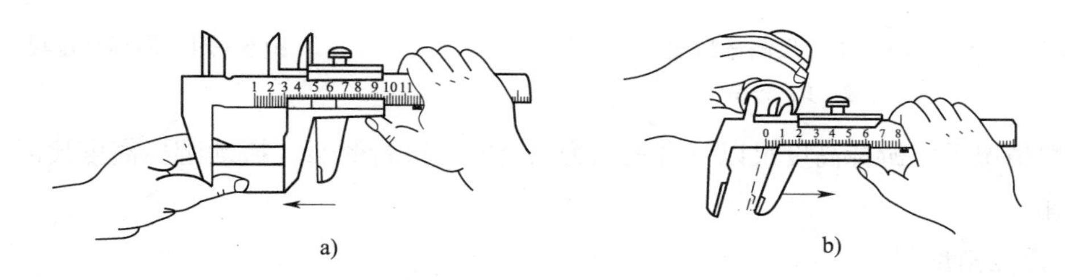

图 6—22　游标卡尺的使用

a）测外表面尺寸　b）测内表面尺寸

3. 用力适当

测量时应使量爪逐渐与工件被测表面靠近，最后达到轻微接触，不能把量爪用力抵紧工件，以免变形和磨损，影响测量精度。

4. 防止松动

需要将游标卡尺离开工件读数，为防止游标移动，必须先将止动螺钉拧紧，读数时视线应垂直于尺身。

5. 静、精测量

游标卡尺仅用于测量已加工表面，粗糙的毛坯面不能用游标卡尺测量，且不能测量正在运动的工件。

三、各类游标卡尺

1. 游标高度尺

如图 6—24 所示为专门用于测量高度的游标高度尺。游标高度尺除了用来测量零件的高度以外还可用作精密划线。这种游标卡尺的刻线原理和读数方法与普通游标卡尺一样。

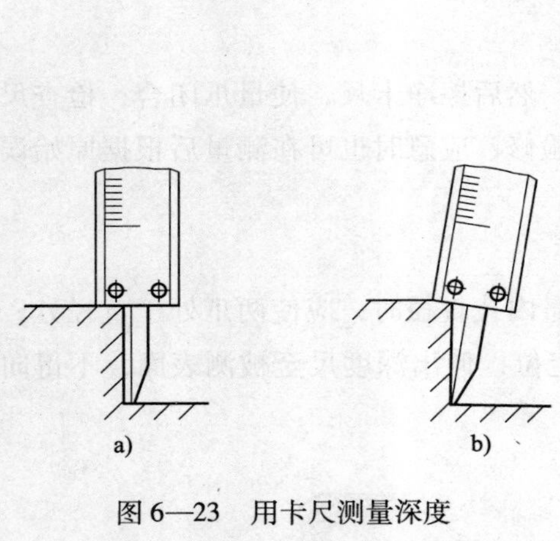

图 6—23　用卡尺测量深度

a）正确　b）错误

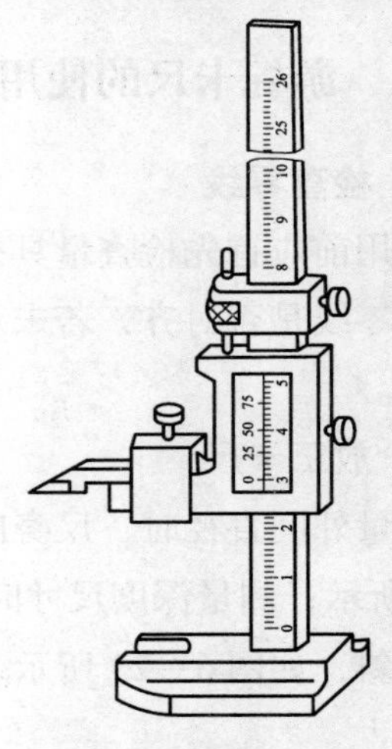

图 6—24　游标高度尺

一般情况下，游标高度尺以平台表面为测量零点进行测量。搬动游标高度尺时，应握持其底座。

2. 万能角度尺

万能角度尺的结构如图 6—25 所示。万能角度尺的测量范围有 0 ~ 320°（Ⅰ型）和 0 ~ 360°（Ⅱ型）两种规格，游标读数值都分为 2′和 5′。万能角度尺的读数方法与普通游标卡尺类似，如图 6—26 所示，其读数为 69°42′。

万能角度尺测量时应先校准零位，万能角度尺的零位，是当角尺与直尺均装上，而角尺的底边及基尺与直尺无间隙接触，此时主尺与游标的“0”线对准。调整好零位后，通

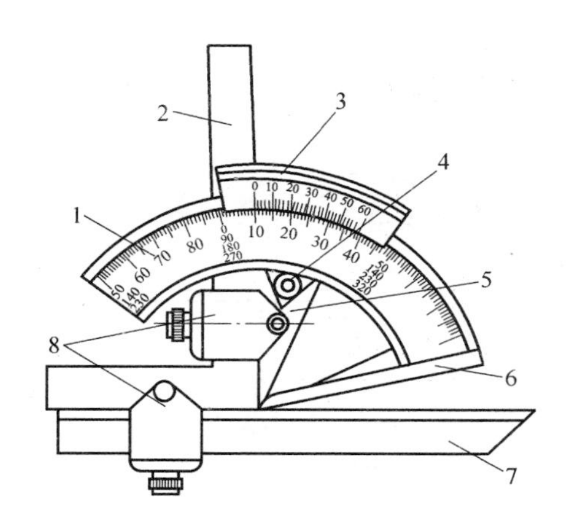

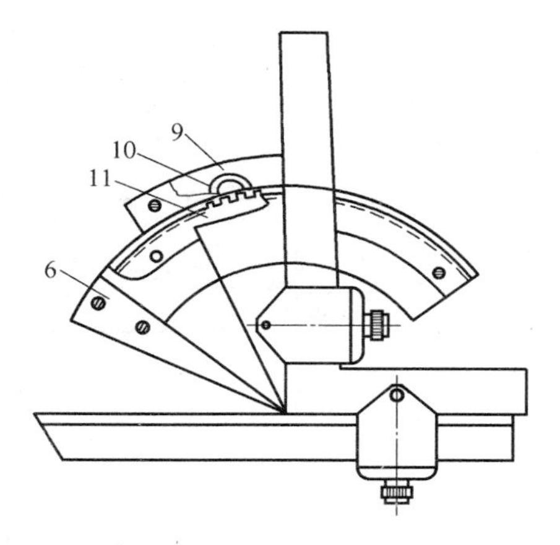

图 6—25　万能角度尺的结构

1—尺身　2—角尺　3—游标　4—制动器　5—扇形板　6—基尺

7—直尺　8—夹块　9—捏手　10—小齿轮　11—扇形齿轮

过改变基尺、角尺、直尺的相互位置可测量 0～320°范围内的任意角。

（1）测量 0～50°之间角度。角尺和直尺全都装上，产品的被测部位放在基尺各直尺的测量面之间进行测量，如图 6—27a 所示。

图 6—26　万能角度尺的读数示例

（2）测量 50°～140°之间角度。可把角尺卸掉，把直尺装上去，使它与扇形板连在一起。工件的被测部位放在基尺和直尺的测量面之间进行测量，如图 6—27b 所示。

（3）测量 140°～230°之间角度。把直尺和卡块卸掉，只装角尺，但要把角尺推上去，直到角尺短边与长边的交线和基尺的尖棱对齐为止。把工件的被测部位放在基尺和角尺短边的测量面之间进行测量，如图 6—27c 所示。

（4）测量 230°～320°之间角度。把角尺、直尺和卡块全部卸掉，只留下扇形板和主尺（带基尺）。把产品的被测部位放在基尺和扇形板测量面之间进行测量，如图 6—27d所示。

3. 游标深度尺

如图 6—28 所示是专门用于测量深度的游标深度尺。游标深度尺主要用于测量阶梯形、盲孔、曲槽等工件的深度。这种游标卡尺的刻线原理和读数方法与普通游标卡尺一样。

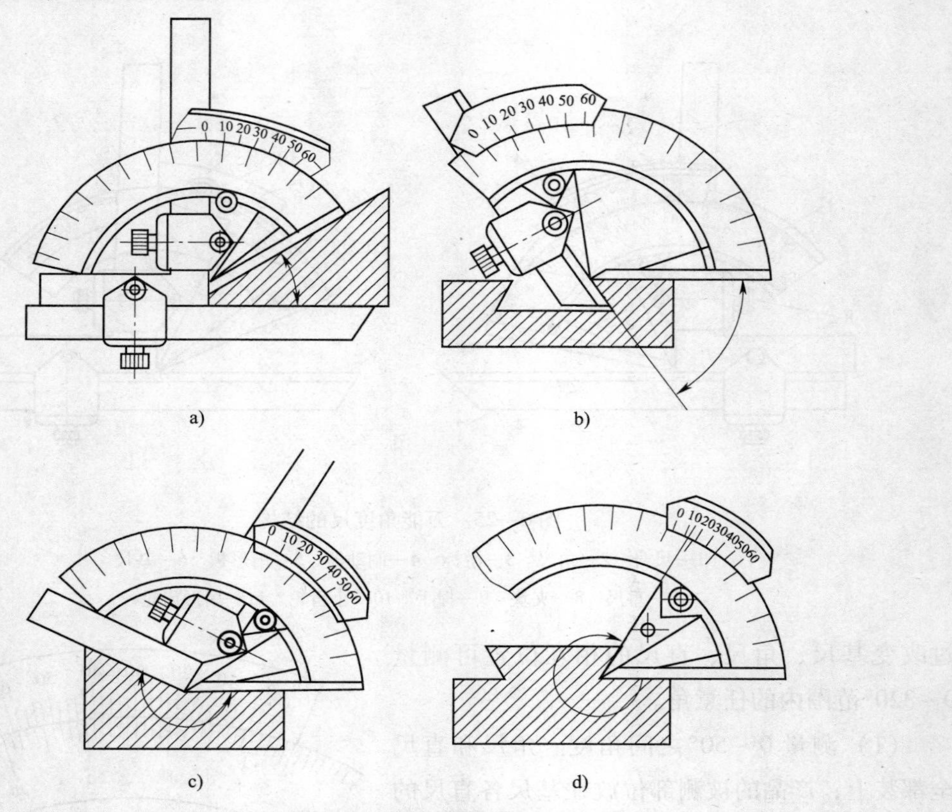

图 6—27　万能角度尺的测量方法

a）测量 0 ~ 50°　b）测量 50° ~ 140°　c）测量 140° ~ 230°　d）测量 230° ~ 320°

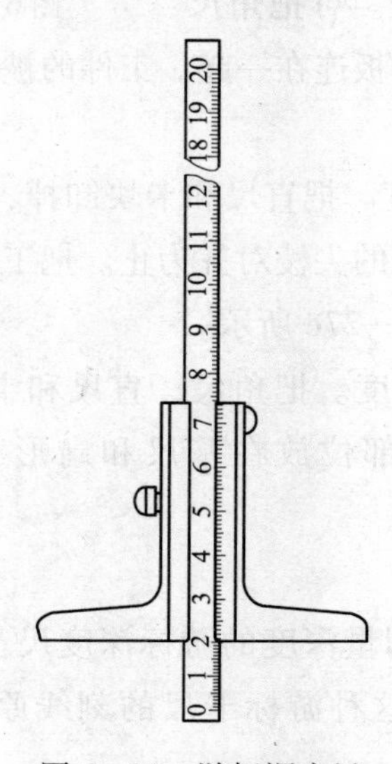

图 6—28　游标深度尺

学习单元2 千分尺

学习目标

➤ 能够熟练使用外径千分尺和内径千分尺

知识要求

一、千分尺的结构与读数

1. 千分尺的结构

千分尺是一种比游标卡尺更精密的量具，测量精度为0.01 mm，测量范围有0～25 mm、25～50 mm、50～75 mm等规格。常用的有外径千分尺、内径千分尺和深度千分尺，如图6—29、图6—30所示。

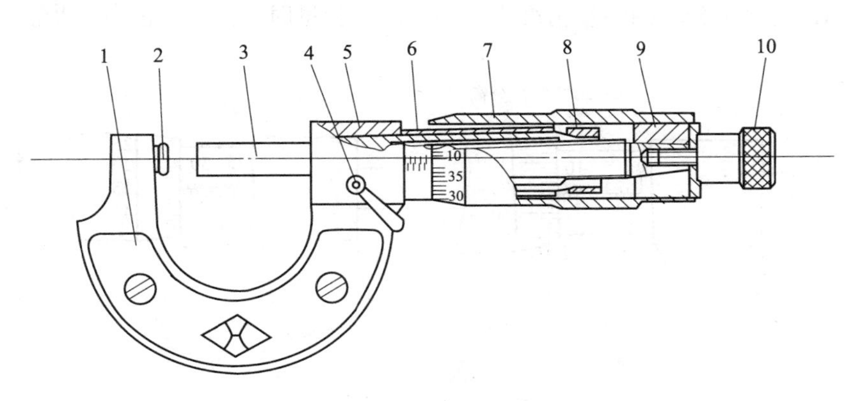

图6—29 外径千分尺

1—尺架 2—砧座 3—测微螺杆 4—锁紧装置 5—螺纹轴套 6—固定套管 7—微分筒 8—螺母 9—接头 10—棘轮（测力装置）

外径千分尺的构造如图6—29所示。千分尺弓形架的左端装有固定砧座2，右端的测微螺杆3和微分筒7连在一起，当转动微分筒时，测微螺杆和微分筒一起沿轴向移动。内部的测力装置是使测微螺杆与被测工件接触时保持恒定的测量力，以便测出正确尺寸。当转动测力装置时，千分尺两测量面接触工件，超出一定的压力时，棘轮10沿着内部棘轮

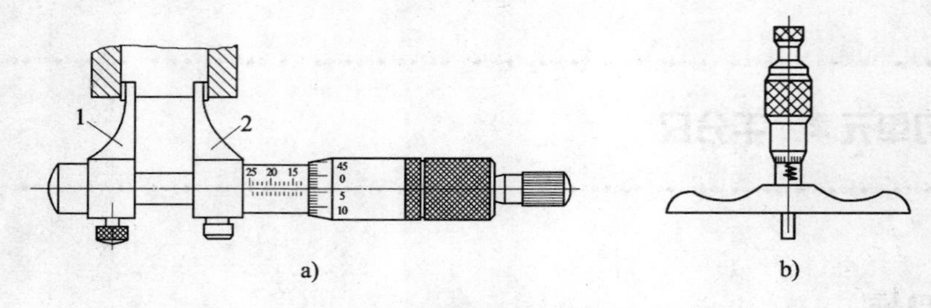

图 6—30　内径千分尺与深度千分尺

1—固定量爪　2—活动量爪

a）内径千分尺　b）深度千分尺

的斜面滑动，发出“嗒嗒”的响声，这时就可读出工件尺寸。测量时为防止尺寸变动，可转动锁紧装置 4 通过偏心锁紧测微螺杆 3。

2. 千分尺的读数

千分尺的读数机构由固定套管和微分筒组成，如图 6—31 所示，固定套管在轴线方向上有一条中线（基准线），中线上、下方有两排刻线，相互错开 0.5 mm 形成主尺；在微分筒左端锥形圆周上有 50 等分的刻度线，形成副尺。因测微螺杆的螺距（导程）为 0.5 mm，即测微螺杆转一周，同时轴向移动 0.5 mm，故微分筒上每一小格的读数为 0.5/50 = 0.01 mm，所以千分尺的测量精度为 0.01 mm。测量时，读数方法分 3 步。

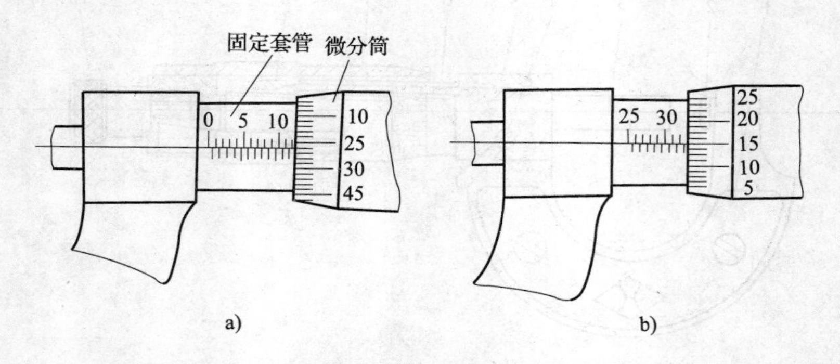

图 6—31　千分尺的刻线原理与读数方法

a）读数 =（12 + 0.24）= 12.24 mm　b）读数 =（32.5 + 0.15）= 32.65 mm

（1）先读出固定套管上露出刻线的 0.5 整数倍读数，注意看清露出的是上方刻线还是下方刻线，以免错读 0.5 mm。

（2）读出与固定套管轴向刻度中线重合的微分套筒周向刻度数值，将刻线数乘以 0.01 mm，即为小数部分的数值。

（3）上述两部分相加，即为被测工件的尺寸。

二、千分尺的使用

1. 外径千分尺的使用

用外径千分尺测量工件的方法如图 6—32 所示。

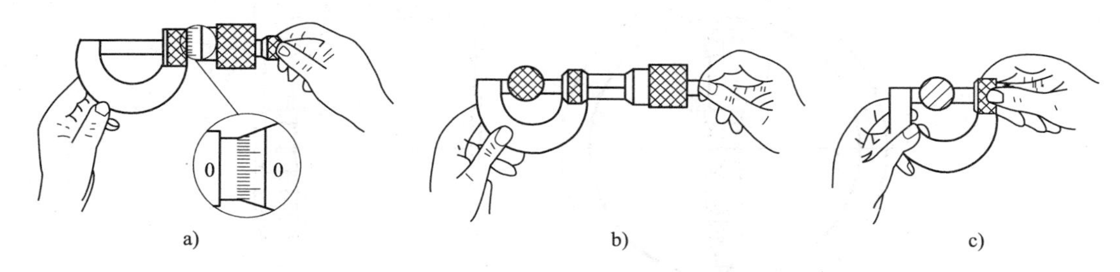

图 6—32　用千分尺测量工件的步骤

a）验零点　b）测量　c）锁紧

（1）校对零点。千分尺在使用前，一般要校对零位，对于测量范围为 0 ~ 25 mm 的千分尺，在校对零位时，应使两测量面（砧座与测微螺杆）轻轻缓慢接触，看圆周刻度零线是否与轴向中线对齐，且微分筒左侧零边与尺身的零线重合，如图 6—32a 所示。如有误差，应用专用扳手予以校正。对于测量范围大于 25 mm 的千分尺，一般应附有校对量杆。

（2）擦净测量面。测量前应将工件测量表面擦净，以免影响测量精度和弄脏千分尺。

（3）不偏不斜。测量时应使千分尺的砧座与测微螺杆两测量面准确放在被测工件的直径处，不能偏斜。

（4）合理操作。手握尺架，先转动微分筒，当测微螺杆快要接触工件时，必须使用端部棘轮，严禁再拧微分筒。当棘轮发出“嗒嗒”声时应停止转动，如图 6—32b 所示。

（5）正确读数。待棘轮停止转动后，即可读数。如直接读数有困难时，必须用锁紧装置将测微螺杆锁紧后，方可把千分尺取下，再进行读数，如图 6—32c 所示。

（6）静态测量。不要在工件转动或加工中测量，要在静态下测量，也不要将千分尺当作卡规使用，以免测量面过早磨损。

外径千分尺对零时如零位不准且没有校正时，也可采用将读数结果修正的办法。例如，对零时的读数为“ -0.01”，则当测量工件的读数为 49.95 时，工件的实际尺寸应为 49.96。

2. 内径千分尺的使用

当孔径在 $\phi5 \sim \phi30$ mm 范围内时，可用图 6—30a 所示的内径千分尺测量，它的两个测量爪的测量面形状都是圆弧面，这种千分尺只能测孔径外端部分。

内径千分尺测大于 $\phi30$ mm 的孔径时，应用图 6—33 所示的内径千分尺。使用前先用外径千分尺校准零位，测量时要使千分尺在孔内作径向和轴向反复摆动，如图 6—33 所示，即径向摆动找出最大尺寸，轴向摆动找出最小尺寸，其重合尺寸就是孔径的实际尺寸。内径千分尺的分度值一般为0.01 mm。

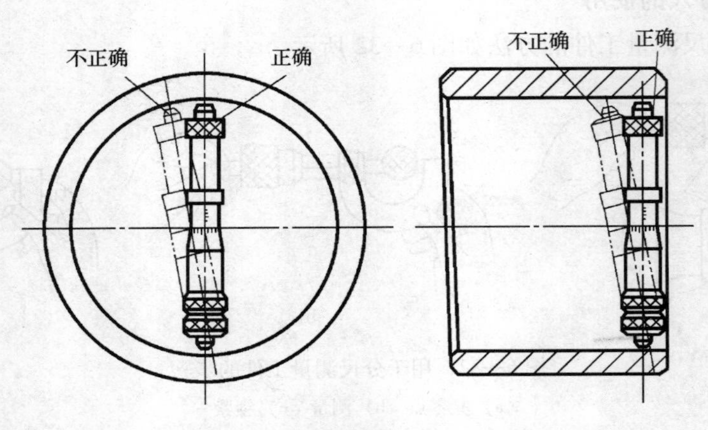

图6—33　大直径内径千分尺的使用

学习单元3　百分表

学习目标

➢ 能够熟练使用百分表、杠杆表、内径量表

知识要求

一、百分表的结构与读数

百分表是一种精度较高的指示式量具，用于比较测量。它只能读出相对数值，不能测出绝对数值。主要用来检验零件的形状误差和位置误差，也常用于工件装夹时的精密找正。

百分表的分度值（刻度值）一般为0.01 mm，分度值为0.001 mm的叫千分表。

钟面式百分表的结构原理如图6—34所示。当测量杆1向上或向下移动1 mm时，通过齿轮传动系统带动大指针5转一圈，小指针7转一格。刻度盘在圆周上有100个等分格，大指针（长针）每格读数值为0.01 mm，小指针每格读数为1 mm。测量时指针读数的变动量即为尺寸变化值。小指针处的刻度范围为百分表的测量范围，其测量范围一般有0～3 mm、0～5 mm、0～10 mm几种。

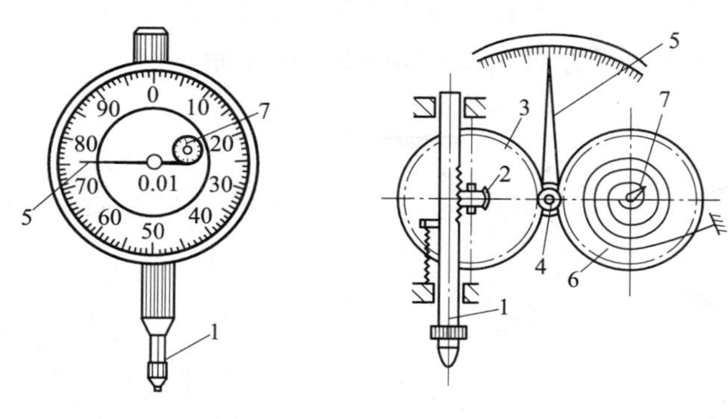

图 6—34　钟面式百分表的结构

1—测量杆　2、4—小齿轮　3、6—大齿轮　5—大指针　7—小指针

二、百分表的使用

1. 钟面式百分表的固定

钟面式百分表使用前要检查各部分的相互作用，表圈和表体的配合应无明显松动。测杆的移动及指针回转应平稳、灵活，不得有跳动、卡住和阻滞现象。指针应牢固地紧固在轴上，测杆移动时不得松动。

百分表应固定在可靠的表架上，如图 6—35 所示。与装夹套筒紧固时，夹紧力不宜过大，以免使装夹套筒变形，卡住测杆。夹紧后，应检查测杆移动是否灵活，不可再转动百分表体。

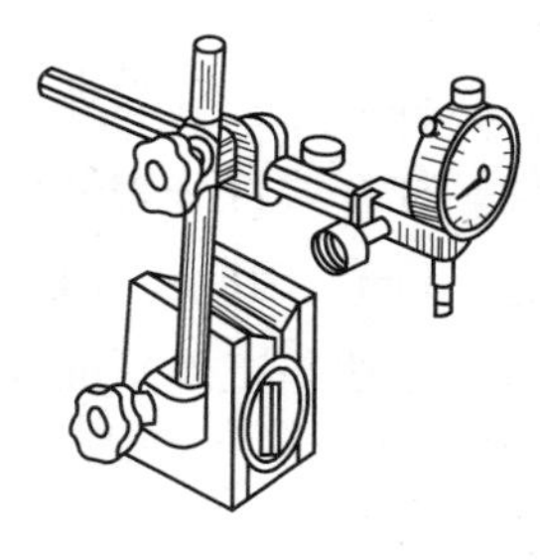

图 6—35　百分表固定表架（磁性表架）

2. 钟面式百分表的使用

百分表的应用如图 6—36 所示。测量时应使百分表测杆与被测表面垂直，如图 6—37 所示。这是因为当测杆与被测表面垂直时，测杆的移动量与被测表面的变动量相同；而当

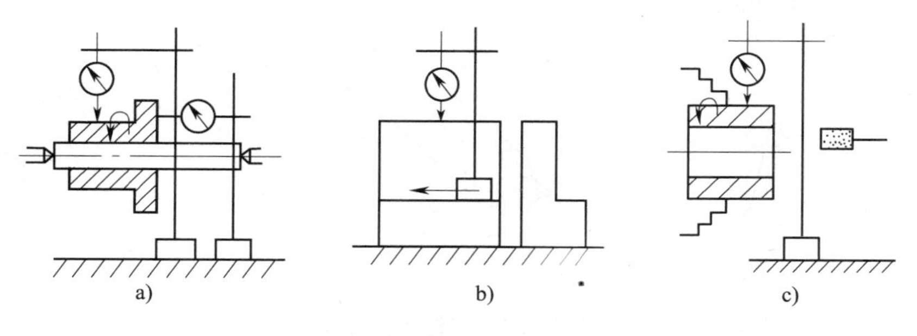

图 6—36　百分表的应用举例

a）测量工件端面、径向跳动　b）测量平行度　c）工件安装找正

测杆与被测表面不垂直时，测杆的移动量大于被测表面的变动量。在测量圆柱形工件时，测杆轴线应与圆柱形工件直径方向一致，如图 6—38 所示。

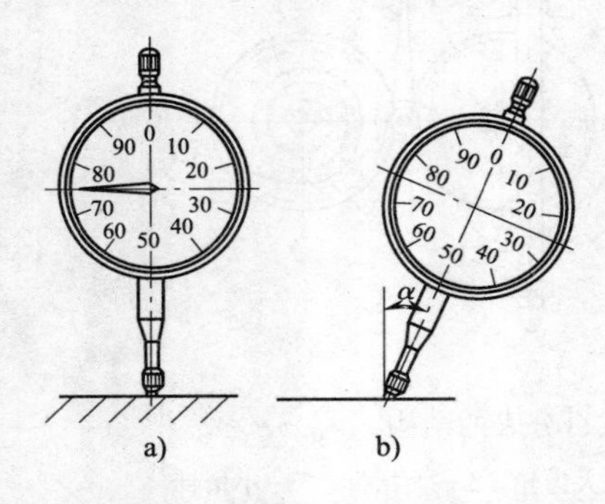

图 6—37　百分表测量杆的位置

a）正确　b）错误

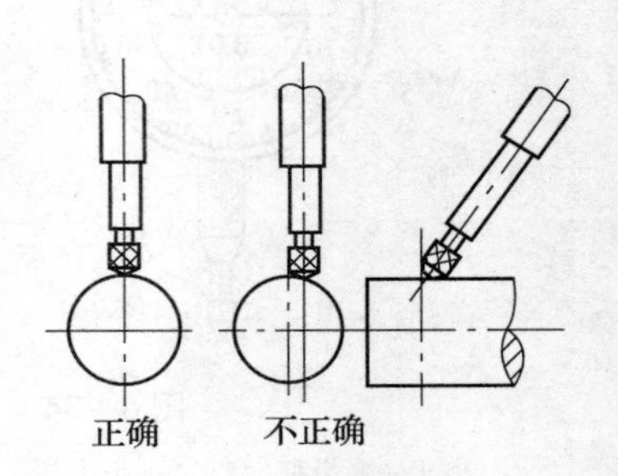

图 6—38　测量圆柱形工件

三、杠杆式百分表的使用

除钟面式百分表外，还有杠杆式百分表，如图 6—39 所示，它的测量头具有更大的灵活性。杠杆式百分表的分度值为 0.01 mm，测量范围一般为 0 ~ 0.8 mm。由于测量范围不超过 1 mm，因此指针最多能转一圈，所以没有转数指示盘。用杠杆式百分表测量工件时，测量杆轴线与工件平面要平行，其测杆能在正反方向上进行工作。

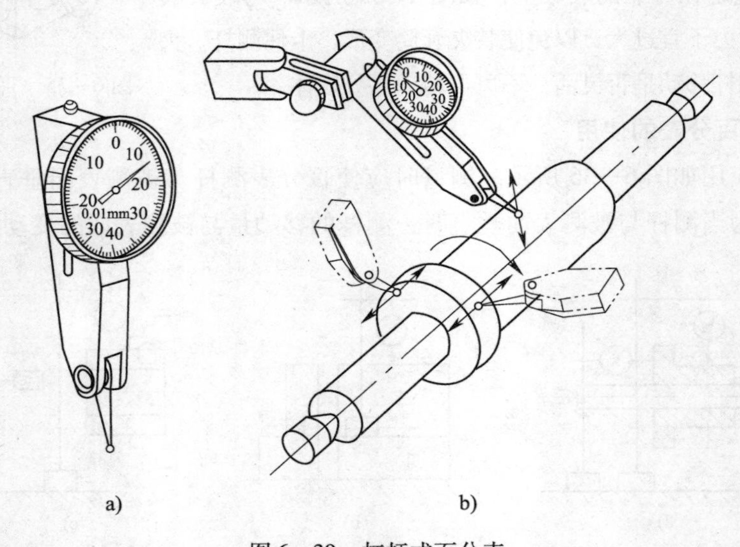

图 6—39　杠杆式百分表

a）结构　b）测量径向和端面跳动的方法

四、内径百分表的使用

内径百分表是内量杠杆式测量架和百分表的组合，用以测量或检验零件的内孔、深孔直径及其形状精度。

1. 内径百分表的结构

内径百分表如图 6—40a 所示，是百分表的一种，用来测量精度要求较高且较深的孔径及其形状精度，测量精度为 0.01 mm。内径百分表配有成套的可换测量测头及配件，供测量不同孔径时选用。测量范围有 6 ~ 10 mm、10 ~ 18 mm、18 ~ 35 mm 等多种。百分表装在接管上并固定，由于内径百分表传动机构的传动比为 1，因此测头所移动的距离与百分表的示值相等。

2. 使用要点

使用时，必须先进行组合和校正零位，并注意如下事项。

（1）组合时，将百分表装入接管并锁紧，按测量孔径大小调整好测头。

（2）校正零位，按孔径（极限尺寸）用外径千分尺或标准环规将表对至零位。

（3）测量时，必须左右摆动百分表，找到轴向平面的最小尺寸就是孔径的实际尺寸，这样能保证百分表接管与被测孔轴线在重合位置，从而保证可换测头与孔壁垂直，最终保证测量的准确性，如图 6—40b 所示。

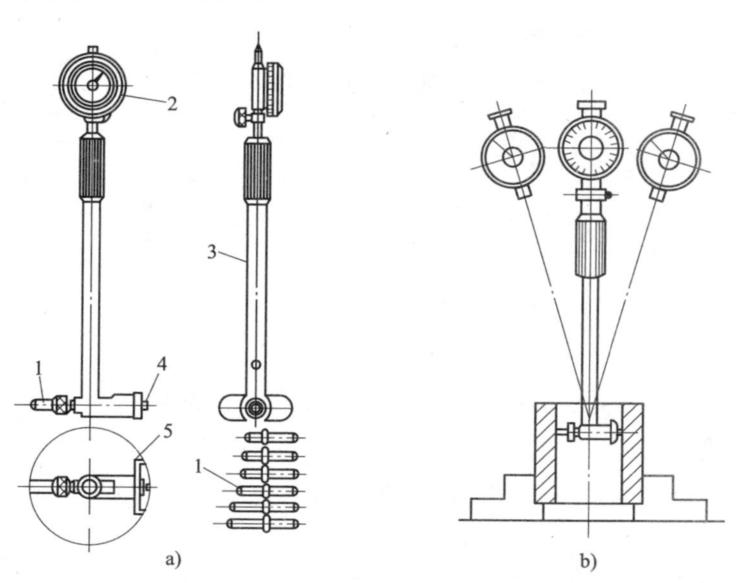

图 6—40　内径百分表

a）结构　b）测量

1—可换测头　2—百分表　3—接管　4—活动量杆　5—定心桥

学习单元 4　其他量具与量具保养

学习目标

➤ 能够使用有关专用量具、万能工具显微镜、表面粗糙度测量仪

知识要求

数控铣床上加工零件时还经常用到的量具有塞尺、刀口形直尺、90°角尺等，以及一些专用量具如塞规与卡规、万能工具显微镜、表面粗糙度测量仪等。还有根据客户的特殊要求而设计生产的量具属于专用量具，如内外沟槽卡尺。

一、塞尺

塞尺是用其厚度来测量间隙大小的薄片量尺，如图 6—41 所示。它是一组厚度不等的薄钢片，钢片的厚度为 0.01 ~ 1 mm，印在每片钢片上。使用时根据被测间隙的大小选择厚度接近的钢片（可以用几片组合）插入被测间隙，能塞入钢片的最大厚度即为被测间隙。

使用塞尺时必须擦净尺面和工件，组合成某一厚度时选用的塞尺片数越少越好。另外，塞尺插入间隙不能用力太大，以免折弯尺片。

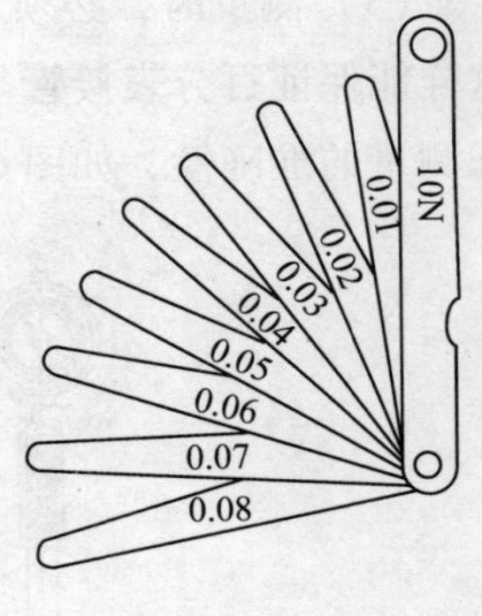

图 6—41　塞尺

二、刀口角尺

刀口角尺是用光隙法检验直线度和平面度的量尺（见图 6—42），测量时把刀口角尺与被测量表面贴合，如果工件的表面不平，则刀口角尺与工件表面间有间隙存在。根据光隙可以判断误差状况，也可用塞尺检验缝隙的大小。

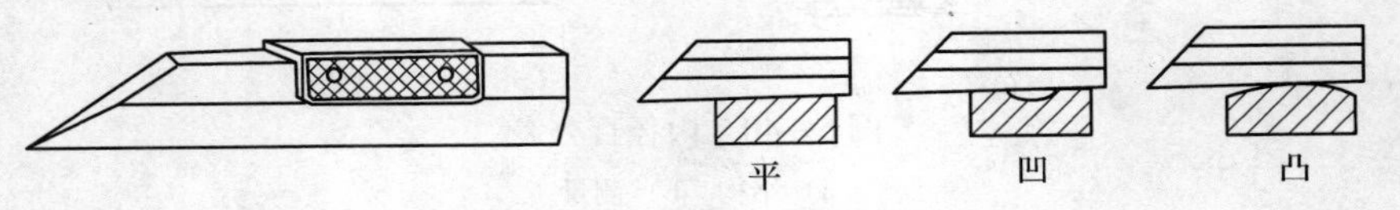

图 6—42　刀口角尺及其应用

三、90°角尺

90°角尺的两边成准确 90°，是用来检验直线度或垂直度的非直线量尺。使用时将其一边与工件的基准面贴合，使其另一边与工件的另一表面接触，根据光隙可以判断误差状况，也可用塞尺测量其缝隙大小，如图 6—43 所示。90°角尺也可用来保证划线垂直度。

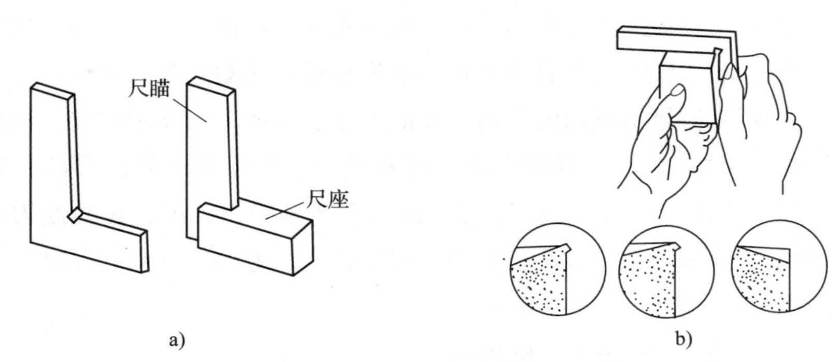

图 6—43　90°角尺及其应用

a）90°角尺　b）90°角尺的使用

四、塞规与卡规

塞规与卡规属于间接量具，如图 6—44 所示，通称为量规。

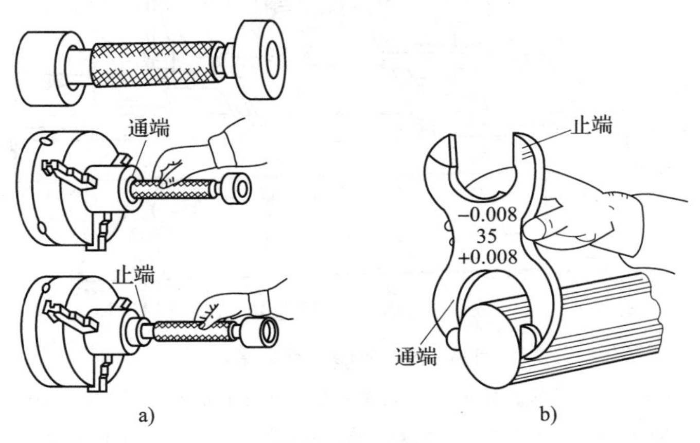

图 6—44　量规

a）塞规及其使用　b）卡规及其使用

塞规是用来测量孔径或槽宽的专用量具，如图 6—44a 所示。它的一端长度较短，而直径等于工件尺寸的最大极限尺寸，称为“止端”；另一端较长，而直径等于工件尺寸的最小极限尺寸，称为“通端”。测量时当“通端”能通过，“止端”进不去，说明尺寸合格；否则为不合格。小于 5 mm 的孔径可以用光滑塞规来测量。

卡规是用来测量外径或厚度的专用量具，如图 6—44b 所示。它与塞规类似，但“通端”为工件尺寸的最大极限尺寸，“止端”为工件尺寸的最小极限尺寸。

五、万能工具显微镜

万能工具显微镜是机械制造中使用较为广泛的光学测量仪器，是一种高精度的二次元坐标测量仪，以影像法和轴切法按直角坐标与极坐标精确地测量各种零件。它是一种多用途计量仪器。可以用来测量量程内的任何零件的尺寸、形状、角度和位置。典型测量对象有：测量各种成型零件如样板、样板车刀、样板铣刀、冲模和凸轮的形状；测量外螺纹（螺纹塞规、丝杆和蜗杆等）的中径、小径、螺距、牙型半角；测量齿轮滚刀的导程、齿形和牙型角；测量电路板、钻模或孔板上的孔的位置度，键槽的对称度等形位误差。

1. 结构形式

万能工具显微镜的结构如图 6—45 所示。

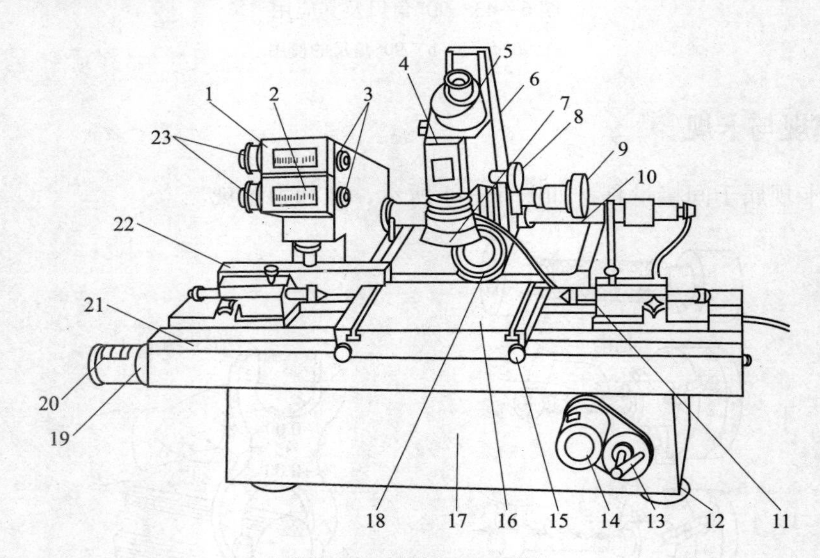

图 6—45　万能工具显微镜

1—x 方向读数器　2—y 方向读数器　3—归零手轮　4—瞄准显微镜　5—双向目镜　6—立柱　7—反射照明器　8—调焦距手轮　9—调立臂倾斜角度手轮　10—y 方向滑台　11—顶尖　12—底角螺钉（调仪器水平）　13—制动手柄　14—y 滑台微动手轮　15—玻璃工作台固定螺钉　16—玻璃工作台　17—底座　18—光栏调整装置　19—x 滑台制动手轮　20—x 滑台微动装置　21—x 方向滑台　22—x 滑台分划尺　23—读数鼓轮

2. 测量方法简介

（1）测量前的准备工作。根据被测件的特征，选用适当的附件安装在仪器上；接通电源；调节照明灯的位置；选择并调节可变光栏；工件经擦拭后安装在仪器上；调焦距。

（2）长度测量方法。测量如图 6—46 所示零件的长度 L。使用附件有玻璃工作台、物镜和测角目镜。

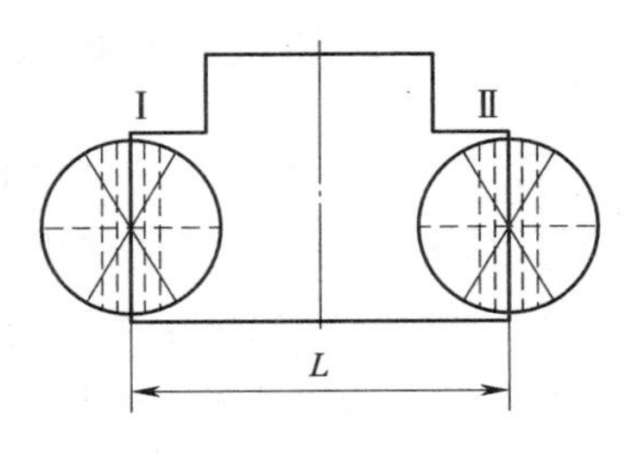

图 6—46　测量实例

1）将测角目镜中角度示值调至 0°0′，工件放在玻璃工作台上，并观察目镜使被测部位与米字线中间的线大致方向相同。

2）用两个螺钉进行微调，当米字线中间的线瞄准工件第Ⅰ边后，从 x 方向读数器读数，然后移动 x 滑台，将同一条米字线瞄准工件的第Ⅱ边并读数。

3）两次读数差为测量值。

六、表面粗糙度测量仪

表面粗糙度测量仪从测量原理上主要分为两大类：接触式和非接触式。接触式粗糙度测量仪主要是主机和传感器的形式；非接触式粗糙度测量仪主要是光学原理，例如，激光表面粗糙度测量仪。光切法和干涉法检测表面粗糙度的方法主要用来测量表面粗糙度的 R_z 参数。电感式轮廓粗糙度测量仪主要用来测量表面粗糙度的 R_a 参数，在计量室和生产现场都被广泛应用。

接触式表面粗糙度测量仪是利用触针直接在被测件表面上轻轻划过，从而测出表面粗糙度评定参数 R_a 值，也可通过记录器自动描绘轮廓图形进行数据处理，得到微观不平度十点高度 R_z 值。接触式表面粗糙度测量仪的结构如图 6—47 所示。

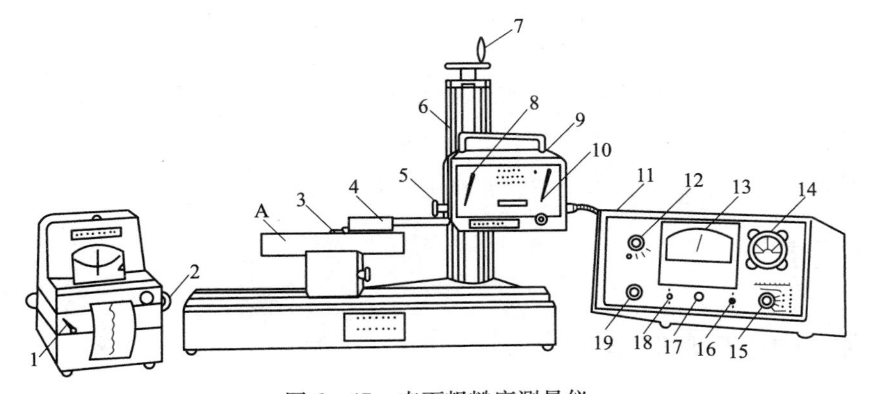

图 6—47　表面粗糙度测量仪

A—被测工件　1—记录器开关　2—变速手柄　3—触针　4—传感器　5—螺钉　6—立柱　7—手轮　8—启动手柄　9—驱动箱　10—变速手柄　11—电器箱　12、15—旋钮　13—平均表　14—指零表　16—电源开关　17—指示灯　18—选择开关　19—调零旋钮

七、量具的维护与保养

量具是用来测量工件尺寸的工具，在使用过程中应精心地维护与保养，才能保证零件的测量精度，延长量具的使用寿命。因此，必须做到以下几点。

1. 在使用前应擦干净，用完后必须拭洗干净，涂油并放入专用量具盒内。

2. 不能随便乱放、乱扔，应放在规定的地方，更不能将量具当工具使用。

3. 不能用精密量具去测量毛坯尺寸、运动着的工件或温度过高的工件，测量时用力适当，不能过猛、过大。

4. 量具如有问题，不能私自拆卸修理，应交工具室或实习老师处理。精密量具必须定期送计量部门鉴定。

第 3 节　加工中心的日常维护与设备管理

学习单元 1　数控加工中心的日常维护

学习目标

- 掌握数控加工中心日常保养方法
- 掌握数控加工中心操作规程、机床故障诊断方法
- 掌握数控系统的报警信息
- 掌握数控加工中心超程的处理、系统电池的更换

知识要求

一、加工中心日常保养

任何数控加工中心使用寿命的长短和效率的高低，不仅取决于机床的精度和性能，很大程度上也取决于它的正确使用与维护。要有科学的管理，有计划、有目的地制定相应的规章制度。发现的故障隐患应及时加以清除，避免停机待修，从而延长平均无故障工作时

间，增加机床的开动率。数控加工中心维护保养从时间上来看，分为点检与日常维护。所谓点检，就是按有关维护文件的规定，对数控机床进行定点、定时的检查和维护。主要的维护和保养工作见表6—3。

表6—3　　数控加工中心维护与保养的主要内容

序号	检查周期	检查部位	检查要求
1	每天	导轨润滑油箱	检查油标、油量，及时添加润滑油，润滑泵能定时启动打油及停止
2	每天	X、Y、Z轴向导轨面	清除切屑及脏物、用软布擦净。检查润滑油是否充分，导轨面有无划伤损坏
3	每天	压缩空气气源压力	检查气动控制系统压力，应在正常范围
4	每天	气源自动分水滤气器、自动空气干燥器	及时清理分水器中滤出的水分，保证自动空气干燥器工作正常
5	每天	主轴润滑恒温油箱	工作正常，油量充足并调节温度范围
6	每天	机床液压系统	油箱、液压泵无异常噪声，压力表指示正常，管路及各接头无泄漏，工作油面高度正常
7	每天	液压平衡系统	平衡压力指示正常，快速移动时平衡阀工作正常
8	每天	CNC的输入/输出单元	如传输电缆连接正常，按键清洁
9	每天	各种电气柜散热通风装置	各电气柜冷却风扇工作正常，风道过滤网无堵塞
10	每天	各种防护装置	导轨、机床防护罩等应无松动、漏水
11	每半年	滚珠丝杠	清洗丝杠上旧的润滑脂，涂上新油脂
12	每半年	液压油路	清洗溢流阀、减压阀、滤油器，清洗油箱箱底，更换或过滤液压油
13	每半年	主轴润滑恒温油箱	清洗过滤器，更换润滑脂
14	每年	检查并更换直流伺服电动机炭刷	检查换向器表面，吹净炭粉，去除毛刺，更换长度过短的电刷，并应校核后才能使用
15	每年	润滑液压泵，滤油器清洗	清理润滑油池底，更换滤油器
16	不定期	检查各轴导轨上镶条、压滚轮松紧状态	按机床说明书调整
17	不定期	冷却水箱	检查液面高度，切削液太脏时需更换并清理水箱底部，经常清洗过滤器
18	不定期	排屑器	经常清理切屑，检查有无卡住等
19	不定期	清理废油池	及时取走滤油池中废油，以免外溢
20	不定期	调整主轴驱动带松紧	按机床说明书调整

二、加工中心一般操作规程

1. 熟悉机床有关资料。如：主要技术参数、主要结构及润滑部位等。

2. 开机前应进行全面细致的检查，包括检查油位高低和油路是否通畅，以及机床各部位是否正常等，并关闭电气控制柜门，确认机床一切无误后方可开机。

3. 机床通电后，检查各开关、按钮和键是否正常、灵活，机床有无异常现象。

4. 检查电压、气压、油压是否正常，有手动润滑的部位先要进行手动润滑。

5. 各坐标轴手动回零（参考点），若某轴在回零前已在零位（参考点）或接近零位，必须先将该轴移动离零点（参考点）一段距离后，再手动回零。

6. 机床空运转 15 min 以上，使机床达到热平衡状态。

7. 程序输入后，应认真核对，保证无误。

8. 按工艺规程安装找正夹具，正确确定工件坐标系，并对所得结果进行验证和验算。

9. 刀具补偿值（长度、半径）输入后，要对刀补号、补偿值、正负号、小数点进行认真核对。

10. 未装工件以前，空运行程序，观察能否顺利执行，注意刀具长度选取和夹具安装是否合理，有无超程现象。

11. 装夹工件，注意螺钉压板是否妨碍刀具运动，检查零件毛坯和尺寸超长现象。

12. 手摇进给和手动连续进给时，必须检查各开关所选位置是否正确，弄清正负方向，认准按键，然后再进行操作。

13. 机床运行未完全停止前，禁止用手碰任何转动部件，禁止拆卸零件或更换工件。

14. 操作完成，清扫机床，将各坐标轴停在中间位置。

三、加工中心故障诊断

数控加工中心的故障种类很多，有与机械、液压、气动、电气、数控系统等部件有关的故障，产生的原因也比较复杂。诊断故障需要有非常丰富的数控机床知识和操作维修经验。但有些常见的故障，操作人员也可作出初步判断，从而将有关信息提供给机床维修人员。如数控加工中心加工时显示器无显示，但机床能够动作，故障原因可能出自于显示部分。另外，现代数控机床的数控系统都有很强的自诊断功能，只要数控系统不断电，其在线诊断功能就一直进行而不停止。数控系统一旦发生故障，借助系统的自诊断功能，往往可以迅速、准确地查明原因并确定故障部位。

数控加工中心使用中最常见的操作故障如下。

1. 数控加工中心防护门未关好导致机床不能运转。

2. 数控加工中心开机后未回机床参考点，报警后或断电后没有重新回参考点。

3. 回参考点时刀具离参考点太近或回参考点速度太快导致超程报警。

4. 更换刀具位置离工件太近。

5. 机床被锁定导致工作台不动。

6. 工件或刀具没有被夹紧。

7. 机床处于报警状态。

根据发生故障时机床的工作状态和故障表现，操作人员可以先行诊断是否属于操作故障从而排除故障。例如，程序执行时显示器有位置显示变化而机床不动，应首先检查机床是否处于机床锁住状态；系统正在执行当前程序段 N 时，已经预读处理了 N +1、N +2、N +3 程序段，现发生程序段格式出错报警，这时应重点检查程序段 N +2 和 N +3。

四、数控系统的报警信息

现代的数控系统已经具备了较强的自诊断功能，能随时监视数控系统的硬件、软件的工作状况。一旦发现异常，立即在 CRT（显示器）上显示报警信息指示出故障的大致起因。自诊断显示故障分为硬件报警显示和软件报警显示两种。

1. 硬件报警显示的故障

数控系统的硬件报警显示是通过各单元装置上的警示灯或数码管报警显示的。如在 NC 主板上、各轴控制板上、电源单元、主轴伺服驱动模块、各轴伺服驱动单元等部件上均有发光二极管或多段数码管，通过指示灯的亮与灭，数码管的显示状态（如数字编号、符号等）来为维修人员指示故障所在位置及其类型。

2. 软件报警显示的故障

软件报警显示通常是指数控系统显示器上显示出的报警号和报警信息。软件报警又可分为 NC 报警和 PLC 报警，前者为数控部分的故障报警，可通过报警号，在《数控系统维修手册》上找到原因与处理方法；后者的 PLC 报警大多属于机床侧的故障报警，可根据 PLC 用户程序确诊故障。

软件报警显示还能将故障分类报警。如误操作报警；有关伺服系统报警；设定错误报警；各种行程开关报警等。根据报警信息，操作人员当场就能查明故障原因并排除。故障排除后，应按一下系统面板上的“RESET”键消除软件报警信息显示，使系统恢复正常。

数控系统的故障除了有诊断显示的故障以外，还有无诊断显示的故障，这类故障分析诊断难度较大。

3. 数控机床超程的处理

数控机床各坐标轴终端设有极限开关，由极限开关设置的行程极限位置叫做硬极限。

当移动部件走到极限位置会使行程开关动作，此信号传到系统中会出现超程报警。

通过数控系统的内部参数来设定机床行程极限，叫做软极限。软极限通常在硬极限范围以内并接近硬极限位置，当移动部件走到软极限位置时就产生超程报警。机床软行程范围可以由操作人员通过机床参数重新设置或由 G 代码设定，通常设为某范围之内或某范围之外或某两范围之间，比机床硬行程稍短，以进一步限制机床各轴的行程范围。

数控加工中心实际操作中，经常由于操作人员的原因，如加工程序坐标值错误、工件坐标系设置错误、刀具参数错误、手动回零操作或手摇各轴方法不当等造成机床发生超程报警。发生超程报警后，可以按“超程释放”或复位按钮，手动方式操作机床向反方向运动，离开超程位置，然后按“RESET”键解除超程报警，使系统恢复正常。

五、系统电池的更换

通常，数控系统存储参数用的存储器采用 CMOS 器件，其存储的内容在数控系统断电期间靠支持电池供电保持。一般采用锂电池或可充的镍镉电池。当电池电压下降至一定值就会造成机床参数丢失。因此，要定期检查电池电压，当该电压下降至限定值或出现电池电压报警时，应及时更换电池。在一般情况下，即使系统电池尚未消耗完，也应每年更换一次，以确保系统能正常工作。

系统电池的更换应在 CNC 系统通电状态下进行，这样才不会造成存储参数丢失。一旦参数丢失，在调换新电池后，可重新将参数输入。

学习单元 2　加工中心水平精度的调整

学习目标

➢ 掌握数控铣床水平安装精度调整时水平仪的使用方法和机床垫铁的调整方法

知识要求

一、水平仪的使用

水平仪是用于检查各种机床及其他机械设备导轨的直线度、平行度以及水平位置和垂直位置的仪器，是机床制造、安装和修理中最基本的一种检验工具。

水平仪有条形、框式等几种，如图 6—48 所示。其中封闭的玻璃管内装有乙醚或酒精，其中留有一气泡。由于玻璃管内的液面始终是水平的，而气泡总是处在最高位置，因此水平仪倾斜时，气泡便相对玻璃管移动。根据气泡移动方向和移动格数，可以测出被测平面的倾斜方向和角度。

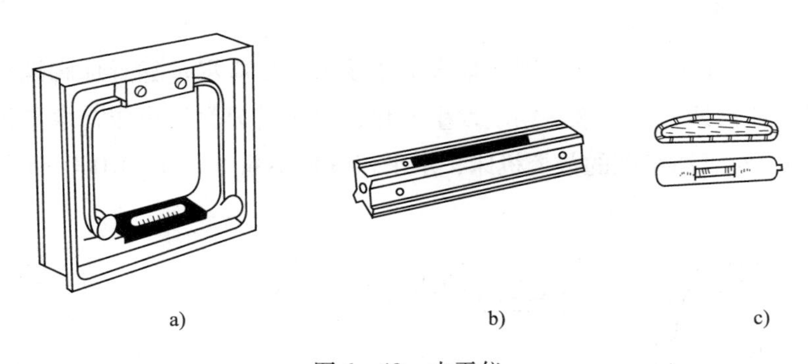

图 6—48　水平仪

a）框式水平仪　b）条形水平仪　c）弧形玻璃管

如刻度值为$\frac{0.02}{1\ 000}$的水平仪，其气泡移动一格，相当于被测平面在 1 m 长度上两端的高度差为 0.02 mm，如图 6—49a 所示。用水平仪进行测量时，为了得到比较准确的结果，需将被测面分成若干段，每段被测长度小于 1 m。为此，必须对水平仪的刻度值进行换算，如图 6—49b 所示。若被测面的一段长度为 L，则气泡移动 1 格时，被测面在该段长度上两端的高度差为：$h=\frac{0.02}{1\ 000}L$。

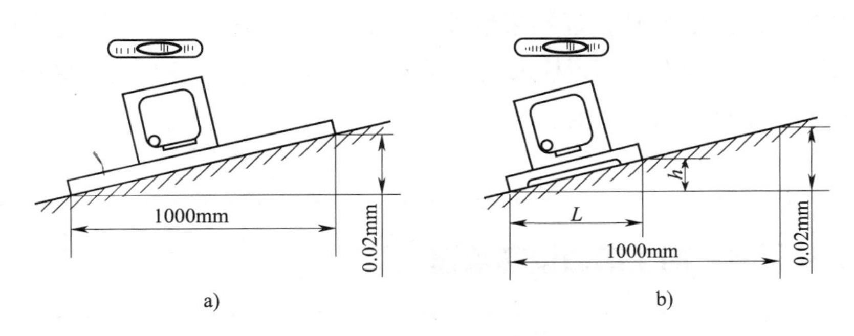

图 6—49　水平仪刻度值的几何意义

a）被测长度为 1 m 时　b）被测长度为 L 时

计算通式为：$h=nkL$。式中，k 为水平仪刻度值；n 为水平仪读数，即气泡移动格数。水平仪读数的符号习惯上规定：气泡移动方向和水平仪移动方向相同时为正值，相反时为负值。水平仪摆放的第二个位置与第一个位置要有 25 mm 的重叠。

二、加工中心垫铁的调整

用水平仪进行调整导轨的直线度之前，应首先调整整体导轨的水平。将水平仪置于导轨的中间和两端位置上，调整导轨的水平状态，使水平仪的气泡在各个部位都能保持在刻度范围内。

如图 6—50 所示的机床上有 4 副调整水平垫铁，垫铁应尽量靠近地脚螺栓，以减小紧固地脚螺栓时，使已调整好的水平精度发生变化，对于普通数控机床，水平仪读数不超过 0. 04/1 000 mm，对于高精度的数控机床，水平仪读数不超过 0. 02/1 000 mm。

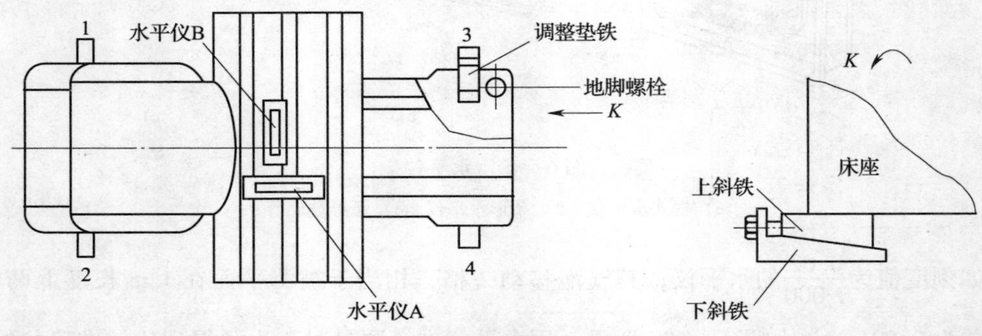

图 6—50　机床水平精度调整与垫铁放置

机床安装调整水平精度时，一般使用偶数个垫铁对称布置在机床床脚与地基支承面间。调整机床水平时，若水平仪气泡向右偏，则调高左侧垫铁或调低右侧垫铁；若水平仪气泡向前偏，则调高后面垫铁或调低前面垫铁；其余以此类推。

为抑制或减小机床的振动，近年来数控机床大多采用弹性支承来固定机床和进行调整。调整机床水平时，应在地脚螺栓未完全固定状态下找平，最后再完全紧固，并注意不要破坏机床已经调整好的水平精度。

学习单元 3　加工中心设备管理

学习目标

- 掌握数控回转工作台的特点与应用、交换工作台的分类与使用
- 掌握刀具参数及输入方法

知识要求

一、数控回转工作台的特点与应用

对三坐标以上的数控加工中心，除 X、Y、Z 三个坐标轴直线进给运动外，还有绕 X、Y、Z 轴旋转圆周进给运动或分度运动，分别由数控回转工作台和分度工作台来实现。

1. 数控回转工作台

数控回转工作台又称数控转台，是在数控系统的控制下，完成工作台的圆周进给运动，并能同其他坐标轴实行联动，以完成复杂零件的加工，还可以作任意角度转位和分度。采用数控回转工作台的加工中心在加工如圆周凸轮、箱体圆周分布孔、多边形周边轮廓等需要在加工中按圆周方向转动或分度的零件时就很方便。

数控回转工作台是各类数控加工中心的理想配套附件，有立式工作台、卧式工作台和立卧两用回转工作台等不同类型。立卧回转工作台在使用过程中可分别以立式和水平两种方式安装于主机工作台上。

工作台在使用过程中要注意维护，经常观察油杯，发现油面下降，应及时从注油口注入足量的润滑油。转台经长时间使用，蜗杆副啮合间隙会因磨损而增大，如发现空转角过大，可加以调整。

（1）一般数控回转工作台使用前要低速（工作台 0.5 r/min）空运转 10 min。然后才可以正常工作，不允许不经空运转突然以最高运转工作。

（2）为了保证工作台更精确，工作台在快速进给或快速回零位时低速停机。

2. 分度工作台

数控机床的分度工作台与数控回转工作台不同，它只能完成分度运动。它不能实现圆周进给，也就是说在切削过程中不能转动，只能在非切削状态下将工件进行转位换面，以实现在一次装卡下完成多个面的多工序加工。

二、交换工作台的分类和使用

自动交换工作台是一种适用于镗铣加工中心，尤其在柔性制造系统（FMS）中有广泛应用的机床附件。交换工作台的作用是在切削加工的同时可进行另一工件的安装调整，而节省安装工件的辅助时间。通过回转 180°使安装好待加工零件的交换工作台与在主机上装有已加工零件的工作台进行自动交换，从而实现了机床的全自动。

交换工作台可采用液压活塞推拉机构、机械链式传动等方法来实现交换。交换工作台主要结构的关键是托盘工作台的限位、定位精度和托盘上夹具的定位精度。当被加工工件变更，数控交换工作台不需要改变。

由于交换工作台能很方便很迅速地使零件达到工作部位，能实现零件装卸与加工同步进行，提供方便安全的装卸条件和多零件同时装夹加工，一个操作者可以同时操作几台机床，并能保证可靠的定位和加工精度。配有五个以上交换工作台的加工中心被称为柔性制造单元（FMC）。采用多工位托盘工件自动交换机构的加工中心至少配有两个可自动交换的托盘工作台。

使用此类数控机床时应保证交换工作台夹具上定位销、基准垫不锈蚀，无污物；工作台上的板、定位孔光滑无污物；在夹具和交换台的滑动面和齿轮处应定期更换二硫化钼润滑脂，以达到良好润滑。切屑应及时清理。

三、刀具参数管理

数控加工中心加工之前要进行刀具参数输入与设定，刀具参数输入有：计算机记忆方式时，刀具在刀库内位置号与刀具号的对应设置；刀具的半径与刀具半径补偿的补偿代号的对应设置；刀具的长度与刀具长度补偿的补偿代号的对应设置。

刀具长度补偿值设置成负数，则表示程序中的刀具长度正补偿实际成为刀具长度负补偿；刀具半径补偿值设置成负数，则表示程序中的左刀补实际成为右刀补。